穿越千年时空

把盏品茗，吟诗抒怀

与古人共享中国韵味

茶诗里的中国韵

茶诗里的中国韵

阮蔚蕉 编著

海峡出版发行集团
THE STRAITS PUBLISHING & DISTRIBUTING GROUP

鹭江出版社

2024年·厦门

图书在版编目（CIP）数据

茶诗里的中国韵 / 阮蔚蕉编著 . — 厦门：鹭江出版社，2024.5
ISBN 978-7-5459-2279-0

Ⅰ．①茶… Ⅱ．①阮… Ⅲ．①茶文化—中国—通俗读物 Ⅳ．①TS971.21-49

中国国家版本馆 CIP 数据核字(2024)第 091907 号

出版人　雷　戎
策划编辑　谢福统
责任编辑　叶菁菁
美术编辑　林烨婧
封面绘画　叶双宁
装帧设计　中闻集团福州印务有限公司

CHASHI LIDE ZHONGGUOYUN

茶诗里的中国韵

阮蔚蕉　编著

出版发行：鹭江出版社
地　　址：厦门市湖明路22号　　　　　　邮政编码：361004
印　　刷：中闻集团福州印务有限公司
地　　址：福州市鼓屏路33号　　　　　　联系电话：0591-87563178
开　　本：700mm×1000mm　1/16
印　　张：20.5
字　　数：292千字
版　　次：2024年5月第1版　　2024年5月第1次印刷
书　　号：ISBN 978-7-5459-2279-0
定　　价：38.00元

如发现印装质量问题，请寄承印厂调换。

目　录

2

3

茶之诗

诗经·大雅·绵①（节录）

周原膴膴②，堇荼如饴③。

爰始爰谋④，爰契我龟⑤。

曰止曰时⑥，筑室于兹⑦。

【注释】

①诗经：中国最早的诗歌总集，大抵是周初至春秋中叶的作品，共305篇，分"风""雅""颂"三大类。大雅：诸侯朝会时演奏的乐歌。绵：本诗标题。方玉润《诗经原始》认为，全诗主题在于周人追述其祖先古公亶父带领部族迁居岐山开创基业和发展壮大的经过。全篇九段，这里选录第三段。

②周原：岐山之南的平原。膴膴（wǔ）：肥沃；茂盛。

③堇荼：两种带有苦味的野菜。这里的"荼"就是"茶"。我国中唐以前没有"茶"字，凡"茶"均写作"荼"。饴：用稻芽或麦芽熬制的糖浆。

④爰：于是。

⑤契：刻。龟：指占卜用的龟甲。

⑥曰止曰时：意为停止迁徙，定居下来。曰：语助词。止：停止。时：居住。

⑦筑室于兹：在这里建造房屋。

【助读】

我国中唐以前没有"茶"字，在许多古代文献中，凡"茶"均写作"荼"。最早解释词义的专著《尔雅》说，"槚（jiǎ），苦茶"（按："槚"是茶的另一种名称）。陆羽在《茶经·七之事》中辑录唐以前的茶的称谓，诸如荼、荈、蔎、茗、槚、苦荼、荼茗、荼荈等总计不下30种。但在唐以前主要称谓为"荼"。清人郝懿行《尔雅义疏》说："今茶古作荼，……至唐陆羽《茶经》始减一画作茶。"福建省南安市丰州镇莲花峰上，耸立着一座东晋孝武帝司马曜太元丙子年（376）建造的碑刻，上书"莲花茶襟"四个大字，今天依然清晰可见。其意为站在莲花峰上俯视，漫山遍野尽是茶园，让人胸怀开阔。碑上"茶"字不言而喻就是"荼"。

《诗经》中写到的植物，粗略统计，达154种，其中桑、黍、稷、匏、棘、杞、萧、葛、荷、荼等14种有5首以上提及。在涉及"荼"的7首中，有4首皆可释为苦菜。其共同点是：①味苦；②可作祭品；③可作食材。这些其实也就是茶的特点。特别是"味苦"这一点，是其固有特性。古人把它作为食材，有的用生嚼，有的煮作菜品甚至作为主食，其苦味之浓重可想而知。

根据古文献记载，"荼"在神农氏（大约公元前2737年前后）时代，已作为治病的药品。《神农本草》载："神农尝百草，日遇七十二毒，得荼而解之。"至商周时代，其质优者可作为贡品、祭品；其质次者仅作为一般食材。我国最早的地理书《华阳国志·巴志》记载："周武王伐纣时，实得巴蜀之师……丹漆荼蜜……皆纳贡。""其果实之珍者，园有芳蒻香茗。"由此可知，在公元前1025年周武王伐纣获胜之后，"荼"已被列为朝贡珍品，而且必须是经过人工精心培植的。《周礼·地官司徒》中关于"掌荼"人数有达24人之多的记述；从《尚书·顾命》关于"王（周成王）三宿、三祭、三诧（即荼）"的记述中，可知在周代茶已成为一项重要的祭祀用品了。《大雅·绵》所述"周原"的"荼"苦中带甜，可能与当地自然条件优越有关，也可能是人工精心培育的成果，因而可作特供，奉祀祖先。在《晏子春秋》中有一段关于春秋时代齐景公宰相晏婴生平事迹的记载："婴相齐景公时，食脱粟之饭，炙三弋五卵，茗菜而已。"说的是晏婴身为国相，饮食节俭，吃糙米饭，除几种荤菜之外，只有"茗菜而已"。所谓"茗菜"，就是新鲜的未经晒干的茶叶。显然，这时已非生食，而是熟食。

在历史长河中，从"荼"到"茶"，从生嚼到煮食，从药用到品味，以至于被人们赞为"灵芽""瑞草"……经历了从远古到唐宋时期的漫长岁月。今天我们阅读《诗经》中《大雅·绵》等写到"荼"的作品，结合有关历史文献深入思考，完全可以把它们看作中国茶文化史上最早的涉茶诗，或谓"国饮之歌"的前奏曲。

晋

歌①

（晋）孙　楚

茱萸出芳树颠②，鲤鱼出洛水泉③。

白盐出河东④，美豉出鲁渊⑤。

姜桂茶荈出巴蜀⑥，椒橘木兰出高山⑦。

蓼苏出沟渠⑧，精稗出中田⑨。

【作者小识】

孙楚（约218—293），西晋文学家。字子荆。太原中都（今山西平遥西南）人。历任著作郎、冯翊太守。曾参镇东军事，称孙参事。能诗赋。明人辑有《孙冯翊集》。

【注释】

①歌：古诗体裁之一。章、句可长可短，没有固定的格式。押韵也比律诗、绝句自由。本诗标题一作《出歌》。

②茱萸：一种生于河谷有浓烈香味的植物，可供药用。古代民俗：每逢农历九月初九日重阳节，人佩茱萸囊辟恶去邪。颠：古代顶部或最底部均可称颠。此指顶部。

③洛水：指洛河。源出陕西省洛南县，东流入河南，经巩县洛口汇入黄河。

④白盐：似指山西产的池盐。河东：古指位于黄河以东地区。战国、秦、汉时指今山西省西南部。唐后泛指今山西全省。

⑤美豉：美味的豆豉，系一种调味品。鲁渊：鲁国的海边。鲁为古国

名，在今山东境内，都城在今曲阜。

⑥桂：树名，亦称木樨，皮可药用。茗：晚采的茶。《尔雅·释木》："槚，苦茶。"郭璞注："今呼早采者为茶，晚取者为茗，一名荈。"巴蜀：今四川、重庆一带。

⑦椒：植物名，有花椒、胡椒、辣椒。木兰：香草名，又称紫玉兰、木笔，可供观赏亦可药用。

⑧蓼苏：二者皆草本植物，可药用。

⑨精稗：上等的纯净米。古人用一石糙米舂成九斗精米。中田：良田。

【助读】

华夏地大物博。这首诗叙写了十几种动植物以及盐、豉等的产地。其中包括茶，并指出茶产于巴蜀。对于这类不专写茶而仅涉及茶的诗，有些人认为不属茶诗。对此应视具体情况区别对待。

茶圣陆羽在《茶经·七之事》中，引录了本诗全文，让它同许多古代文献一起，作为自神农氏以来中国茶文化发展中的一个依据，而且从文学史上看，它也是唐以前仅有的几首涉茶诗之一。

荈①赋

（晋）杜　育

灵山惟岳②，奇产所钟③。厥省荈草④，弥谷被岗⑤。承丰壤之滋润，受甘露之霄降⑥。月惟初秋，农功少休⑦。结偶同旅，是采是求⑧。水则岷方之注，挹彼清流⑨。器择陶简，出自东隅⑩。酌之以匏⑪，取式公刘⑫。

惟兹初成⑬，沫沉华浮⑭。焕如积雪⑮，煜若春敷⑯。

【作者小识】

杜育（？—311），字芳叔。襄城邓陵（今属河南）人。历任汝南太守、右将军、国子监祭酒。有《易义》《杜育文集》。其《荈赋》在中国茶文化史上具有重要地位。

【注释】

①荈：古蜀地称茶为荈。

②灵山：具有灵性的山岳。

③奇产所钟：珍奇的物产汇聚的地方。钟：汇聚。

④厥：语气助词，用在句首或句中补凑音节。

⑤弥谷被岗：长满山谷和岗峦。弥、被：都有覆盖的意思。

⑥甘露：甜美的露水。古人以为天下太平，则天降甘露。《汉书·宣帝纪》："元唐元年……甘露降未央宫。"

⑦农功少休：农事稍少，有些闲暇。

⑧是采是求：采摘茶叶进行加工。"是"用作承接连词，这里可译作"于是"或"就"。

⑨"水则"句：煮茶用水一定要汲取岷江中的活水。挹：舀取、汲取。

⑩"器择"句：煮茶器具一定要陶制的，选用东部地区的产品。此处指浙江越窑生产的茶具。

⑪匏：用葫芦制作的有柄的瓢。

⑫取式公刘：仿效周部族祖先公刘宴会上的饮酒方式，用匏作为饮具。公刘：传为后稷曾孙，夏末率领周族迁到豳（今属陕西），观察地形水利，开垦种植，安定居处。

⑬惟兹初成：茶汤煎煮好了。兹：此处作近指代词，相当"这样"，可不译。

⑭沫沉华浮：较粗的茶末沉下去，较细的茶叶浮上来。华，指茶叶的精华。

⑮焕如积雪：茶的白色的饽沫像雪花堆聚。

⑯煜若春敷：亮丽的茶泡美如春天的花朵。煜：光辉，灿烂，亮丽。春敷：春天里盛开的花朵。

【助读】

本诗为中国文学史上第一篇以茶为主题的诗赋类作品。全篇分四个层次。第一，"灵山惟岳"以下6句：描写茶树生长的优良自然环境和种植规模。在灵气遍布的高山沃土上，承受上天甘露的润泽。"弥谷被岗"，言其规模壮观。第二，"月惟初秋"以下4句：叙写采茶季节，当地农民一起上山，"结偶同旅，是采是求"的热烈壮观场面。第三，"水则"以下6句：描写煮茶用水和器具的选择十分严格，饮用的方式必须按照祖制进行。第四，"惟兹初成"以下4句：描摹茶汤煮成后"焕如积雪，煜若春敷"，给予人高度的美感。

南朝

杂诗①（节录）

（南朝·宋）王　微

寂寂掩高阁②，寥寥空广厦③。

待君竟不归④，收颜今就槚⑤。

【作者小识】

王微（415—443），字景玄，琅琊临沂（今属山东）人。南朝宋画家，历任司徒祭酒、太子舍人等职，官至中书侍郎。

【注释】

①今存作者杂诗二首。这里选的是陆羽《茶经·七之事》所引"其一"的节录。

②寂寂：寂寞。掩：关上，诗中指关上高楼的门户。

③寥寥：冷落、凄清。空广厦：整座大楼房空荡荡的。

④君：夫君，丈夫。竟：终于，竟然。

⑤"收颜"句：现在只能收起期盼中喜悦的容颜，去烹饮清茶暂释愁怀了。槚：即茶树。《尔雅·释木》："槚，苦茶。"

【助读】

全诗28句，写一个独守家中昼夜盼望征战沙场的丈夫早日平安归来的青年女子寂寞凄然的心理状态，是一首情真意切的"闺怨诗"。《茶经·七之事》选用其最后四句。从这四句诗来看，女主人公是在心里极为焦虑而周围环境又极为凄清的窘境中，偶一转念，收颜就"槚"的。由此，我们似乎看到古人不仅经常以酒消愁，而且也有以茶解愁的。酒，可以让人精神沉醉，进入梦乡，获得暂时的解脱，而饮茶则可以荡涤肺腑，让人精神振奋。对于这名怨妇来说，她选择饮茶，可以认为是一种比饮酒更为积极的生活态度吧。这首诗中女主人以茶"破孤闷"的举动，要比唐代诗人卢仝早300多年。

洛阳尉刘晏与府掾诸公茶集天宫寺岸道上人房①

（唐）王昌龄

良友呼我宿②，月明悬天宫。

道安风尘外③，洒扫青林中。

削去府县理④，豁然神机空⑤。

自从三湘还⑥，始得今夕同。

旧居太行北⑦，远宦沧溟东⑧。

各有四方事⑨，白云处处通。

【作者小识】

王昌龄（？—756），字少伯，京兆长安（今陕西西安）人。开元进士。授汜水尉、校书郎。谪岭南，再迁江宁丞。晚年贬龙标尉。"安史之乱"中，道出亳州，为刺史阎丘晓所杀。其诗擅于七绝，可与李白的诗媲美。边塞诗气势雄浑，格调高昂；亦有愤慨时政与刻画宫怨之作。有"诗家夫子王江宁"之称。存诗180余首，有《王昌龄集》。

【注释】

①刘晏（718—780）：唐代著名的经济改革家。年七岁，举神童。历任户部侍郎、吏部尚书、同平章事等职，颇有政绩。府掾：官府职员。掾：古代属官的通称。尉：武职官名。秦汉朝廷设太尉，各部设郡尉，县设县尉，唐沿袭。茶集：茶会。天宫寺岸道上人：洛阳天宫寺里一位法名岸道的僧人。上人：佛教指智德兼备可为僧众之师的高僧，南朝宋以后多用作对僧人

的尊称。

②良友：好朋友。

③风尘：喻污浊纷扰的世俗生活，多指仕宦。唐高适《封丘作》："乍可狂歌草泽中，宁堪作吏风尘下！"

④"削去"句：抛开治理府县的公务。

⑤豁然：诗中意为心情舒畅。神机：心情。

⑥三湘：有多种说法。一说湘水发源与漓水合流称漓湘，中游与潇水合流称潇湘，下游与蒸水合流称蒸湘，总名"三湘"；一说湘阴为上湘，湘潭为中湘，湘乡为下湘，合称"三湘"。近代一般用作湘东、湘西、湘南三地总称，也泛指湖南全省。

⑦"旧居"句：从前在太行山北部居住过。指诗人曾在太原任职。

⑧"远宦"句：离家到遥远的地方做官。指诗人曾在江宁（今南京附近）当过县丞。沧溟：海水弥漫貌。常用指大海。

⑨"各有""白云"二句：大家都有方方面面繁杂的事，生活就像空中的白云，飘忽不定。

【助读】

茶集，亦称茶会、茗宴、茶宴，即以茶款待、宴请宾客的一种交谊活动。据《三国志·吴书·韦曜传》记述，吴国帝王孙皓开创"以茶代酒"待客的先例。陆羽《茶经·七之事》引述《晋中兴书》中关于晋代吴兴太守陆纳为展示自己清廉的操守，以茶果接待贵客卫

【唐】越窑青釉渣斗

将军谢安的故事，则可视为历史上记载茶宴的生动范例。《晋书》记载桓温任扬州牧时，由于秉性节俭，每有迎客，也仅设茶宴。到唐代，茶宴逐渐风行，成为文士高僧乃至达官贵人清雅风流之举。宋以后，茶宴进一步盛行。

宋徽宗赵佶曾设茶宴赏赐群臣，并"亲手注汤击沸"。据《清野史大观》记述，至清乾隆时期，宫廷茶宴已成定规。

这首诗写的是盛唐时期著名官宦刘晏为首举办的一次茶会，参与者有作者这样被誉为"诗家夫子"的著名诗人，有当地著名高僧，可知其规格之高。而选址乃一处寺院，又时值月朗风清之夜，多么幽静，多么清雅，多么富有诗情；特别是对于常年离家远宦、南来北往，公务纷繁的主人和诗人，今夕如此宁静、淡然、萧散、放松的时刻，真是太难得了！因而字里行间既有沧桑之感，又充满愉悦之情。

清明即事①

（唐）孟浩然

帝里重清明②，人心自愁思。

车声上路合③，柳色东城翠。

花落草齐生④，莺飞蝶双戏。

空堂⑤坐相忆，酌茗⑥聊代醉。

【作者小识】

孟浩然（689—740），襄州襄阳（今属湖北）人。早年隐居鹿门山。年四十，游长安，没能考中进士。后为荆州从事。曾游历东南各地。其诗长于山水景物描写。与王维齐名，世称"王孟"。有《孟浩然集》。

【注释】

①即事：当前的事物。以当前的事物为题材写的诗称"即事诗"。

②"帝里"句：京都的人们十分重视清明节。帝里：皇帝居住之地，即京都。清明节是唐代长安人游春的好日子。

③合：汇集、汇聚。

④齐生：指春草齐刷刷地生长。

⑤空堂：空寂的屋里。

⑥酌茗：饮茶。聊：姑且的意思。

【助读】

这首诗在茶学意义上的亮点是"酌茗代醉"。诗人年四十到长安，科场失利，求官无望，郁郁不得志。三月清明，京都草长莺飞，繁花似锦，大自然的春天是多么美好！看吧，游春的人们车声辚辚，笑语声声，多么令人艳羡！而自己呢，仿佛是这长安城里的弃儿；远方家人呢，更不敢多想下去了。这阵阵愁思该如何排解？饮酒么，在这空寂的屋子里，举杯消愁只能愁上加愁，还是煮一壶茶，独自品饮，爽一爽精神吧！

答族侄僧中孚①赠玉泉仙人掌茶②并序

（唐）李 白

余闻荆州玉泉寺近清溪诸山③，山洞往往有乳窟，窟中多玉泉交流。其中有白蝙蝠，大如鸦。按《仙经》：蝙蝠一名仙鼠，千岁之后体白如雪。栖则倒悬，盖饮乳水而长生也④。其水边处处有茗草罗生⑤，枝叶如碧玉。惟玉泉真公常采而饮之⑥，年八十余岁，颜色如桃花。而此茗清香滑熟，异于他者，所以能还童振枯⑦，扶人寿也。余游金陵，见宗僧中孚，示余茶数十片，拳然重叠，其状如手，号为仙人掌茶。盖新出乎玉泉之山，旷古未觌⑧，因持之见遗⑨，兼赠诗，要余答之，遂有此作。后之高僧大隐，知仙人掌茶，发乎中孚禅子及青莲居士李白也。

常闻玉泉山，山洞多乳窟。仙鼠如白鸦，倒悬清溪月。茗生此中石，玉泉流不歇。根柯洒芳津⑩。采服润肌骨。丛老卷绿叶，枝枝相接连。曝成仙人掌⑪，似拍洪崖肩⑫。举世未见之，其名定谁传？宗英乃禅伯⑬，投赠有佳篇⑭。清镜烛无盐⑮，顾惭西子妍。朝坐有余兴，长啸播诸天⑯。

【作者小识】

　　李白（701—762），字太白。唐代伟大的浪漫主义诗人，后人尊为"诗仙"。祖籍陇西成纪（今甘肃省秦安县），为汉飞将军李广之后。隋末，其祖先流寓中亚碎叶（今吉尔吉斯共和国境内），他出生于此。幼随父迁居绵州昌隆（今四川江油）青莲乡，故自号青莲居士。青年时代，志存高远。天宝元年入京，唐玄宗命他供奉翰林。因遭权贵忌恨，不到三年便被"赐金还山"。安史之乱时，曾应邀入永王璘幕府，愿为朝廷平叛效力，但永王遭肃宗疑忌被杀，李白受其牵连，被流放夜郎（今贵州铜梓），中途获赦北归。不久，卒于其族叔当涂（今安徽当涂）县令李阳冰家。有《李太白全集》。传有子一，不知下落；女一，嫁与农人。

【注释】

①僧中孚：荆州玉泉山玉泉寺中孚禅师，李白宗侄。

②仙人掌茶：唐代名茶，产于湖北当阳，因其状似人手掌而得名，是史料中最早见到的晒青茶。据《当阳县志》：中孚禅师是其创制者。此茶失传甚久，1981年恢复试制成功。

③玉泉寺：著名佛教寺院之一，在湖北省当阳县西30里玉泉山上。隋大业间建。其地山势雄伟，岩石嶙峋，林木苍翠，泉流丰沛，雨量充足，是茶树生长的优良环境。清溪山在南漳县临沮城界内。《述异记》："荆州清溪秀壁诸山，山洞往往有乳窟，窟中多玉泉交流。"

④盖：这里用作因果连词，相当于"因为""由于"。

⑤茗：诗中指仙人掌茶。

⑥玉泉真公：玉泉寺老僧。

⑦还童振枯：改换老态，恢复青春。枯：枯萎。

⑧觌：见。

⑨持之见遗：拿它来赠我。遗：赠送。

⑩"根柯"句：根部和枝茎受着芳香流溢的玉泉的润泽。柯：草木的枝茎。

⑪曝：晒。诗中指"晒青"。专家认为，这句诗是茶叶"晒青"的最早记载。

⑫洪崖：传说中的仙人，黄帝的臣子。

⑬宗英：宗族中英杰之士。作者认为中孚在佛门清修有成，是老资格的禅师，可给予禅伯的尊称。

⑭"投赠"句：送来给我的有优秀的诗篇。这次中孚来拜会族叔李白，带来诗稿求教，李白给予高度的评价。

⑮无盐：古代齐国女子钟离氏，其貌奇丑，年届不惑尚未婚嫁。因她出生于无盐，人们便把她叫"无盐"。"清镜烛无盐，顾惭西子妍"两句通过强烈的对比，一方面赞美中孚的诗写得好，一方面自谦地认为自己的作品很蹩脚。

⑯"朝坐""长啸"二句：以高度夸张手法赞美中孚坐禅念经，吟诵诗篇，影响深远，遍及天上人间。诸天：指"三界诸天"。佛教把世俗世界划分为"欲界、色界和无色界"，皆在"生死轮回"的过程中，是有情众生存在的三种境界。

【助读】

纵观全唐咏茶诗篇，多出于中晚唐五代，盛唐时期不多。再览李白诗作，咏酒者多，咏茶者仅此一首。因而本篇可视为中国茶文化史上"名茶入诗"的最早篇章，也可视为唐代茶诗的一树娇艳的报春花。

诗序叙述仙人掌茶生长的自然环境与其独特的健体延年功效时，融入美丽的民间传说，益增其神奇色彩。

全诗14句，从玉泉山雄奇壮丽的自然风光写到山泉长流对于名茶根枝的润泽，而运用先进的"晒青"技艺制作的名茶，足可用以接待仙人。热情赞美其举世称奇，让人叹服。后6句则以中孚寄来的诗同自己的作品进行对比，深感自愧。作为诗仙如此自谦，凸显出诗人对于晚辈族侄文学才华的高度赞赏。

【唐】越窑青釉八棱瓶

从"曝成仙人掌"句可知，仙人掌茶是一种人手形的固形茶。按陆羽《茶经·三之造》：唐代饼茶的制法是将鲜叶蒸过后再入模压制成形，谓"蒸青"饼茶；而仙人掌茶则是由阳光"曝"成的，谓"晒青"饼茶，显示了当时制茶方法的多样化。

吃茗粥作①

（唐）储光羲

当昼暑气盛，鸟雀静不飞。

念君高梧阴②，复解山中衣③。

数片远云度④，曾不蔽炎晖⑤。

淹留膳茶粥⑥，共我饭蕨薇⑦。

敝庐既不远⑧，日暮徐徐归。

【作者小识】

储光羲（707—760），兖州（今属山东）人，一说润州（今属江苏）人。开元进士。官至监察御史。安史之乱后贬往岭南。有《储光羲集》。

【注释】

①茗粥：茶粥。

②高梧阴：夏日在挺拔的梧桐树下享受阴凉，暗含赞美友人"凤栖于梧"的意蕴。

③解：脱去。这句意思是：暑热难耐，即使是在深山里也要脱去外衣。

④远云：远方的几朵白云。度：移动，飘动。

⑤炎晖：强烈的阳光。

⑥淹留：停留，久留。

⑦"共我"句：同我一起把茗粥当饭吃。共：同。饭：用作动词，吃。蕨薇：两种野菜名。蕨的嫩叶可食，茎多淀粉；薇即野豌豆，可生食，也可做羹。

⑧敝庐：对自己住屋的谦称。敝：破旧。庐：屋舍。

【助读】

本诗重在叙写"茗粥"的消暑功能。既是吃"粥",自然离不开煮。煮茶法源于西汉时期巴蜀地区,逐渐发展成中唐以前各地的用茶形式。较储光羲晚些的陆羽在其《茶经》中提出完整的煮茶理论,确立了煮茶法的地位。当时人们不但饮用清茶,而且还根据需要把稻米或其他食材同茶叶混合烹煮食用。诗中所写"茗粥",即为一种将茶叶同野菜一同烹煮,具有清凉祛暑功效的食物。

诗人善于捕捉自然景物,渲染酷暑,勾画人物,形象鲜明。静心品读全诗,犹如欣赏一幅夏日山间避暑共饭图。

重过何氏五首①（其三）

（唐）杜 甫

落日平台上,春风啜茗时②。

石阑斜点笔,桐叶坐题诗③。

翡翠鸣衣桁④,蜻蜓立钓丝⑤。

自逢今日兴⑥,来往亦无期⑦。

【作者小识】

杜甫（712—770）,唐代伟大的现实主义诗人,后人尊为"诗圣"。字子美,号少陵。原籍湖北襄阳,先人迁于河南巩县。远祖为晋代名将杜预,祖父为初唐优秀诗人杜审言,父杜闲长期任地方官。家学渊源让他从小立志以身许国。但是在动荡的时代里他却一生坎坷,屡试不第,直到44岁才勉强获得右卫率府胄曹参军一职——一种看守兵甲器杖、管理门禁锁匙的小官。

安史之乱中遭叛军拘禁，逃脱后潜往凤翔，授官左拾遗。不久，因直言被贬；再后弃官携眷流徙于成都浣花溪畔构筑草堂栖居（世称"浣花草堂"）。期间曾应剑南节度使严武之邀，任检校工部员外郎。晚年由于蜀地动乱，携眷沿江东下流浪。卒于湖南耒阳。存诗1450余首，形象生动地展现了唐代由盛而衰的历史过程，具有高度的现实性和人民性，编为《杜工部集》二十卷，后人誉为"诗史"。

【注释】

①重过：再次访问。作者再次造访何氏宅邸时，写了五首诗。本篇是第三首。

②"落日""春风"二句：夕阳照射，春风吹拂。何氏主人邀请我在他家的平台上品茶。啜（chuò）：诗中指小口品饮。

③"石阑""桐叶"二句：斜倚在石栏杆上提笔蘸墨，摘下桐叶当纸题诗抒怀。

④翡翠：指翡翠鸟。衣桁（hàng）：晒衣竿。

⑤钓丝：一种竹子的名称。

⑥兴：兴致。

⑦无期：没有约定日期。意为老朋友的宅邸随时都可以互相走访。

【助读】

杜甫未曾以茶为主题写诗，但从其涉茶的五首诗作中也可体现他对于茶的感情。这首诗写他对于"春风啜茗时"美好的自然环境的欣赏并陶醉其中，以至于诗思荡漾，即景提笔蘸墨，摘下桐叶当纸题诗抒怀，极尽兴致。由此充分地体现了品茗对于激发诗人情思的积极作用，即茶功的正能量。全诗景物描写色彩亮丽，人物活动形象鲜明，翠鸟、蜻蜓栩栩如生，展示一幅五彩斑斓的春日山村啜茗吟诗的画卷。

郡斋平望江山①

（唐）岑 参

水路东连楚②，人烟北接巴③。

山光围一郡④，江月照千家。

庭树纯栽橘，园畦半种茶⑤。

梦魂知忆处，无夜不京华⑥。

【作者小识】

岑参（约715—770），南阳（今属河南）人。天宝进士。曾几度出塞，久佐戎幕。后升任嘉州刺史。其诗善于描摹塞上风光和战争景象，气势豪迈。与高适齐名，为著名的边塞诗派诗人。有《岑嘉州诗集》。

【注释】

①郡斋：诗人时任嘉州刺史的住所。嘉州在今四川境内，唐时辖境相当今乐山、峨眉、夹江、犍为、马边等市县。平望：放眼远望。《岑嘉州诗笺注》本诗题无"平"字。

②水路：指岷江，经乐山纳大渡河，到宜宾入长江。自都江堰以下可通航。楚：古国名。在今湖北和湖南北部。春秋战国时疆域不断扩展。后为秦灭。

③巴：族名、古国名。在今四川、湖北交界地带。秦后其地为巴郡。

④一郡：指嘉州。唐时置郡。

⑤"庭树""园畦"二句：概写当地人民栽橘种茶，发展生产，呈现一派繁荣富庶的景象。园畦：山上茶园开成一个个小区。

⑥京华：当时的京城长安（今陕西西安）。京：大也；华：美盛貌。

【助读】

这首诗是作者升任嘉州刺史后于大历二年（767）秋天写的。篇末两句表达了诗人作为一位年逾半百的地方官对于京城的深切怀念和热烈向往；而前六句全是对于嘉州地理环境与自然风光的描绘。这里水陆交通发达，人烟稠密，物产富饶，一派繁华景象。作为茶诗来读，尤其要品味"园畦半种茶"这一句。在农耕地域，一个"半"字充分地展现了当时嘉州地区茶叶生产发展的盛况。

寻陆鸿渐不遇①

（唐）皎　然

移家虽带郭，野径入桑麻②。

近种篱边菊，秋来未著花③。

叩门无犬吠，欲去问西家④。

报道："山中去，归时每日斜"⑤。

【作者小识】

皎然（约720—约800），唐代著名诗僧、茶僧，俗姓谢，字清昼，湖州长城（今浙江省长兴县）人，南朝宋谢灵运十世孙。天宝后期在杭州灵隐寺受戒出家，精通佛典，博览经史诸子，尤善于诗，情调闲适，语言简淡。在唐代众多僧人中他的文名最高，有《皎然集》，其中茶诗甚多，仅与陆羽唱和的就多达20余首。皎然善烹茶，推崇饮茶，与茶圣陆羽交往甚笃，为中国茶道的形成和传播起过很大的推动作用，可视为中国茶道奠基者之一。

【注释】

①陆鸿渐：陆羽，字鸿渐。

②"移家""野径"二句：陆羽虽然迁居近城，但要从一条乡间小路通往村庄。带郭：近城处，古代内城为城，外城为郭。野径：乡间小路。桑麻：借代农村、农舍。

③"近种""秋来"二句：围篱种菊颇似东晋陶渊明营造的隐居环境，展示陆羽的高尚生活情趣。未著花：尚未开花。因为是迁来不久新种下的。著：附上，附着。

④欲去：想离开。西家：邻居。

⑤"报道""归时"二句：邻居回答说："（陆先生）到山里去了，他经常是太阳快要落山时才回来。"每：经常。

【助读】

这首诗全篇不用对偶，平仄合律，属于"散律"。前四句通过自然环境描写，展示陆羽类同陶渊明的高尚生活情趣；后四句通过邻居答问告诉人们：陆羽又进山从事茶事劳作了。造访友人不遇本是一桩平常事，只是有些遗憾罢了。但当诗人也包括今天的读者，从一个生活侧面了解到陆羽对于茶学研究是那样地勤奋执着之后，一种崇高的敬意便会从心底油然而生。

过长孙宅与朗上人茶会①

（唐）钱　起

偶与息心侣②，忘归才子家③。

玄谈兼藻思④，绿茗代榴花⑤。

岸帻看云卷⑥，含毫任景斜⑦。

松乔若逢此⑧，不复醉流霞⑨。

【作者小识】

钱起（722—约780），字仲文，吴兴（今浙江湖州）人。天宝进士，曾任翰林学士、考功郎中等职。为"大历十才子"之一。诗多为送别酬赠之作。有关山林诗篇常流露追慕隐逸之意。有《钱考功集》。

【注释】

①长孙：复姓。诗中指长孙绎，作者友人。朗上人：一位法名叫"朗"的僧人。上人：对僧人的尊称。茶会：饮茶聚会。

②息心侣：指朗上人。息心：心中不存俗念。侣：伴侣。

③才子：唐代用于称誉富有文才、诗才的人。诗中指长孙氏。

④"玄谈"句：同朗上人论佛法，同长孙氏谈诗文。玄谈：原指魏晋时代以老庄和《周易》为依据辨析名理的言谈，后亦称清谈。诗中指谈论佛法。藻思：诗文写作的文辞和才思。

⑤"绿茗"句：品茶代替饮酒。绿茗：绿色的茶汤。榴花：美酒的雅称。南朝梁元帝《刘生》诗："榴花聊夜饮，竹叶解朝醒。"

⑥"岸帻"句：掀起额上的头巾，看天上的白云舒卷。此为古人潇洒脱俗的动作。帻：头巾。

⑦"含毫"句：以口蘸笔，静心构思，尽情抒写，任凭太阳西斜。"景"同"影"，阳光。

⑧松乔：传说中的仙人赤松子和王子乔。前者为神农时雨师，后者为周灵王太子，喜欢吹笙作凤鸣声。他们都喜好流霞美酒。

⑨流霞：传说中的仙酒。

【助读】

全诗描写一次三人茶会，一边赏心悦目地品味香茗，一边海阔天空地谈佛论诗，抬头看云，乃至兴致勃勃地挥毫抒怀，而不觉时光消逝的情景。最后运用神话传说仙人松乔醉酒的故事，以香茗与美酒进行对比，发挥想象，高度地赞扬茶胜于酒的神功。魏晋以降，饮茶风尚迅速普及，原因之一在于当时的文人们感受到品茶可以增添玄谈的情致，激发丰富的文思。这样不同形式的茶会自然就渐渐地多起来了。

送陆鸿渐山人采茶回①

（唐）皇甫曾

千峰待逋客②，香茗复丛生③。

采摘知深处④，烟霞羡独行⑤。

幽期山寺远⑥，野饭石泉清⑦。

寂寂燃灯夜⑧，相思一磬声⑨。

【作者小识】

皇甫曾（生卒年不详），字孝常，润州丹阳（今江苏丹阳）人。皇甫冉之弟。天宝进士。曾任监察御史。后贬任舒州刺史、阳翟令。《全唐诗》存诗一卷。

【注释】

①山人：隐士。时陆羽隐居于江西上饶。

②逋：逃亡。引申为隐逸。逋客指隐逸的人。

③"香茗"句：优质的茶树林密密层层。

④"采摘"句：指陆羽懂得采摘优质茶必须到人迹罕至的深山老林

中去。

⑤烟霞：指春天清晨烟霭迷蒙、霞光辉耀的美景。这句运用拟人化手法描写陆羽特立独行的茶圣形象，让美好的大自然风光都对他欣羡。

⑥幽期：朋友间幽隐的期约。

⑦"野饭"句：指陆羽进山采茶，在野外吃粗饭、饮山泉，生活十分艰苦。

⑧夜：一作"火"。

⑨磬：佛寺中用作敲击以集合僧众的鸣器，状如云板。

【助读】

前六句描写陆羽隐居山林采摘香茗的高士行为，让大自然"千峰"期盼，让春天的"烟霞"欣羡。这种拟人、夸张艺术手法的运用和关于"野饭石泉"艰苦生活的描摹，使茶圣陆羽特立独行的形象显得更为崇高感人。结尾两句写诗人送别陆羽回来后在寂静的夜里面对孤灯，耳闻磬声，心中频增对于友人的思念之情。

茶山诗①

（唐）袁　高

禹贡通远俗②，所图在安人③。

后王失其本④，职吏不敢陈⑤。

亦有奸佞者⑥，因兹欲求伸⑦。

动生千金费，日使万姓贫。

我来顾渚源⑧，得与茶事亲⑨。

盯辍耕农未⑩，采掇实苦辛。

一夫旦当役⑪，尽室皆同臻⑫。

扪葛上欹壁⑬，蓬头入荒榛⑭。

终朝不盈掬⑮，手足皆鳞皴⑯。

悲嗟遍空山⑰，草木为不春⑱。

阴岭芽未吐⑲，使者牒已频⑳。

心争造化功㉑，走挺麋鹿均㉒。

选纳无昼夜㉓，捣声昏继晨㉔。

众工何枯槁㉕，俯视弥伤神㉖。

皇帝尚巡狩㉗，东郊路多堙㉘。

周回绕天涯㉙，所献愈艰勤。

况减兵革困㉚，重兹固疲民㉛。

未知供御余㉜，谁合分此珍㉝。

顾省忝邦守㉞，又惭复因循㉟。

茫茫沧海间，丹愤何由申㊱。

【作者小识】

袁高（727—786），字公颐，沧州（今河北省沧州市）人。肃宗时登进士第，博学多才，为人耿直，为官清正。历任京畿观察使、湖州刺史等职。宪宗时特赠礼部尚书。存诗仅《茶山诗》一首。

【注释】

①茶山：浙江湖州与江苏常州交界处的顾渚山。据《西清诗话》载："唐茶品虽多，惟湖州紫笋入贡。紫笋生顾渚，在湖、常二郡间。"

②禹贡：古代典籍《尚书》（又称《书经》）中的一篇。作者用自然分区的方法记述夏禹治水后全国政区的划分，以及黄河流域的地理、物产、交通、贡赋等概况，是我国最早的一篇科学价值很高的经典之作。诗中所指系夏禹开创了百姓向部落首领朝贡的先例。通：通晓。远俗：远古时代的习俗。

③"所图"句：所谋划的在于使社会安定。

④后王：指夏禹以后的历代帝王。失：违背。本：本意，即让社会安定的治世愿望。

⑤"职吏"句：在朝廷任职的官吏不敢如实地向上司禀报民情。

⑥奸佞者：奸诈邪恶惯于献媚取宠的小人。

⑦兹：此。指监督制造贡茶的职责。伸：伸张。指奸佞小人想趁机求得升官。

⑧顾渚源：指浙江湖州长兴县顾渚山侧的金沙泉。唐大历五年（770）在此建立"贡茶院"，规模宏大，有茶厂30间，茶季役工多达3万之众，工匠千余。

⑨亲：亲近、接触。诗人时任湖州刺史。按朝廷规定，他同邻地常州刺史每年春季都必须亲临茶山现场监督制作贡茶。

⑩"甿辍"句：当地农民为了采制贡茶而中止其他农事活动。甿：古指农民。耒：古代一种木制的翻土农具。

⑪一夫：一个人。旦：指一天。

⑫尽室：全家所有的人。同臻：一齐到达。

⑬扪葛：手攀着葛藤。欹壁：陡峭的山崖。欹：倾斜。

⑭荒榛：荒芜杂乱的树丛。榛：树丛。

⑮掬：双手捧取。诗中作量词用，指"一捧"，形容数量很少。

⑯鳞皴：皮肤开裂如鱼鳞状。

⑰悲嗟：悲哭、哀叹。

⑱"草木"句：形容由于大批劳力拥到山上采茶，摘光春芽的同时把花草踩踏得一片狼藉，折腾得山上见不到丝毫春色。

⑲阴岭：山的北面。

⑳牒：古代官府公文。指朝廷催交贡茶的文书。频：频繁。

㉑"心争"句：这句大意是，官府在茶树还没发芽的时候就下令催造贡茶，这简直是要与大自然争功了。造化功：大自然创造化育万物的功能。

㉒"走挺"句：逼着农民冒险进山采茶，如同麋鹿在深山密林中披荆斩棘地觅食一样。挺：铤而走险。麋鹿，即"四不像"，一种形体像鹿而躯体庞大的食草动物。均：同，一样。

㉓选纳：拣选优质茶叶以供纳贡。无昼夜：不分日夜。

㉔捣声：捣茶的声音，指把茶叶捣制加工成茶饼。

㉕何：多么。枯槁：面容憔悴。

㉖弥：更加。

㉗巡狩：古代天子出巡。诗中乃为帝王讳饰之辞。据史载，德宗李适先后于建中四年（783）冬和兴元元年（784）春，因兵变、叛乱，两度出逃避险。

㉘堙：堵塞。指当时京城东面与黄河南北一些地方由于藩镇割据，社会动荡，造成交通阻塞。

㉙周回：周围，周边。绕：绕道。

㉚"况减"句：大意是，何况当前朝廷必须考虑减轻战乱给老百姓造成的困苦。兵革：兵器和盔甲。指代战争。

㉛"重兹"句：把修治贡茶这种事看得过重，势必把老百姓搞得筋疲力尽。兹：此，指修贡。固：必，一定。

㉜供御余：纳贡后剩下的茶叶。

㉝合：应当。诗中作有资格、配得上讲。

㉞"顾省"句：回想自己身为守护一方的行政长官，未能改革弊政，心中有愧。忝，谦辞。表示愧感。

㉟因循：沿袭旧例。

㊱丹愤：忠于朝廷的满腔激愤之情。何由申：应该通过什么途径来申述呢！

【助读】

在中国茶史上，袁高是第一位以诗的形式抨击贡茶制度荼毒百姓的官吏。据《云麓漫钞》（南宋赵彦卫撰）卷四：这首诗写于唐兴元元年（784）春三月在浙江湖州刺史任上。

从这首诗中，读者闻不到"顾渚紫笋"的芬芳，看不到"瑞草魁"给予人的精神振奋，而恰恰相反，读后满腔义愤！在封建时代，皇权高于一切，在顾渚这方盛产茶叶之地，官场的奸佞之徒为了追求政绩，取悦朝廷，让广大茶农担负连年造茶纳贡的重压。据史载，当地岁贡紫笋茶数量多，任务重，必须在"清明"前采制完毕，而且必须快马加鞭，在十日之内行程三四千里运送进京。这样，势必造成"阴岭芽未吐，使者牒已频""一夫旦当役，尽室皆同臻""悲嗟遍空山，草木为不春"的情状！诗人在表达对于当地广大茶农深切同情的同时，勇敢地抨击了贡茶制度的罪恶和奸佞之徒的丑行。最后，诗人以当地主政者和督茶官的身份，深刻反思，对上述种种社会现象深感愧疚和不安。

据《西吴俚语》载："袁高刺郡，进（贡茶）三千六百串，并诗一章。"袁高这位关怀民瘼的官吏，竟然壮着胆子把这首措辞尖锐的诗连同贡茶一起呈献德宗李适。值得庆幸的是，皇帝阅后并没有给袁高扣上"大不敬"的政治帽子，相反还真的有所反思，并且采取了某些为民减负的措施。据《石柱记笺释》云："自袁高以诗进规，遂为贡茶轻省之始。"此后，袁高便在顾渚山上刻石立碑，文曰："大唐州刺史臣袁高奉诏修茶，贡讫，至山最高处赋茶山诗……"遗址在今顾渚山金山村白羊山上。此处还有于頔、杜牧关于奉诏修贡焙茶的石刻古迹。

歌①

（唐）陆 羽

不羡黄金罍②，不羡白玉杯。

不羡朝入省③，不羡暮入台。

千羡万羡西江水④，曾向竟陵⑤城下来。

【作者小识】

陆羽（733—约804），字鸿渐，一名疾，字季疵，号桑苎翁、竟陵子、东冈子等。复州竟陵（今湖北天门）人。相传原乃弃儿，为竟陵僧人收养，从小在寺院中成长。十二岁离寺，一度为伶，演过丑角，曾编写笑话集《谑谈》三卷。后在友人崔国辅等的关照下，出游巴山峡川，品茶鉴水，考察茶事。又先后客居升州（今江苏南京）、丹阳（今属江苏）、苕溪（今浙江湖州），闭门著述。经过长期潜心研究，写成中国茶文化奠基之作亦称世界第一部茶学专著《茶经》。它同时又是一部思想文化精品，其"精行俭德"思想构建的中国茶文化核心道德观乃中华文明宝贵财富，作为经典流传于世。当年唐王朝曾召陆羽为太子文学、太常寺太祝，委以重任，但他一概坚辞，不愿就职，一直隐居终生。其诗在《全唐诗》中仅存2首及一些联句。后人把他誉为"茶仙"，尊为"茶圣"，祀为"茶神"。

【注释】

①歌：歌曲，能唱的诗。《全唐诗》原注："太和中，复州有一老僧，云是陆弟子，常讽此歌。"讽：背诵、吟诵。

②罍（léi）：古代盛酒或水的器皿。青铜制，也有陶制。其形或圆或方，小口、深腹、圈足，有盖，肩部有两环耳，腹下有一鼻。

③"不羡"句：不羡慕早晚进入朝廷高官理政的地方。意即不想做大

官。省、台都是当时中央权力机构：中台为尚书省，东台为门下省，西台为中书省。

④西江水：长江水，长江自西往东流。

⑤竟陵：湖北天门。诗人的家乡。

【助读】

全诗以四个"不羡"否定功名富贵、高官厚禄；以一"羡"明志：长江西来，流经竟陵城下，昼夜奔腾不息——人生不也是要这样浩浩荡荡地掀起一个又一个惊天巨浪吗！诗人以恬淡的志趣和雄豪的气概为后人树立一个光辉的榜样。

春日访山人①

（唐）戴叔伦

远访山中客，分泉谩煮茶②。

相携林下坐，共惜鬓边华③。

归路逢残雨，沿溪见落花。

候门童子④问，游乐到谁家？

【作者小识】

戴叔伦（732—789），字幼公，润州金坛（今属江苏）人。贞元进士。曾任抚州刺史、容管经略使。其诗多表现隐逸生活和闲适情调。有《戴叔伦集》。

【注释】

①山人：隐士，隐居在深山中的人。

②"分泉"句：舀取山泉随意煮茶。据陆羽《茶经·五之煮》记载，山水以出于乳泉、石池漫流的水是最好的煮茶用水。谩，通"慢"，此可解作随意。

③"共惜"句：一起慨叹鬓发花白青春逝去。华：华发，头发花白。

④候门童子：在家里等待着为我开门的童仆。

【助读】

这首诗描述诗人作为一位鬓发斑白的老者走访一位山中隐者的生活片段，抒发其对人生迟暮的感慨。一联写远访深山，同主人一起分泉烹茶的乐趣。次联写两位老人携坐林间，倾谈对于逝去青春的惋惜。三联以"归路"所逢所见的"残雨""落花"，进一步渲染老人的迟暮之情。末联以童子"候门"暗示诗人外出时间很长，很晚才回到家，让家人不放心了。从诗中看到客来煮茶、一同品茶、边品茶边谈心，乃是唐代民间特别是文人雅士阶层的生活习俗。

喜园中茶生

（唐）韦应物

洁性不可污，为饮涤尘烦①。

此物信灵味②，本自出山原③。

聊因理郡余④，率尔植荒园⑤；

喜随众草长⑥，得与幽人言⑦。

【作者小识】

韦应物（737—约792），京兆长安（今陕西西安）人。少年时以三卫郎事玄宗，后为滁州、江州、苏州刺史。其诗以写田园风物著名。有《韦苏州集》。

【注释】

①"洁性""为饮"二句：茗茶高洁的物性不可玷污，饮用它乃为去除尘俗的烦扰。涤：洗涤，荡除。

②信：确实。灵味：灵草的韵味，古人称茶为灵芽、瑞草。

③本：本性，天性。山原：高山原野，泛指大自然。

④聊：姑且。理郡余：办理政务的余暇。郡：春秋至隋唐时的地方行政区域名，隋唐后隶属于府或州。诗中指郡中官员的政务。

⑤"率尔"句：随意地到荒废的园地上去垦殖（指种茶）。率尔：轻率、随随便便地不怎么当回事。

⑥"喜随"句：欣喜地看到园中的茶树伴随着周围的草木一齐生长。

⑦"得与"句：意思是，这种种茶的乐趣，官场上许多人是无法理解的，只有那些隐居深山之中生活情趣高尚的人才值得一谈。

【助读】

标题一个"喜"字，定下全诗欢快、高昂的基调。前四句满腔热情地赞美茗茶高洁的秉性、灵异的芳馨、荡涤尘烦的神功。它出自高山原野，乃大自然对于人类的恩赐。后四句先写自己公务之余，不经意地荷锄垦荒植茶。接着紧扣诗题，喜见自己的劳动成果：园中茶树枝繁叶茂。茶，这种秉性高洁的灵物，居然也可以从自己"率尔"的劳动中创造出来！由此诗人深深地感到这种种茶的劳动乐趣，很值得告诉深山隐者朋友们。

凭周况先辈于朝贤乞茶①

（唐）孟 郊

道意忽乏味，心绪病无悰②。

蒙茗玉花尽③，越瓯荷叶空④。

锦水有鲜色⑤，蜀山饶芳丛⑥。

云根才剪绿，印缝已霏红⑦。

曾向贵人得⑧，最将诗叟同⑨。

幸为乞寄来，救此病劣躬⑩。

【作者小识】

孟郊（751—814），字东野，湖州武康（今浙江德清）人。少时隐居嵩山，年近半百才中进士，欣喜若狂，乃至其《登科后》吟出"春风得意马蹄疾，一日看尽长安花"的名句。之后任溧阳县尉，诗多寒苦之音，用字造句追求瘦硬，与贾岛齐名，人谓"郊寒岛瘦"。有《孟东野集》。

【注释】

①凭：请求。周况：韩愈侄婿，元和进士，官四门博士。先辈：诗人对周况的尊称。朝贤：朝廷官员。贤：贤达。乞：求，讨要。诗中为请求帮助之意。唐宋以来，文人雅士中"乞茶"者不少，皆属秉性豁达者所为，不能视作一般意义上的乞讨。时诗人居官洛阳，周况在京都。

②"道意""心绪"二句：忽然对"道"的探求感到乏味，只因为心绪不宁，没有一点乐趣。悰：欢乐。

③蒙茗：四川蒙山产的蒙顶茶，唐代著名贡茶。玉花：形容茶叶珍贵。

④越瓯：越州窑（遗址在今浙江余姚）产的茶碗。瓯：古代盆盂类瓦

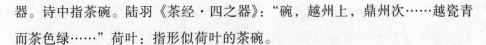

器。诗中指茶碗。陆羽《茶经·四之器》："碗，越州上，鼎州次……越瓷青而茶色绿……"荷叶：指形似荷叶的茶碗。

⑤锦水：锦江，在四川成都南。相传古代蜀地生产的织锦经过这里的江水漂洗后，颜色特别鲜亮，故称。

⑥蜀山：泛指四川山区。饶：富有。芳丛：指茶树枝繁叶茂。

⑦"云根""印缝"二句：远山白云升腾处的茶树刚显露浅绿的颜色，封口上盖着红印的催贡文书就已经下来了。剪绿：浅绿。霏红：鲜红。

⑧贵人：尊贵的人。指"朝贤"。

⑨"最将"句：这句承上，意思是人们曾经向朝贤乞茶的原因都同我一样，即结句所说"救此病劣躬"。最：都、凡、总。将：句中助词，无义。诗叟：写诗的老人，作者自称。

⑩病劣躬：多病羸弱的身体。"病"一作"穷"。

【助读】

唐代注重蜀茶，以为上品。诗中所指"蒙茗"产于四川蒙山，距今已有2000多年历史。相传西汉甘露年间（前53—前50），僧人吴理真（普慧禅师）在蒙山五岭中的上清峰种植七株茶树，从而开创了蒙山产茶的历史，后人遂将吴氏奉为"蒙山茶祖"。李肇《唐国史补》（卷下）载，当时"风俗贵茶，茶之名品益众。剑南有蒙顶石花，或小方，或散芽，号为第一"。因而蒙顶茶列为唐代贡茶，其茶园全由山上寺僧掌管，且分工严格、明确，制作精细，产品分档级严，有专供皇帝祭天祀祖的，称"正贡"；专供皇帝享用的，称"副贡"；用于赏赐王公大臣的，称"陪贡"。即使是"陪贡"，这档茶在文人雅士们看来也堪称奇珍玉食了。施肩吾《蜀茗词》云："越碗初盛蜀茗新，薄烟轻处搅来匀。山僧问我将何比，欲道琼浆却畏嗔。"黎阳王《蒙山白云茗茶》云："若教陆羽持公论，应是人间第一茶。"当时蒙顶茶的声誉，大抵不下顾渚紫笋。

这首诗先写诗人自己近来由于缺乏"蒙茗"的滋养，痛苦不堪，情绪低沉，毫无欢趣；次写遥想蜀山茶叶丰饶，收成后迅速加工朝贡的情景；最后写自己今天也要仿效他人向贵人乞茶，希望通过友人的关照也能获得些许，以救治老病之躯。结句所用"救"字写其用茶的迫切，令人深思：其一，"蒙茗"可当灵药，为诗人"救"命，显然过于夸张；其二，"蒙茗"确属天下奇珍，诗人太想用它来克服"病茶"的状态，以提振精神，恢复对于"道意"的探求。后一种状况似更接近诗人用意所在。

与孟郊洛北野泉上煎茶①

（唐）刘言史

粉细越笋芽，野煎寒溪滨②。

恐乖灵草性，触事皆手亲③。

敲石取鲜火，撇泉避腥鳞④。

荧荧爨风铛，拾得坠巢薪⑤。

洁色既爽别，浮氲亦殷勤⑥。

以兹委曲静，求得正味真⑦。

宛如摘山时，自啜指下春⑧。

湘瓷泛轻花，涤尽昏渴神⑨。

此游惬醒趣，可以话高人⑩。

【作者小识】

刘言史（约742—813），赵州邯郸（今河北邯郸）人。长于诗，可与同时代李贺媲美。善射，经节度使王武俊荐举，诏授枣强县令，辞职不就，人因称"刘枣强"。后为汉南节度使李夷简幕宾，与李多有歌诗唱和。事迹见

《唐才子传》。《全唐诗》存诗一卷。

【注释】

①孟郊：中唐诗人。洛北：河南境内洛水之北。

②"粉细""野煮"二句：碾碎浙江产的笋芽茶饼，到野外泉边去烹煮。粉：用作动词，捣成粉末状。越：越州，今绍兴，也泛指浙江省东部，为名茶产地。笋芽：幼嫩的茶芽。陆羽《茶经》："笋者上，芽者次。"寒溪：指清冷的流泉。

③"恐乖""触事"二句：担心违反了灵草的本性，烹煮的每一个环节都要亲自动手。乖：违背。灵草：茶叶的美称。古人把茶誉为灵芽、仙草、瑞草等，芳名甚多。"触"也有的选本作"觞"。

④"敲石""撇泉"二句：敲击石头取得活火；取水一定要避开游鱼一类有腥味的东西。敲石：远古人类取火的方法。撇泉：清除泉水中的杂质。

⑤"荧荧""拾得"二句：炉灶里铜铛下火光闪闪，烧的是掉落在树下的鸟巢。荧荧：微小的火光。爨（cuàn）：灶。铛：有足的釜。薪：木柴。

⑥"洁色""浮氲"二句：茶汤的颜色澄澈洁净，显得清爽而别有风味；漂浮的水汽氤氲蒸腾，看着倍感亲切。爽别：清爽。氲：氤氲，气或光色混合动荡貌。张九龄诗《湖口望庐山瀑布泉》："灵山多秀色，控水供氤氲"。殷勤：情意恳切。诗中用以表明此时内心的感受。

⑦"以兹""求得"二句：来到这样的隐蔽幽静处烹茶，为的是求得灵草天然纯正的真味。兹：这里。曲静：隐蔽、僻静、清幽。

⑧"宛如""自啜"二句：现在品饮自己烹煮的茶汤也像在山上采摘茶芽时一样开心。啜（chuò）：饮。指下春：自己动手采摘的春茶。

⑨"湘瓷""涤尽"二句：湖南窑制的瓷碗里，茶汤轻泛的沫饽美丽如花，品饮过后去除干渴，荡尽昏邪，精神大振。湘：湘州，在湖南境内，所产瓷器十分精美。

⑩"此游""可以"二句：这一次野游烹茶真开心，摆脱了尘世的俗念和烦扰，提高了精神境界，可以同高尚风雅的人物倾谈感受了。

茶诗里的中国韵

【助读】

全诗叙写与好友孟郊同往洛北野外烹茶品饮的过程及其感受。诗人对烹茶的每一个环节，包括用水、用火、燃料、烹器、饮具等等，都十分讲究，而且事事都要亲自动手，其目的就在于"求得正味真"，即尝到灵草的真味。当然，"敲石取火""坠巢为薪"写法夸张，在当时实际上也不大可能，今天更办不到。但是，我们如果坚持追求茶的真味，就必须讲究"茶艺"。特别是今天茶叶品牌众多，可"茶盲"不少。再好的茶叶让他们随便冲泡也尝不出美味，更说不上"真味"，有的简直就是浪费。茶为"国饮"，今天在全社会普及饮茶知识，让每一个饮茶人都懂得必要的茶艺知识，以求发挥茶的灵性；让人们在品尝茶的真味中体验到茶的神功，对于促进身心健康，增强创造力，一定是大有裨益的。

西山兰若试茶歌①

（唐）刘禹锡

山僧后檐茶数丛②，春来映竹抽新茸③。

宛然为客振衣起④，自傍芳丛摘鹰觜⑤。

斯须炒成满室香⑥，便酌砌下金沙水⑦。

骤雨松风入鼎来⑧，白云满碗花徘徊⑨。

悠扬喷鼻宿酲散⑩，清峭彻骨烦襟开⑪。

阳崖阴岭各殊气⑫，未若竹下莓苔地⑬。

炎帝虽尝未解煎⑭，桐君有箓那知味⑮。

新芽连拳半未舒⑯，自摘至煎俄顷馀⑰。

木兰沾露香微似⑱，瑶草临波色不如⑲。

僧言灵味宜幽寂⑳，采采翘英为嘉客㉑。

不辞缄封寄郡斋㉒，砖井铜炉损标格㉓。

何况蒙山顾渚春㉔，白泥赤印走风尘㉕。

欲知花乳清泠味㉖，须是眠云跂石人㉗。

【作者小识】

刘禹锡（772—842），字梦得，河南洛阳人。自称汉中山王刘胜后裔，亦谓河北中山人。贞元进士，登博学鸿词科，授监察御史。因与柳宗元一同参加王叔文集团政治革新，被贬为朗州司马，迁连州刺史。后经裴度力荐，任太子宾客加检校礼部尚书。他不仅是唐代进步的政治家，也是优秀的文学家、诗人，有"诗豪"之誉，好饮茶寄情。其诗通俗清新，许多作品如《竹枝词》等富有民歌特色。有《刘梦得文集》《刘中山集》。

【注释】

①西山：西山寺，唐建。在朗州（今湖南省常德市）。兰若：梵语"阿兰若"的省称。意为寂静处，泛指佛教寺庙。试茶：品茶。作者因参加王叔文政治革新活动，遭贬朗州司马。这首诗就是身挂闲职在"眠云跂石"生活中写的。

②山僧：深山中的僧人。后檐：寺庙的后面。

③映竹：茶树与翠竹互相掩映。新茸：初生的茶芽毛茸茸的。

④宛然：好像。这里作快速讲。这句说，山僧为了迎接作者马上抖动衣服，起身去摘新芽。

⑤傍：靠近。芳丛：指茶树。鹰觜：茶叶的嫩芽形如鹰嘴一般，亦用称茶叶。觜同"嘴"。

⑥斯须：须臾，一会儿。炒：茶叶炒青。

⑦"便酌"句：从石砌的池里舀取金沙泉的水。酌：舀取。据《常德府

志》：西山寺旁有金沙泉，以石块砌池蓄水取用。

⑧骤雨松风：形容茶水在煮沸之前发出的响声，像夏日的雷雨，又像松林中的山风。据清震钧《茶说》：这时放入茶叶，以止其沸。鼎：烹茶器具，多用铜制。

⑨"白云"句：碗里茶汤升腾的热气，宛如天上的白云；泛起的小泡如同小花徘徊转动。

⑩悠扬：茶香悠长。喷鼻：扑鼻。宿酲：醉酒后精神困倦。酲：醉酒。散：消除。

⑪清峭彻骨：清凉透骨。烦襟：心里的郁闷愁烦。开：消解。

⑫阳崖阴岭：面向阳光和背对阳光的山岭。殊气：冷热气候不同。

⑬莓苔地：生长莓苔类的地方。这句意思是：生长在竹林莓苔地的茶树其叶品质最佳。

⑭"炎帝"句：炎帝虽然尝过茶叶，但他未曾烹煮加工。炎帝：指神农氏。《神农本草》："神农尝百草，日遇七十二毒，得荼而解之。"按"荼"即茶。由此可知：神农氏是首先发现茶叶解毒功能的人。

⑮"桐君"句：桐君虽然有关于茶叶的记载，但他并不了解茶的灵味。传说桐君是黄帝时代的一名医师，曾在浙江桐庐东山桐树下结庐，从事采集药草，并撰写《桐君采药箓》，简称《桐君录》。

⑯连拳：卷曲状。舒：舒展。

⑰俄顷：顷刻，一会儿。

⑱"木兰"句：茶汤的芳香有点像带露的木兰花散发出来的。木兰：早春开花，微香。

⑲"瑶草"句：茶汤的色泽胜过仙草映在水面上。瑶草：传说仙境中的香草。

⑳灵味：仙草美妙的香味。幽寂：僻静。

㉑翘英：特别美好的花草。指茶叶。翘：特别突出。嘉客：嘉宾，尊贵的客人。

㉒郡斋：郡守的官邸。

㉓"砖井"句：从砖砌的井里取水，用铜制的炉子烹茶，简陋的烹煮条件可能有损优质茶的原味，降低其品位。标格：风味、风度。关于煮茶用水，陆羽《茶经》认为，"山水上，江水中，井水下"。山僧用的是西山寺旁金沙泉的水，当是好水。

㉔蒙山顾渚春：指产于四川的蒙顶茶和浙江长兴顾渚山的紫笋茶，均为唐代备受推崇的顶级贡茶。

㉕"白泥"句：贡茶用白色泥、赤印严密缄封，不远千里驰运进京。白泥：用于封口的涂料。风尘：喻旅途艰辛。

㉖花乳：茶水的美称。当时一般人用茶是把茶叶先制成茶饼，饮用时将其研末烹煮，可见茶汤翻滚起伏，沫饽洁白如乳。清冷味：指茶汤清醇幽香的天然真味。

㉗眠云跂石人：指卧在白云生处酣睡，或坐在山间石上休憩的悠闲人。跂：跂坐，垂足而坐，跟不及地。诗中指山僧，也指自己。

【助读】

这首诗是诗人在朗州西山寺品茶之后写的。从到寺所见春茶抽芽写起，写山僧振衣迎客，随即摘茶、炒制、烹煮，直至主客一同品饮，其中每一个环节所见、所思、所感，描摹细致，形象鲜明，极尽赞美。最后告诉读者：只有静心悠闲的人才会领略茶的真味。

这首诗还让读者明白两点。其一，"斯须炒成满室香"句是我国茶史上茶叶炒青技术的最早记载，由此可知诗人所处的中唐时代湖南一带绿茶制作已经采用"炒青法"。其二，从"自摘至煎俄顷余"句中可知，中唐时代人们饮茶仍有即采即炒即煮即饮的习俗。

尝茶

（唐）刘禹锡

生拍芳丛鹰觜芽①，老郎封寄谪仙家②。

今宵更有湘江月③，照出霏霏满碗花④。

【注释】

①生拍：唐代流行制作饼茶，在加工过程中把蒸煮春捣后的茶坯放进模子里拍压成饼状。芳丛：散发清香的茶树，诗中指茶叶。鹰觜芽：形容茶芽尖嫩如同鹰嘴。

②老郎：作者的郎姓朋友，疑指郎士元，郎为天宝进士，比刘年长。谪仙：从天上谪降人间的仙人。古时用于称誉品学超群而且看破红尘的人，如李白曾有此称。这里系作者自称。

③湘江月：作者当时被贬为朗州司马，身处湘江之滨，夜晚可以临江对月品茶。

④霏霏：纷飞状。常用于描写雨雪。诗中形容茶碗里旋动的沫饽在湘江月色的映照下美丽如花。霏霏：亦作"菲菲"，后者形容香气浓郁。

【助读】

诗人作为一个怀有远大抱负的政治改革家，在遭受贬谪之后获得老朋友寄赠的优质茶叶，连夜烹煮，对月品味思绪万千。他以"谪仙"自比，自然让人联想到李白；他在湘江月下独饮，也让人联想到李白在咸阳月下独酌。他们一为品茶，一为饮酒，不论茶酒，二者皆为灵物，皆可"荡涤肺腑无纷华"，让人抛开功名利禄种种俗念。此时此刻，诗人面对"霏霏满碗花"的香茗，他胸中的念想同当年李白那种"举杯邀明月，对影成三人""且须饮美酒，乘月醉高台"的豁达胸襟，该是多么相似！明月长存，人生有限，宦途坎坷，止境何在？思绪有如湘江水，奔腾澎湃流不尽啊！

萧员外寄新蜀茶①

（唐）白居易

蜀茶寄到但惊新②，渭水煎来始觉珍③。

满瓯似乳堪持玩④，况是春深酒渴人⑤。

【作者小识】

白居易（772—846），唐代杰出诗人，字乐天，晚年号"香山居士"。祖居太原，后迁居下邽（今陕西渭南）。贞元进士，授秘书省校书郎；元和间任左拾遗及左赞善大夫。因敢于直言，得罪权贵，被贬为江州司马。后升杭州刺史、苏州刺史，以刑部尚书致仕。在文学上是新乐府运动的倡导者。其诗语言浅易通俗，与元稹常有唱和，世称"元白"。有《白氏长庆集》。作品较早流传国外，尤其对日本文学产生深远的影响。白氏爱茶，自称"别茶人"。创作茶诗50余首。他弹琴需茶，吟咏需茶。在《琴茶》一诗中有真切的抒写。

【注释】

①员外：官职，员外郎的省称。宋代以后戏曲、旧小说常用作对富绅的称呼。蜀茶：巴蜀地区（今属四川省）所产名茶的总称。陆羽《茶经·七之事》："姜、桂、茶荈出巴蜀。"今四川、重庆一带均为唐代重要的茶叶产地。当时注重蜀茶，视为上品，以蒙顶茶为最。

②惊：惊讶。新：指刚刚采摘加工制作的新茶。

③渭水：即渭河，发源于甘肃省渭源县，在潼关附近汇入黄河。

④瓯：茶器。似乳：茶汤好像乳汁，表明茶叶嫩，茶汤浓白。堪：值得。把玩：欣赏。

⑤春深：酒瘾特大，嗜酒。唐人多称酒为"春"。酒渴人：由于醉酒，口中干渴而尤需以茶消解。

【助读】

诗人收到友人寄赠的新鲜极品名茶后，即以好水烹煮，让名茶名水相得益彰，果然，"精茗蕴香，借水而发"（许次纾《茶疏》），满瓯茶汤洁白如乳，多么值得欣赏把玩！这对于一个嗜酒爱茶的人，显得多么珍贵，同时自然也深感寄茶人友谊的珍贵了。

诗人自称"别茶人"，深知茶与水的相互依托关系。茶人们经过数百年的实践，认识不断深化。明人张源在《茶录》"品泉"中说："茶者水之神也；水者茶之体也。非真水莫显其神，非精茶曷窥其体！"对两者的关系概括得更为生动形象。

睡后茶兴忆杨同州①

（唐）白居易

昨晚饮太多，嵬峨连宵醉②。

今朝餐又饱，烂熳移时睡③。

睡足摩挲眼④，眼前无一事。

信脚绕池行⑤，偶然得幽致⑥。

婆娑绿阴树⑦，斑驳青苔地⑧。

此处置绳床⑨，傍边洗茶器。

白瓷瓯甚洁，红炉炭方炽⑩。

沫下曲尘香⑪，花浮鱼眼沸⑫。

盛来有佳色⑬，咽罢余芳气。

不见杨慕巢⑭，谁人知此味？

【注释】

①茶兴：饮茶的兴致。杨同州：名汝士，字慕巢，白居易妻舅。时任同州（今陕西省大荔县）刺史。官至工部尚书。

②嵬峨：形容醉态，站立不稳貌。

③烂熳：同烂漫，放浪不羁貌。移时睡：指午睡超过正常时间。移时：超时。

④摩挲：揉搓。

⑤信脚：信步，随意走动。

⑥幽致：高雅幽静的情趣。

⑦婆娑：本指舞姿。诗中形容绿树扶疏，枝叶纷披。

⑧斑驳：色彩杂乱错落。

⑨绳床：又称胡床、交椅，一种可折叠携带的坐具。

⑩炭方炽：炭火焰烈，最宜煮茶。陆羽《茶经·五之煮》："其火用炭，次用劲薪。其炭曾经燔炙，为膻腻所及，及膏木、败器，不用之。"

⑪曲尘：喻淡黄色。曲，俗称酒母，其所生菌淡黄如尘。诗中指茶饼碾碎后的淡黄色茶末。

⑫鱼眼：茶水初沸时，水泡小，称蟹眼。待水泡稍大，称鱼眼。

⑬盛：动词，以器受物。指茶汤斟入杯里。

⑭杨慕巢：即杨同州，与作者一样爱茶的人。

【助读】

诗人在闲适生活中，夜里饮酒，白天酣睡。醒来无所事事，便"信脚"漫步池边，偶然发现林荫中有个烹茶的好去处，随即"茶兴"勃勃，亲自洗涤茶器，烧起炭炉，观看茶水沸腾，欣赏茶汤茶香……果然茶色鲜美，饮后满口留香。于是便想起自己的知音挚友杨慕巢：如今像他这样懂得佳茗真味的品茶行家，实在寥寥无几了！最后两句蕴含着深刻的弦外之音。

香炉峰下新置草堂，即事咏怀题于石上（节录）①

（唐）白居易

时有沉冥子②，姓白字乐天。

平生无所好，见此心依然③。

如获终老地④，忽乎不知还⑤。

架岩结茅宇，劚壑开茶园⑥。

【注释】

①香炉峰：在江西省庐山西北，烟云笼罩，犹如香炉。作者在被贬任江州司马期间，见香炉峰下"山水泉石，爱不能舍"，便在遗爱寺旁架建茅屋闲居。全诗描写草堂周围环境和闲居中寻求解脱的心情，这里选录其中关于亲自垦荒种茶一节。

②沉冥子：意趣幽深的人。作者自指。

③"见此"句：看到这里环境清幽，心中无比眷恋。依然：恋恋不舍。

④终老地：久居养老的地方。

⑤"忽乎"句：感到时光飞快乐不知返。忽乎：形容时间过得快。如欧阳修诗《寄内》："但知贫贱安，不觉岁月忽。"还：回去。指回老家去。

⑥"劚壑"句：挥锄掘地，开垦茶园。劚：大锄，引申为斫、掘。壑：坑谷、深沟，诗中泛指山地。

【助读】

元和十年（815）诗人遭贬江州司马之后，成了一个"天涯沦落人"（《琵琶行》句）。可贵的是，作为忠诚的儒家弟子，他依然秉持"穷则独善其身"的人生准则。在香炉峰下青松、翠竹、危崖、飞泉之间，架建茅屋，开辟茶园；在清幽静美的大自然怀抱中弹奏古琴，品饮香茗；"傲然意自足，箕踞于其间"，怡情养性，悠闲自在，充分显示其高人雅士的生活情趣。

琵琶行①（节录）

（唐）白居易

门前冷落鞍马稀，老大嫁作商人妇。

商人重利轻别离，前月浮梁买茶去②。

【注释】

①《琵琶行》：长篇叙事诗，写于元和十一年（816）江州司马任上。诗人时年45岁。正当年富力强施展抱负兼济天下之时，却因秉性正直遭受贬谪。诗中借一个年老色衰而技艺高超的琵琶女对于不幸命运的倾诉，以抒发自己政治上失意的悲愤之情。这里选录的是琵琶女自叙身世的几句话。

②浮梁：县名。今属江西省景德镇市。唐武德四年（621）析置新平县，唐天宝元年（742）根据当地"溪流时泛，民多划木为梁"，改名浮梁。为中唐时重要的茶叶集散地。

【助读】

《琵琶行》是中国古典诗歌一颗璀璨的明珠，但并非茶诗。因为琵琶女在叙述其丈夫的商业活动中有"前月浮梁买茶去"一语，引出浮梁这个地名。浮梁在南北朝就是南方茶叶的重要集散地，至唐市场进一步繁荣。《新唐书·食货志》："浮梁每岁产茶七百万驮，税十五万贯。"相当于当时朝廷茶税的八分之三。由此可知其贸易盛况，亦不难理解琵琶女的茶商丈夫为何会"轻别离"了。

琴茶①

（唐）白居易

兀兀寄形群动内②，陶陶任性一生间③。

自抛官后春多醉④，不读书来老更闲。

琴里知闻惟《渌水》⑤，茶中故旧是"蒙山"⑥。

穷通行止长相伴⑦，谁道吾今无往还⑧。

【注释】

①琴茶：琴与茶。抚琴与品茶，当是文人雅士闲适生活的高尚情趣。

②兀兀：同"矻矻"，勤奋辛劳貌。寄形：寄托形骸、栖身。群动内：人世间、社会上。这句写自己辞官之前的劳碌生活，委婉地表达自己遭受谗毁贬谪的不平。

③"陶陶"句：写自己向来开朗豁达，放浪形骸，鄙视邪恶。陶陶：和乐貌。

④抛官：抛弃官职。作者于唐文宗大和三年（829）辞去刑部侍郎，以太子宾客分司东都。时年近花甲，从此在洛阳闲居。春多醉：经常喝醉。春：酒。唐人常以"春"作为酒的代称。

⑤渌水：古琴曲名。作者曾作《听弹古渌水》诗："闻君古渌水，使我心和平。欲识漫流意，为听疏泛声。西窗竹阴下，竟日有余情。"

⑥蒙山：蒙山茶，又称蒙顶茶，因产于雅州（今四川雅安）蒙山之顶而得名，有黄茶、白茶、绿茶。古有"蒙顶第一，顾渚第二"之说。李肇《唐国史补》："剑南有蒙顶石花，或小方，或散芽，号第一。"自唐至清，蒙山茶皆列为贡品。

⑦"穷通"句：多年来宦海浮沉，好运和厄运交相随伴。穷：处境困窘。通：仕途通达。行：参与政事与社会活动。止：退隐，独善其身。

⑧ "谁道"句：谁能说闲居生活没人同我来往呢！紧承上句，运用拟人化手法，表明现在琴和茶两者已经成为自己的挚友了。

【助读】

诗人经历了长期的宦海浮沉之后，年近花甲毅然辞官，闲居洛阳，与琴茶相伴，弹的是历史名曲《渌水》，饮的是极品名茶"蒙山"。由此可知，古代真正的儒家门徒无不坚持"达则兼济天下，穷则独善其身"的生活准则，即使不甚得志，也依然追求高雅的生活情趣。诗中提及"蒙山茶"产于雅州名山县（今属四川省），当地五峰突起，山势险峻。相传西汉时代僧人吴理真（普慧禅师）曾亲自在蒙山上清峰甘露寺种植仙茶7株。

巽上人以竹间自采新茶见赠，酬之以诗①

（唐）柳宗元

芳丛翳湘竹，零露凝清华②。

复此雪山客，晨朝掇灵芽③。

蒸烟俯石濑，咫尺凌丹崖④。

圆方丽奇色，圭璧无纤瑕⑤。

呼儿爨金鼎，馀馥延幽遐⑥。

涤虑发真照，还原荡昏邪⑦。

犹同甘露饮，佛事薰毗耶⑧。

咄此蓬瀛侣，无乃贵流霞⑨。

茶诗里的中国韵

【作者小识】

柳宗元（773—819），唐代文学家。字子厚，河东解（今山西省运城市解州镇）人，世称"柳河东"。贞元进士，授校书郎，调蓝田尉，升监察御史里行。因参加王叔文集团政治革新活动，贬为永州司马，后迁柳州刺史，故又称柳柳州。与韩愈倡导古文运动，并称"韩柳"，为"唐宗八大家"之一。有《河东先生集》。

【注释】

①巽上人：永州龙兴寺（在今湖南省沅陵县）禅师重巽。上人：佛教徒对修行高深的僧人的敬称。

②"芳丛""零露"二句：芳香的茶树与湘妃竹交相掩映，露珠凝在枝条上清莹而华美。翳：遮蔽、掩蔽。零露：落下的露水。

③"复此""晨朝"二句：在雪花飘舞的茶山上，清晨就有人来采摘新芽了。"雪山客"语出《涅槃经》，这里用作赞扬巽上人修行高深。雪山即雪山部，是释迦牟尼修行、讲经、培训弟子之地。掇：拾取，引申为采摘。灵芽：仙草的幼芽，对茶叶的美称。

④"蒸烟""咫尺"二句：龙兴寺山上晨雾蒸腾，山下急流飞溅；僧舍建在险峻的山崖上。俯石濑：指寺庙俯临急流。濑：从沙石上淌过的湍流。丹崖：赤红色的岩壁。咫尺：古代长度，合今市尺六寸多。形容距离极近。

⑤"圆方""圭璧"二句：圆形与方形的茶饼芳香鲜美，光洁如玉，不带丝毫杂质。丽：附着。圭璧：古代帝王、诸侯在盛大的礼仪活动中手执的玉器。纤瑕：细微的疵点。

⑥"呼儿""余馥"二句：唤来僧童烧热金鼎，顷刻幽香的茶味飘散好远好远。爨：用火烧。金鼎：指烹茶用的锅或炉。延：引申为飘散。

⑦"涤虑""还原"二句：饮茶能够荡除一切俗虑、昏昧与邪念，让人还原本真的美好状态。真照：真相，即人的本性。

⑧"犹同""佛事"二句：好比吃过佛祖赐予的甘露，又像在圣域里刚做过佛事一般。甘露：《瑞应图》云，"美露也，神灵之精，人瑞之泽；其凝

如脂，其甘如饴，一名膏露，一名天酒"。佛事：佛教徒供奉佛祖的法事。
薰：指香气飘散，熏染别的物体。毗耶：相传为释迦牟尼圆寂地。

⑨ "咄此""无乃"二句：啊，同这仙境一般的名茶为伴，岂不比畅饮
天上的流霞仙酒更胜一筹吗？咄：叹词，表示赞美。蓬瀛：指传说中的两处
仙山蓬莱和瀛洲。无乃：表示委婉的反问语气。流霞：传说仙人饮用的
美酒。

【助读】

综观史上茶诗，以"灵芽"称誉茶叶，为柳氏首创，见于本诗。作为酬
谢，诗人赞美有三：一赞龙兴寺的自然环境美。它建在危崖峭壁之上，俯临
清溪，云雾蒸腾，阴凉清幽，乃宜于植茶之地。二赞巽上人劳动精神之美。
清晨冒着严寒登山采掇，继而精细加工，其艰辛可以想见。三赞其茶之美。
烹之香飘"幽遐"，饮之荡涤"昏邪"，还人本真，神功如同甘露，珍贵胜似
流霞。最后以深情的赞叹和丰富的想象结束全诗。

茶岭①

（唐）韦处厚

顾渚吴商绝②，蒙山蜀信稀③。

千丛因此始④，含露紫英肥⑤。

【作者小识】

韦处厚（773—828）初名淳，因避宪宗讳改名，字德载。京兆（今陕西
西安）人。元和进士。历任右拾遗、开州刺史、户部郎中、中书舍人等职，
官至中书侍郎同平章事（宰相），封灵昌郡公。《全唐诗》存诗12首。

茶诗里的中国韵

【注释】

①茶岭：指四川省开州境内的盛山。作者时任开州刺史，写有《盛山十二诗》，此为其中第九首。

②"顾渚"句：如今浙江的茶商不再做顾渚名茶的买卖了。顾渚：山名，位于浙江省长兴县西北太湖西岸。传说春秋时吴王夫差之弟夫概登山东顾其渚而获名。当地出产顶级绿茶，称"顾渚紫笋"，或"湖州紫笋""长兴紫笋""顾渚春"，人们以地名茶，简作"顾渚"。唐时列为贡茶，当地建有贡茶院。最初年定上贡万两，而后不断增加，以至于年达18400余斤，这样能供商人买卖的茶就少而又少了，而且茶贸必须纳税，因而经营"顾渚"的茶商就近于绝迹了。

③"蒙山"句：在四川境内，蒙顶茶也很少见到。蒙山：地跨雅州、名山两个市县，其高处所产茶叶称"蒙顶茶"，黄、白、绿三者皆有，列为贡品。自唐始，蒙顶茶驰名中外，尤以"蒙顶黄芽"为最。白居易诗称"茶中故旧是蒙山"。蜀信稀：由于蒙山茶质量上乘，已经供不应求了。"信"有实在的意思。

④"千丛"句：盛山人因此而开始大量种茶。千丛：广开茶园，植株繁茂。

⑤"含露"句：茶园里的"绿华紫英"芽叶沾着晨露，显得多么肥嫩。紫英：唐代名茶。因茶芽叶呈紫色而得名。

【助读】

面对当时顾渚、蒙山两地名茶紧缺的市场状况，盛山人迅速行动，广辟茶园，推动茶叶生产迅速发展，而且创造了"绿华紫英"这样的品牌，充分表现了盛山人民的勤劳和智慧。这种状况，是否与当时身为开州刺史的作者的倡导有关，今天已难以考证；但是他亲自撰诗"捧场"，而且同张籍这样的名人（韩愈门生，贞元进士，历任国子博士等职）唱和，让后者也来为盛山茶岭写赞歌，以扩大其知名度，争取更大的市场，无异于为盛山茶叶做了大广告。不管诗人有意无意，其客观效果都应充分肯定。不信请看唐人苏鹗

《杜阳杂编》：咸通九年，懿宗李漼赏赐给同昌公主的礼品中就有"茶则绿华紫英之号"。

走笔谢孟谏议寄新茶①
（唐）卢　仝

日高五丈睡正浓②，军将打门惊周公③。

口云谏议送书信，白绢斜封三道印④。

开缄宛见谏议面⑤，手阅月团三百片⑥。

闻道新年入山里，蛰虫惊动春风起⑦。

天子须尝阳羡茶⑧，百草不敢先开花⑨。

仁风暗结珠蓓蕾⑩，先春抽出黄金芽⑪。

摘鲜焙芳旋封裹⑫，至精至好且不奢⑬。

至尊之余合王公⑭，何事便到山人家⑮。

柴门反关无俗客⑯，纱帽笼头自煎吃⑰。

碧云⑱引风吹不断，白花⑲浮光凝碗面。

一碗喉吻润⑳，两碗破孤闷㉑。

三碗搜枯肠㉒，唯有文字五千卷㉓。

四碗发轻汗，平生不平事，尽向毛孔散。

五碗肌骨清，六碗通仙灵㉔。

七碗吃不得也，惟觉两腋习习清风生。

蓬莱山㉕，在何处？

玉川子㉖，乘此清风欲归去。

山上群仙司下土㉗，地位清高㉘隔风雨。

安得知㉙百万亿苍生命，堕在巅崖受辛苦㉚。

便为谏议问苍生，到头还得苏息否㉛？

【作者小识】

卢仝（约775—835），号玉川子，范阳（今河北省涿州市）人。唐初"四杰"诗人卢照邻嫡系后裔。年轻时隐居少室山，刻苦读书，诗文师从韩愈。不愿仕进。唐文宗大和九年"甘露之变"时，因宿宰相王涯家，与王同时被宦官集团杀害。一生爱茶成癖。其诗对当时朝政腐败与民生疾苦均有所反映，《走笔谢孟谏议寄新茶》为传颂千年的茶诗名篇。有《玉川子诗集》。

【注释】

①走笔：挥笔疾书。谏议：古代臣子向君主指其过失或提出建议称"进谏"。西汉设谏大夫，东汉称谏议大夫，明后渐废。孟谏议指孟简，进士及第，历任常州、越州等地刺史，元和四年拜谏议大夫。

②日高五丈：清晨太阳已经升得很高了。五丈形容高，非确指。

③军将：指孟简委派送来茶叶和信件的军士。周公：指梦境。《论语·述而》："子曰：'甚矣吾衰也，久矣吾不复梦见周公。'"周公：周武王之弟姬旦。后人把"周公"作为梦的代称。惊周公：指从梦中惊醒。

④"白绢斜封"句：用白色绢素裹封后，再加盖三道官印，以示珍贵、慎重。

⑤宛见：好像看见。

⑥手阅：亲自检查收取。月团：圆形饼茶。唐代流行饼茶，有圆有方。

⑦蛰虫：潜藏过冬的昆虫。

⑧天子：皇帝。阳羡茶：唐代贡茶。阳羡（今江苏宜兴）古属常州。沈

括《梦溪笔谈》："古人论茶，唯言阳羡、顾渚、天柱、蒙顶之类。"张芸叟《茶事拾遗》："有唐茶品，以阳羡为上。"

⑨"百草"句：意思是阳羡茶必须在早春百花开放之前采制纳贡，让皇帝品尝。"不敢"是夸张的说法。

⑩仁风：帝王仁德之风。实指和暖的春风。暗结：在潜移默化中形成。珠蓓蕾：喻贵如珠玉的阳羡茶芽。一作"珠琲瓃"。琲：成串的珠；瓃：玉器。

⑪先春：早春。黄金芽：茶树最早抽出的一些嫩芽，呈黄色。

⑫"摘鲜"句：采摘新鲜的茶芽，焙制芬芳的茶饼，再进行包裹、加封。旋：随后，接着。

⑬至精至好：极好。不奢：指茶叶数量不多。

⑭"至尊"句：供奉皇帝之后，把剩余的分赏给朝廷高官。至尊：地位极为尊贵，古代作为皇帝代称。合：应该。王公：王侯公卿达官贵人。

⑮山人：隐居山林的平民。诗人自称。

⑯柴门：用木头做的简陋房门。指代平民百姓住所。

⑰纱帽笼头：纱制的帽子罩在头上。纱帽最初只用于官员贵族，隋唐时已逐渐演变为士大夫乃至平民都可以顶戴的便帽。

⑱碧云：茶水沸腾时炉子上升起如云彩般的青烟，在山风的吹拂下旋转飘动。

⑲白花：茶汤沸腾时面上浮起的白色泡沫。古时认为茶色白者为优。

⑳喉吻润：喉头和嘴唇得到滋润。

㉑破孤闷：排除孤单与烦闷。

㉒搜枯肠：意为原来枯竭的思路开放畅通。搜：搅动。

㉓"唯有"句：形容喝过三碗茶之后，精神振奋，文思奔涌。

㉔仙灵：神仙的灵异境界。

㉕蓬莱山：古代传说东海神山之一，为神仙居处。《史记·秦始皇本纪》："海中有三神山，名曰蓬莱、方丈、瀛洲。"

㉖玉川子：诗人自号。

㉗司：掌管。下土：大地，指民间。

㉘地位清高：指神仙居住的境界，清净而崇高。

㉙安得知：怎么知道。苍生：平民百姓。

㉚"堕在"句：广大茶农终年在悬崖峭壁上辛苦劳作，随时都有坠崖身亡的危险。

㉛"便为""到头"二句：顺便请孟谏议询问老百姓一下，你们一年劳作到头，有休憩的闲暇吗？苏息：休养生息。

【助读】

本篇为中国茶文化史上最负盛名的茶诗杰作，向来与陆羽《茶经》齐名。陆有《茶经》而成"茶圣"，卢有此诗而成茶学"亚圣"。

全诗分四个层次。第一层，开篇8句：写收受新茶的亲切感受；读其书信，如见友人；观其包封，可知珍贵；专人送达，可知慎重。第二层，"天子"以下8句：赞赏新茶"至精至美"。当今皇上与王公大臣享用之物，自己一介凡夫居然也能拥有，乃喜出望外。字里行间渗透着对于赠茶人孟谏议的感激之情。第三层，"柴门"以下19句：描述亲自烹茶和一碗又一碗地纵情喝茶的强烈感受。从一碗直喝到七碗，随着饮量的增加，身心呈现种种不同的情状，乃至宛然进入神仙境界。作者运用大胆的想象和夸张，把阳羡茶的卓著神功渲染得淋漓尽致。这段是全诗最为精彩的部分，历来被奉为描写茶功的典范，因而本诗又称为"七碗茶诗"，具有高度的茶学价值。第四层，从"山上"至结束6句：诗人为民请愿，希望孟谏议在自己的职权范围内，向朝廷提出建议，关心广大茶农的生存状态，让他们休养生息。据史载，唐朝廷曾两次备礼诏拜卢仝为谏议大夫，由于卢仝不愿入仕，未就。最后这几句诗可以视为诗人恳请孟谏议向朝廷转达自己关心茶农的热切愿望。

对于这首诗中所写的喝茶方法，清代著名诗人袁枚在《试茶》中提出了尖锐的批评，认为大碗喝茶方法不可取："叹息人间至味存，但教鲁莽便失真。卢仝七碗笼头吃，不是茶中解事人。"其实，饮茶究竟是大碗大口好，还是小杯小口好，要根据情境和需要而定，不能一概而论。袁枚在《试茶》

中所写的是在武夷山同道人一起品茶所见："道人作色夸茶好，磁壶袖出弹丸小。一杯啜尽一杯添，笑杀饮人如饮鸟。"看来他们是在品茶论道，细嚼慢饮，重在品味。我们今天沏茶待客，一边品饮，一边聊天，大体也是如此。卢仝诗中所写重在体验茶功，需要喝下一定的量，才有可能驱除昏昧，振奋精神。

一字至七字诗·茶①

以题为韵同王起诸公送白居易分司东都作②

（唐）元　稹

茶。

香叶，嫩芽。

慕诗客，爱僧家③。

碾雕白玉，罗织红纱④。

铫煎黄蕊色，碗转曲尘花⑤。

夜后邀陪明月，晨前命对朝霞⑥。

洗尽古今人不倦，将知醉后岂堪夸⑦。

【作者小识】

元稹（779—831）字微之，河南沁阳人。举贞元九年明经科，十九年又登书判拔萃科。历任校书郎、监察御史，官至同中书门下平章事（宰相）。与白居易友善，同为新乐府运动的倡导者，世称"元白"。有《元氏长庆集》。元氏爱茶，懂茶道，善品茶。这首少见的茶诗让他诗名更著。

茶诗里的中国韵

【注释】

①关于诗题，在有关典籍中有《一字至七字诗·茶》，或《茶》，或《咏茶宝塔诗》，或《宝塔茶诗》等。所谓"宝塔诗"是一种杂体诗，从一字句到七字句（也有八字九字的），逐句成韵，或叠两句为一韵。每句或两句字数依次递增，形似宝塔，故名。

②"以题为韵……"这段文字是作者写在题后的小注。唐大和三年（829），白居易辞去刑部侍郎，以太子宾客（官职名）分司东都（洛阳），实际上是回洛阳闲居。友人元稹、王起、张籍、刘禹锡、李绅、韦式、令孤楚等皆往长安兴化亭送别，各赋"一字至七字"诗一首，白氏以"诗"为题，元氏以"茶"为题，其他人分别以"花""月""山""水""竹"为题，人人诗思奔涌，精彩纷呈，写就一场诗坛佳话。

③"慕诗客""爱僧家"二句：被诗人倾慕，获僧人厚爱。

④"碾雕""罗织"二句：用玉石雕制的茶碾和红纱织造的茶筛。唐人首先把茶叶加工成茶饼，烹煎前要用茶碾将其研细成末，再以茶箩筛洗后烹煎。两句形容所用工具极其精美。

⑤"铫煎""碗转"二句：烹器里的茶汤沫饽像是黄色的花蕊，斟在碗里汤色淡黄。铫：俗称吊子，一种有柄有流的烹器。金属或瓦瓷质，口腹较大。曲尘：指代茶汤沫饽。

⑥"夜后""晨前"二句：深夜里请它来陪伴明月，清晨让它来一同迎接朝霞。命：令、让、使。

⑦"洗尽""将至"二句：古往今来，饮茶可以使人洗尽烦忧，振奋精神，特别是消除酒后的倦怠，它的功效岂能不值得赞扬！

【助读】

在诗歌创作上，这首诗可说是美的内容与美的形式高度统一的名篇。全诗文字排列形同宝塔，首先给人一种建筑美，从顶至底层层语言优美，含蕴丰富。首句以"茶"引领，点明主题，而后每两句为一组，文字依次递增，每一组都是一副精美的对联。从茶的形态和芳香，写到它赢得人们的喜爱，烹煎前的精细加工，烹煎后的绚美色彩，从而让喜爱它的人们乐于同它朝夕相伴，共享生活的美好。最后一联概括茶在创造人们美的生活中所显示的神功，作为宝塔的坚实根基。全诗读之如闻茶香，如饮灵液。

乞新茶①

（唐）姚　合

嫩绿微黄碧涧春②，采时闻道断荤辛③。

不将钱买将诗乞，借问山翁有几人④？

【作者小识】

姚合（约779—846），陕州硖石(今河南陕县南)人，宰相姚崇曾孙。元和进士，历任武功主簿、监察殿中御史、荆州刺史、杭州刺史、刑部郎中、谏议大夫等职，终秘书少监。诗多写日常生活与自然风物，有《姚少监集》。

【注释】

①乞：求取。诗中用作一种谦卑的表达方式。

②碧涧春：唐代名茶，产于峡州（今湖北省宜昌市）。亦称"碧涧茶""松滋碧涧"。《广群芳谱·茶谱》"峡州小江园，碧涧蓁、明月蓁、芳蕊蓁、茱萸蓁……六安州小岘春，皆茶之绝品。"碧涧蓁即碧涧春。

③闻道：听说。断：断绝，戒除。荤：鱼肉类食品与葱蒜等辛味的蔬菜。辛：辣味以及味带刺激的菜蔬。

④山翁：居住在深山中的老人，指茶农。

茶诗里的中国韵

【助读】

一、二句写"碧涧春"茶叶颜色鲜丽独特，其采摘要求严格，保证了茶质的纯粹。三、四句以自嘲的语气向山翁求茶，叙说碧涧春茶的珍贵和自己需求的迫切。必须说明：唐宋时期在文人雅士乃至高官显贵中，赠茶乞茶在亲朋好友中已成社会习尚。作者官至秘书少监，而北宋状元黄裳官至礼部尚书也曾撰诗"乞茶"，由此可知名茶之珍贵。但是名人以诗易茶，纡尊降贵，难道这大作的价值还比不上茶？无论诗坛、茶史，此举皆为千古佳话。

题茶山①

（唐）杜　牧

山实东吴秀②，茶称瑞草魁③。

剖符虽俗吏④，修贡亦仙才。

溪尽停蛮棹⑤，旗张卓翠苔⑥。

柳村穿窈窕⑦，松涧渡喧豗⑧。

等级云峰峻⑨，宽平洞府开⑩。

拂天闻笑语⑪，特地见楼台⑫。

泉嫩黄金涌⑬，芽香紫壁裁⑭。

拜章期沃日⑮，轻骑疾奔雷⑯。

舞袖岚侵润，歌声谷答回⑰。

磬音藏叶鸟，雪艳照潭梅⑱。

好是全家到，兼为奉诏来⑲。

树阴香作帐，花径落成堆⑳。

景物残三月，登临怆一杯㉑。

重游难自赳㉒，俯首入尘埃㉓。

【作者小识】

杜牧（803—852），字牧之，号樊川。京兆万年（今陕西省西安市）人。著名史学家杜佑之孙。大和进士。历任监察御史，及黄州、池州、睦州、湖州刺史，官至中书舍人。任内在外交、军事上均有建树。在晚唐诗人中，他创作成就卓著。世称杜甫"老杜"，称他为"小杜"。有《樊川诗集》四卷等。他嗜茶，曾自称"茶仙"。游览山川喜携茶助兴，尤其推崇"湖州紫笋"茶。其所创"瑞草魁"一词也用为茶叶的别名。

【注释】

①茶山：《全唐诗》题下注"在宜兴"。即今浙江省湖州市长兴县境内的顾渚山。唐代宗大历五年（770）在此设立贡茶院，专司造贡茶。按唐制，每年春三月采制第一批春茶时，湖州、常州两州刺史都要奉诏前往茶山督办修贡事宜。这首诗写于大中四年（850）春湖州刺史任上。

②实：实实在在。东吴：指我国东南部江、浙地区，三国时属吴国。

③瑞草魁：诗人首创的茶叶美称。瑞草：仙草、吉祥之草；魁：第一。当时人们不知道茶树为木本植物，而把它看作百草之王。

④"剖符""修贡"二句：朝廷的符节虽然一般的官员都可以有，但是被委派督制贡茶的必定是不平凡的人才。剖符：符即符节，古代帝王分封功臣，将符节一分为二，双方各执一半，作为凭证，合之以验真假。符节系用金、银、铜、木、竹制成鱼形。诗中所指系朝廷下给作者关于监制贡茶的诏书。仙才：具有神仙一般超常本领的人才。这两句是诗人抑扬自身之语，为能受命督制贡茶而感自豪。

⑤溪尽：水路的尽头。此指罨画溪。蛮棹：指江南水乡的小船。蛮：古

代泛指南方一些待开发的地区。棹：船桨，指代小船。

⑥"旗张"句：刺史的仪仗队旗帜直立在绿草地上迎风飘展。卓：直立。

⑦柳村：地名，在顾渚山下，多植柳。穿：指在柳荫中穿行。窈窕：多形容女子曼妙的体态。诗中用于写景，可释作深远貌。陶潜《归去来辞》："既窈窕以寻壑，亦崎岖而经丘。"

⑧喧豗：急流发出巨大的轰响声。

⑨等级：台阶。云峰：高耸入云的山峰。

⑩洞府：神仙住所。形容进入柳村如临仙境。

⑪拂天：拨开天幕。形容山极高处。

⑫"特地"句：可以见到耸立高处的楼宇亭台。特：耸起。

⑬泉嫩：山泉水色清纯。黄金涌：指金沙泉水。原注："山有金沙泉，修贡出，罢贡即绝。"泉在顾渚山贡茶院侧。宋毛文锡《金沙泉记》说它"灿如金星"。

⑭紫璧裁：指精制的"顾渚紫笋"茶饼像是紫色的玉块裁成的，极为精致美观。

⑮拜章：古时臣下向皇帝献上奏章。期：期待、等待。沃日：吉日。

⑯"轻骑"句：贡茶制好即派遣特使快马加鞭，迅若雷霆送往京城。

⑰"舞袖""歌声"二句：修贡任务完成后的欢乐场面，即美女在雾气缭绕的山泉边翩翩起舞，歌声在高山深谷间回响。岚：山林中的雾气。

⑱"磬音""雪艳"二句：山僧击磬与鸟鸣的声音融合一起，映在水潭中的梅花像白雪般艳美。

⑲"好是""兼为"二句：好在这回是领着全家一起，而且是遵奉诏书为了修贡而来。

⑳"树阴""花径"二句：树荫下花香浓郁似乎可作帐幕，但见一路上花瓣飘落成堆。

㉑"景物""登临"二句：三月残春百卉凋零；登高远眺，迟暮之感只能以酒释怀。怆：伤悲，凄怆。

㉒自剋：自料，预计。"剋"同"克"。

㉓"俯首"句：回到官府，又要俯首帖耳地照章办事，钻进俗务里去了。俯首：低着头，顺从听命。尘埃：喻凡人俗事。

【助读】

全诗写顾渚茶山修贡之行，分四个层次。

第一层，开头四句，写奉诏进山修贡，身负重任，无上荣光。第二层，"溪尽"至"紫璧裁"十句，写柳村与顾渚山上的无限风光。松涧、云峰、洞府、流泉，峻峭幽深；高耸楼台，天外笑语，形象奇特，宛若仙境，与李白《梦游天姥吟留别》何其相似！正面写茶的仅有一句"芽香紫璧裁"，却无一语道及茶园，其奥秘就在于这里高山峡谷钟灵毓秀的大自然环境，最宜于哺育瑞草之魁。第三层，"拜章"至"潭梅"六句，写贡茶飞速运抵京师与在茶山上举行歌舞欢庆活动的情景，场面壮观，气氛热烈。第四层，最后八句，写完成修贡之后的内心感受。一个"好"字概括了带领家人一同进山的欣喜，不枉此行。可是面对眼前的残春景象，又甚感"怆然"：年华易逝，何日再来？身在官场，俗事万千，实难预料。一种茫然的心情油然而生。

诗中对于顾渚茶山雄奇旖旎风光的描摹与完成修贡任务后举行歌舞欢庆场面的再现，语言华美，形象鲜活。诗人堪称艺术高手，无愧于"小杜"之誉，值得再三品味！

茶山贡焙歌①

（唐）李　郢

使君爱客情无已②，客在金台价无比③。

春风三月贡茶时，尽逐红旌到山里④。

焙中清晓朱门开⑤，筐箱渐见新茶来⑥。

凌烟触露不停采⑦，官家赤印连帖催。

朝饥暮匐谁兴衰⑧，喧阗竞纳不盈掬。

一时一饷还成堆，蒸之馥之香胜梅。

研膏架动声如雷⑨。

茶成拜表奏天子⑩，万人争啖青山摧。

驿骑鞭声舂流电⑪，半夜驱夫谁复见。

十日王程路四千，到时须及清明宴。

吾君可谓纳谏君⑫，谏官不谏何由闻。

九重城里虽玉食⑬，天涯吏役长纷纷。

使君忧民惨容色⑭，就焙尝茶坐诸客。

几回到口重咨嗟，嫩绿鲜芳出何力！

山中有酒亦有歌⑮，乐营房户皆仙家。

仙家十队酒百斛，金丝宴馔随经过。

使君是日忧思多⑯，客亦无言征绮罗。

殷勤绕焙复长叹，官府例成期如何⑰。

吴氏吴民莫憔悴，使君作相期苏尔！

【作者小识】

李郢（生卒年不详），字楚望，长安（今陕西西安）人。初家居杭州。大中进士，之后入幕湖州、淮南等州为州从事，工诗。《全唐诗》存诗一卷。

【注释】

①茶山：指浙江湖州与江苏常州交界的顾渚山。唐时在其湖州一侧设贡茶院，专事制作贡茶。贡焙：制作贡茶的场所。据史载，该院有房屋三十余间，役工三万人，工匠千余人。

②使君：唐时用称州刺史。据《唐刺史考》载，在宣宗十一至十二年（即李郢在湖州任州从事期间）当地先后有崔准、萧岘任州刺史，诗中所指当系其中之一。无已：无限，指感情丰富。

③金台：黄金台。相传战国时代燕昭王曾筑台延请天下名士，赏以黄金。诗中喻来客个个身价都非常高。

④逐：跟随。旌：用牦牛尾和彩色鸟羽作为竿饰的旗帜。诗中指征收贡茶的官员队伍进入茶山。

⑤清晓：早晨。朱门：指收缴贡茶场所的朱红色大门。

⑥"筐箱"句：看到渐渐地有人把新茶送进来。

⑦"凌烟""官家"二句：茶农们清晨穿云踏露攀山越岭不停地采摘；官府盖上红印的催贡文书接连下达。凌：超越，逾越。烟：指云雾。帖：官府文书。

⑧"朝饥"以下四句：茶农们早晨没吃饱就赶着上山采摘，一直劳作到傍晚才弓着腰回家，有谁可怜他们？上交茶叶时人们挤着嚷着，每个人手里的茶芽还不满一棒，可是过不了多久就积成一大堆了，加工以后溢出的清香胜过梅花。匐：伏地而行，形容极为劳累。

⑨"研膏"句：研膏制作完成，人们喝彩的声音轰动如雷。研膏：古代贡茶制作的重要工序之一。即茶芽经过蒸煮后放入瓦盆，加上清水，然后用木杵将其捣研成膏状，最后放入模具压成茶饼。

⑩"茶成""万人"二句：贡茶制作完成后，迅即上奏皇帝，这时赞美、欢呼的声音简直要把群山摧垮。唼：原意是吃，但在制作贡茶中哪能允许"万人"争吃？因而释作与动口有关的喊，引申为赞美、欢呼似较妥帖。

⑪"驿骑"以下四句：大意是，在运送贡茶进京路上，骑手们日夜兼程，鞭声不断，驱驰飞奔，迅疾如电，那情景谁曾见过？全程4000多里，

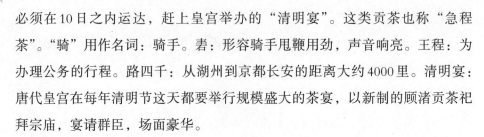

必须在10日之内运达，赶上皇宫举办的"清明宴"。这类贡茶也称"急程茶"。"骑"用作名词：骑手。詟：形容骑手甩鞭用劲，声音响亮。王程：为办理公务的行程。路四千：从湖州到京都长安的距离大约4000里。清明宴：唐代皇宫在每年清明节这天都要举行规模盛大的茶宴，以新制的顾渚贡茶祀拜宗庙，宴请群臣，场面豪华。

⑫"吾君""谏官"二句：我们当今的皇上可以说是善于听取批评、建议的开明君主；如果谏官们不说话，他又能从哪里听取不同的意见呢！吾君：指唐宣宗李忱。

⑬"九重""天涯"二句：皇上和王公大臣们即使已经吃遍珍馐美味，可是全国各地的大小官员仍然到处搜求贡品。九重：皇宫，形容深宫大院戒备森严。

⑭"使君"以下四句：当今的州刺史为老百姓的辛苦感到忧伤。他在靠近茶焙的地方同客人们一起品茶，多少回茶到嘴边叹息不止，不禁反躬自问：我对采制贡茶究竟出了什么力呀？咨嗟：叹息。

⑮"山中"以下三句：贡茶院里既有美酒也有歌妓，专事歌舞的乐户如同仙人之家，他们人数众多，美酒也多，可以随时举办歌舞宴饮的盛会。金丝宴：设有金丝酒的宴会。"金丝酒"为与鸡蛋合烧的一种美酒。

⑯"使君"以下三句：这一天州刺史忧思重重，客人们也沉默无言，没有征召歌舞女郎的兴趣，大家情意殷切地围绕着茶焙发出连声的长叹。绮罗：有花纹的绫罗，借代歌妓舞女。

⑰"官府"以下三句：对官府这种征收贡茶的旧例有什么期待呢？请吴地的老百姓心里不要太难过，等到有一天我们的刺史当了相公，一定会让你们轻松轻松！苏尔：让你们休养生息。尔，你，你们。这三句承上可以理解为客人们"长叹"发出的心声。

【助读】

这首诗描述诗人陪同州刺史进入顾渚茶山督制贡茶的所见所闻所感，为唐代茶诗优秀篇章。全诗分三个部分。第一部分：从起句至"声如雷"。描述顾渚茶山三月茶农和地方官遵旨采制新茶的情景：茶农赶采，官府催逼，一派繁忙景象。第二部分：从"茶成"至"清明宴"。描述贡茶制成后驿骑日夜驱驰，疾如流星，运送进京赶上"清明宴"的情景。第三部分：从"吾君"至结束。描述州刺史面对朝廷催逼纳贡折腾茶农的局面和茶山上提供给督茶官吏花天酒地的奢靡享受，心里充满同情、愤慨和忧思，让在场的人们受到深刻的感染并表达善意的期待。

读者可把本诗同袁高的《茶山诗》联读。两位作者均曾亲赴茶区督制贡茶，而且感受大体相同。据史载，袁高于德宗兴元元年（784）将其诗上送朝廷后，对减轻当地茶农的负担起过一定的作用。李郢这首诗大约写于宣宗大中十一年（857）春（李于大中十年中进士后入幕湖州从事），亦即大约在袁诗后80余年。从其诗中描写茶民"凌烟触露不停采，官府赤印连帖催""朝饥暮匐谁兴哀，喧阗竟纳不盈掬""十日五程路四千，到时须及清明宴"的现实情状来看，只要贡茶制度存在，茶民的生活境遇就不会改变。因而本诗结尾所写的期望，也只能是空话而已，即使有朝一日让眼前这位州刺史当上宰相，他敢于从根本上废除官府的"成例"吗！

在唐代茶诗中，"研膏"一词在本诗中首次出现，值得重视。我国茶学界一般认为，"研膏"这种较为精细的制茶工艺始于南唐（937—975），兴于宋代。北苑贡焙为其顶级制品。但是，本诗"研膏架动声如雷"句告诉我们，在诗人所处的中唐时代，不但已有"研膏"，而且它还是运用"架动"——借助于某种木石机械，如木杵、石臼之类——来进行加工制作的。

峡中尝茶①

（唐）郑　谷

簇簇新英摘露光②，小江园里火煎尝③。

吴僧谩说鸦山好④，蜀叟休夸鸟嘴香⑤。

合坐半瓯轻泛绿⑥，开缄数片浅含黄⑦。

鹿门病客不归去⑧，酒渴更知春味长⑨。

【作者小识】

郑谷（989—1061），字守愚，袁州（今江西省宜春市）人。光启进士。曾官都官郎中，人称"郑都官"；又以《鹧鸪诗》得名，人称"郑鹧鸪"。其诗多写景咏物之作，风格清新通俗。今存《云台编》。

【注释】

①峡中：唐时长江三峡中的峡州（亦称硖州），约为今湖北宜昌、远安、宜都等地。当年盛产名茶。

②新英：刚长出的茶芽。摘露光：清晨在茶叶闪烁着露水的荧光时采摘嫩芽。

③小江园：唐代名茶。诗中"小江园"也指种植此种名茶所在。五代毛文锡《茶谱》云：峡州"有小江园、明月寮、碧涧寮、茱萸寮之名。"

④鸦山：茶名，原为产茶地名，亦称雅山、丫山，位于今安徽省宣州市。陆羽《茶经·八之出》："宣州生宣城县雅山，与蕲州同。"明王象晋《群芳谱》："宣城县有丫山……，其茶最胜。太守荐之京洛人士，题曰丫山阳城横文茶，一名瑞草魁。"

⑤鸟嘴：茶名，产于四川都江堰青城地区，以其茶芽细小坚挺形似鸟嘴而名。明顾元庆《茶谱》："青城有黄芽、雀舌、鸟嘴、麦颗，盖取其嫩芽所造，以其芽似之也。"

⑥瓯：指茶杯。

⑦缄：封闭。诗中指封装茶叶的纸袋。

⑧鹿门病客：指唐代诗人皮日休，曾隐居襄阳鹿门山，嗜茶，曾作《茶

中杂咏》十首。

⑨春味：茶味。

【助读】

诗人于僖宗广明元年（880）至光启三年（887）寓蜀。其《峡中寓止三首》《蜀中二首》都生动地描述了当地生产销售茶叶的盛况。陆羽《茶经·八之出》："山南（指武当山南）以峡州上。峡州生远安、宜都、夷陵三县山谷。"由此可知，峡州自古盛产好茶名茶。这首诗作者运用对比写法，以当时享有盛名的鸦山与鸟嘴两种优质茶与峡州小江园茶进行对比，满怀激情地赞赏小江园茶的魅力。"入坐""开缄"两句写其珍贵、美艳堪称传神之笔，给予读者胜若流霞之感。据史载，此后福建建州（今建瓯市）亦盛产"小江园"名茶。

谢山泉①

（唐）陆龟蒙

决决春泉出洞霞②，石坛封寄野人家③。
草堂尽日留僧坐，自向前溪摘茗芽。

【作者小识】

陆龟蒙（？—约881），字鲁望，姑苏（今江苏省苏州市）人。历任苏、湖二郡从事。后隐居松江甫里。曾经营茶园于顾渚山下，常携书籍、茶灶、钓具来往于太湖。自号江湖散人、天随子、甫里先生。与皮日休齐名，人称"皮陆"。其《耒耜经》为记述中国唐代末期江南地区农具的专著。《全唐诗》存诗十四卷。

【注释】

①谢山泉：感谢友人寄赠山间清泉。

②决决：山泉流淌的声音。洞霞：云雾蒸腾的洞窟，亦称霞洞，古人认为是神仙住处。

③野人：山村百姓。诗中为作者谦称。

【助读】

诗人收到朋友寄赠的一坛山泉，心中充满欣喜与感激之情。于是神思飘荡，想象这山泉来自云蒸霞蔚的高山洞窟，当是神仙享用的上品；继而奔出家门采摘茗芽，拟同家中僧客一起烹煮，一起品尝用这好水烹煮的好茶。

唐人对于煮茶用水十分讲究。陆羽《茶经·五之煮》指出："其水，用山水上、江水中、井水下。"山水自然是泉水。之后便有张又新对全国各地泉水进行品评，撰写《煎茶水记》，人称《水经》，为中国泉文化的发展开了先河。唐人通过长期的烹饮实践，对于水与茶两者关系的认识逐渐深化："茶性必发于水，八分之茶，遇水十分，茶亦十分矣；八分之水，试茶十分，茶止八分耳。"明人张源《茶录》对茶与水的相互关系说得更为形象透辟："茶者，水之神也；水者，茶之体也。非真水莫显其神，非真茶曷观其体。"许次纾《茶疏》也说："精茗蕴香，借水而发，无水不可论茶也。"以上论述，充分说明水性对于茶性的发挥有着极大影响。

茶坞①

（唐）陆龟蒙

茗地曲隈回②，野行多缭绕③。

向阳就中密④，背涧差还少。

遥盘云髻慢⑤，乱簇香篝小⑥。

何处好幽期⑦，满岩春露晓。

【注释】

①本诗为《奉和袭美茶具十咏》之一。茶坞：在山中低洼地的茶园。坞：四面高、中间低的谷地。

②茗地：茶园。曲隈回：山路迂回曲折。

③野行：在山野中行走。

④"向阳""背涧"二句：山的南面向着阳光，茶芽长得快而密；山的北面水边茶芽长得慢而少。

⑤"遥盘"句：远远地看去，采茶女们在盘山路上慢慢地攀登。云髻：妇女头上乌云般的发髻，借代妇女。

⑥"乱簇"句：采茶女们手提的竹篮里茶叶随意地堆放，散发着芳香。小：形容茶叶多，茶篮显得太小了。

⑦"何处""满岩"二句：先约定好明天到哪里去采吧，以便赶早踏着遍地春露上山。幽期：私下里约定时间地点。满岩：满山。

【助读】

本诗为作者给好友皮日休《茶中杂咏》的"和"诗，题为《奉和袭美茶具十咏》组诗的第一首。诗中描绘春日茶山的景象，特别是勤劳纯朴的采茶女形象，充满生机活力，情趣盎然。首联写山路迂回曲折，登攀艰难。颔联写山南山北茶芽生长的不同情况。颈联由远及近描绘采茶女的形象。不写面部，不写服饰，仅仅撷取远望中"云髻"在山岭上缓慢地移动的一个镜头展示一个群体上山劳作的盛况，艺术上堪称独步。继而从近处所见，展示她们劳动成果之丰。尾联写采茶女互相约定次日的采摘时间地点，充分地表现了她们的劳动自觉。茶乡人都会懂得，凌晨太阳出山之前采摘的茶芽质量最好。

茶瓯①
（唐）皮日休

邢客与越人②，皆能造兹器③。

圆似月魂堕④，轻如云魄起。

枣花势旋眼⑤，萍沫香沾齿。

松下时一看⑥，支公亦如此。

【作者小识】

皮日休（约834—约883），字逸少，后改袭美，襄阳(今属湖北)人。性傲诞，早年住鹿门山，自号鹿门子、间气布衣。咸通进士，曾任太常博士，后参加黄巢起义，任翰林学士。诗文与陆龟蒙齐名，人称"皮陆"，有《皮子文薮》，《全唐诗》存诗九卷。

【注释】

①本诗为《奉和袭美茶具十咏》十首之九。瓯：泛指茶碗。

②邢客：邢州人。古邢州治所在今河北省邢台县。越人：越州人。古越州治所在今浙江省绍兴市。邢、越两处都是古代著名的瓷器产地。陆羽《茶经·四之器》："邢瓷类银，越瓷类玉……若邢瓷类雪，则越瓷类冰。"认为越瓷更胜一筹。

③兹：此，这。

④"圆似""轻如"二句：茶瓯圆如天上明月堕下人间，轻如长空飘逸的白云。月魂：指月亮。云魄：指云雾。

⑤ "枣花""萍沫"二句：烹煮时茶汤泛起花一样的沫饽在釜中旋转；品饮时沫饽如青萍般在齿间留下余香。陆羽《茶经·五之煮》："沫饽，汤之华也。华之薄者曰沫，厚者曰饽，细轻者曰花。如枣花漂漂然于环池之上，又如回潭曲渚青萍之始生……"

⑥松下：泛指野外。

⑦支公：东晋高僧支遁，字道林。先为僧人，后为道士。亦泛指高僧。

【助读】

本诗为《茶中杂咏》组诗第九首。唐代著名的瓷窑有七处，分别是越州窑（浙江）、邢州窑（河北）、岳州窑（湖南）、鼎州窑（陕西）、婺州窑（浙江）、寿州窑（安徽）、洪州窑（江西）。初时流行的茶具是茶碗，到中唐时期，出现一种体积较小敞口斜腹的新型茶瓯，且风靡一时。其首创者可能就是邢、越两窑，因而本诗首联便予指出"皆能造兹器"。颔联描写其外形美观，胎质轻薄。以"月魂""云魄"喻之，盛赞其工艺精湛，形象华美。颈联与尾联抒写品茶的感受。先写茶汤斟入瓯里后美妙的视觉与品饮的味觉，最后由品茶联想到东晋高僧支遁，深感精神上的满足和快意。

题惠山泉①（二首选一）

（唐）皮日休

丞相长思煮泉时②，郡侯催发只忧迟③。

吴关去国三千里④，莫笑杨妃爱荔枝⑤。

【注释】

①惠山泉：古代名泉，位于江苏无锡惠山。

②丞相：指李德裕，唐武宗时宰相。他饮茶一定要用惠山泉烹煮。

③"郡侯"句：郡侯指常州刺史，当时无锡隶属常州。当地刺史为了及时地将惠山泉运达长安，必须催促驿使赶快启程，以免耽搁了时间。

④吴关：指昭关，在安徽境内，春秋战国时作为吴、楚分界。诗中泛指吴地。去：距离。国：指当时京城长安。

⑤杨妃：杨贵妃，唐玄宗李隆基宠妃，名玉环。她爱吃鲜荔枝，朝廷只好让驿使从岭南飞速运送至长安。其奢侈生活劳民伤财广受谴责。

【助读】

惠山泉作为"天下第二泉"，从唐代张又新在《水经》中托陆羽和刘伯刍之名赠予美誉以来，历代诗家如梅尧臣、蔡襄、苏轼、张雨、杨载、文征明、吴伟业、查慎行乃至康熙、乾隆二帝，均有华章热烈称赞，现代民间艺术家阿炳则创作象征其一生命运的二胡名曲《二泉映月》，使其声誉益隆。可以说，惠山泉的历史文化积淀居于中国名泉之冠。

丞相李德裕酷爱惠山泉与皇妃杨玉环嗜好荔枝，有其相通之处：两者都是美味，值得品尝。两者所好并无过错，不应非议。但是他们取得的手段极其恶劣，因而本诗作者对他们两人所作所为的鞭挞大有道理。因为在当时的交通运输条件下，他们为了满足个人的物质享受，滥用手中的权力，乱发政令，给人民群众造成了沉重的负担。

信笔①

（唐）韩　偓

春风狂似虎②，春浪白于鹅③。

柳密藏烟易，松长见日多。

石崖采芝叟④，乡俗摘茶歌。

道在无伊郁⑤，天将奈尔何。

【作者小识】

韩偓（约842—923），字致尧，自号玉山樵人。京兆万年（今陕西西安）人。龙纪进士。历任刑部员外郎、兵部侍郎、翰林承旨等职。后因不愿依附朱全忠为逆，被贬斥，南投闽王王审知。晚年隐居南安。其诗早年多有艳情，辞藻华丽。晚年多写唐末政治变乱与个人遭际，感时伤怀，风格慷慨悲凉。著有《韩内翰别集》。

【注释】

①信笔：随手写来的诗。韩氏存诗中以"信笔"为题的有两首。根据诗人经历与本诗内容可知，这首写于来闽寓居南安之后。

②"春风"句：春风浩荡，威如猛虎。诗人家在大西北，长期生活于京都汴梁，地理环境同东海之滨的南安大不一样。南方采茶季节一般在阴历二、三月，到处可见一派生机蓬勃、欣欣向荣的景象。诗人乃因感受深刻而设喻新奇。

③"春浪"句：春潮涌动，白浪滔天，以白色群鹅作比，尽情渲染大自然的生机活力。

④芝：灵芝，亦称"木灵芝"，生于山地枯树根上，也可以人工栽培。供药用，有健体强身之效。也可供观赏。

⑤"道在""天将"二句：只要恪守心中的"道"，不让它受压抑，天老爷又能把你怎么样！

【助读】

其一，从"乡俗摘茶歌"句可知，南安春季摘茶既已成"俗"，那就不是几家几户种茶，说明南安在唐末已广种茶叶。三、四句的景物描写也说明当地自然环境宜于种茶。在福建泉州南安市丰州镇莲花峰现存的有关茶的碑刻中，有一块刻于东晋孝武帝太元丙子年（376），碑文为"莲花茶襟（茶即茶）"四字，意即站在莲花山上望见广阔的茶园，可以让人心胸开阔。它告诉我们：南安茶史悠久。需要指出的是，这里说的南安包括今天的安溪县在内。韩偓生活于公元842—923年，此时安溪属南安县辖。他离世近一百年即宋宣和初（1121）年才有安溪这个县名（公元954年从南安划出清溪县，1121年改名安溪县）。

其二，统观韩偓的人生轨迹，他在诗中所说的"道"应是儒家的道德行为准则。他饱读经书，高中进士之后，历任高官，为李唐王朝效劳，忠心耿耿，既不愿依附叛逆朱温，也未曾为王审知政权效力。晚年隐居南安九日山上，常怀故国故君之思而守志不移。《南安寓止》诗："此地三年偶寄家，枳篱茅屋共桑麻。"通过对清贫生活的描写展示其高尚的品格。

紫笋茶歌

（唐）秦韬玉

天柱香芽露香发①，烂研瑟瑟穿荻篾②。

太守怜才寄野人③，山童碾破团团月④。

倚云便酌泉声煮⑤，兽炭潜然虬珠吐⑥。

看著晴天早日明，鼎中飒飒筛风雨⑦。

老翠香尘下才熟⑧，搅时绕箸天云绿⑨。

耽书病酒两多情⑩，坐对闽瓯睡先足⑪。

洗我胸中幽思清⑫，鬼神应愁歌欲成。

【作者小识】

秦韬玉（生卒年不详），字仲明，京兆（今陕西西安）人。僖宗中和二年（882）特赐进士及第。官工部侍郎、神策军判官。诗以七律见长，语言清雅，多有佳句。如《贫女诗》流传甚广。有《秦韬玉诗集》。

【注释】

①天柱香芽：唐代名茶。天柱茶的一种，产于安徽潜山县西北天柱山。沈括《梦溪笔谈》："古人论茶，唯言阳羡、顾渚、天柱、蒙顶之类。"又据《膳夫经手录》："舒州天柱茶，虽不峻拔遒劲，亦甚甘香芳美，良可重也。"

②"烂研"句：新鲜的茶芽捣烂后制成绿玉般的茶饼，再用荻篾把它一块块穿成一串串。瑟瑟：碧绿色的玉石，喻经过精细加工的茶饼。穿：贯串。荻篾：用芦苇加工成竹篾一样的小绳子。

③太守：官职。唐代为一郡的行政长官，后也作为州刺史或知府的别称。怜才：爱惜人才。野人：山野村夫、平民百姓。这里作为诗人谦称。

④"山童"句：山村里的孩子把圆如满月的茶饼碾成茶末。

⑤"倚云"句：在高山云雾蒸腾的泉边就近取水烹茶。倚云：靠着云彩，指身在高山。便：方便。这里是就近的意思。

⑥兽炭：加工成兽形的炭块。亦泛指木炭。《晋书·外戚传·羊琇》："琇性豪侈，费用无复齐限，而屑炭和作兽形以温酒。"潜然：暗火缓慢地燃烧。"然"同"燃"。虬珠吐：形容火舌像虬龙吐珠。虬：不长角的龙。

⑦鼎：烹茶器具。飒飒：象声词，形容茶水将要沸腾时的声音。

⑧"老翠"句：意思是烹煮时必须让茶梗、茶末下沉煮透，让其尽发茶香。老翠：茶梗。香尘：茶末。

⑨"搅时"句：用竹筷子在茶鼎中不断地搅动，只见茶汤渐显绿色，如天上彩云。箸：筷子。

⑩耽书病酒：沉迷于读书和饮酒。

⑪"坐对"句：睡够后坐着端起精美的建瓷茶碗来饮茶。闽瓯：福建建州窑烧制的瓷碗，质地精良，当时享有盛名。

⑫"洗我""鬼神"二句：品饮之后荡涤幽思，精神振奋，可以写出让鬼神惊叹的诗篇。幽思：深藏胸中的情思。愁：愁苦，引申为惊叹。仿用杜甫"落笔惊风雨，诗成泣鬼神"诗意。

【助读】

全篇笔墨放在描述太守赠茶、诗人取水烹茶、举杯品茶及其独特感受上。特别是最后两句以饮茶之后的强烈感受，来充分肯定天柱茶具有让人荡涤烦襟，振奋精神，激发诗思，乃至可以挥写惊天地、泣鬼神的雄篇大作的神功。语言洗练，内涵丰富。

谢尚书惠蜡面茶①

（唐）徐　夤

武夷春暖月初圆②，采摘新芽献地仙③。

飞鹊印成香蜡片④，啼猿溪走木兰船⑤。

金槽和碾沉香末⑥，冰碗轻涵翠缕烟⑦。

分赠恩深知最异⑧，晚铛宜煮北山泉⑨。

【作者小识】

徐夤（约894年前后在世），字昭梦，福建莆田人。唐昭宗乾宁进士，授秘书省正字。后梁时回闽中，任闽王王审知掌书记。后偕妻月君归隐延寿溪（今莆田市城郊延寿村）。长于辞赋，工于律诗，文名远播。有《探龙》《钓矶》二集，诗360余首，《全唐诗》编为四卷，为唐五代闽人存诗之冠。

【注释】

①尚书：唐代中央政府设尚书、中书、门下三省。尚书省执行政务，拥有重权，诗中指尚书省主官。蜡面茶：唐代贡茶，产于闽北建州（今建瓯市）。据《旧唐书·哀帝纪》："福建……今后只供进蜡面茶。"宋程大昌《演繁露续集·蜡茶》："建茶名蜡茶，其乳泛汤面，与熔蜡相似。故名蜡面茶也。"

②武夷：武夷山，在福建北部今武夷山市，为著名旅游景区，岩茶产地。据史载，当地汉代即已开始植茶。月初圆：形容新制的茶饼形如圆月。

③地仙：道教方士称活在世间的人，也用于比喻一种生活清闲无忧无虑的人。诗中借指隐居山林的人。

④"飞鹊"句：指在每一片蜡面茶上加印喜鹊飞翔的图案。香蜡片：蜡面茶饼。

⑤"啼猿"句：在武夷山九曲溪两岸的猿啼声中，驶过使用珍贵的紫玉兰木制造船桨的贡茶运输船。李白诗《江上吟》："木兰之枻沙棠舟。"木兰：香木名，又名紫玉兰。

⑥金槽：铜制的碾茶器具。沉香：著名的熏香料。诗中以沉香粉末比喻碾碎的蜡面茶。

⑦"冰碗"句：洁白如冰的瓷碗里，缕缕茶烟轻盈地飘起来。

⑧最异：不比寻常。指尚书向作者赠茶，情深义重。

⑨晚铛：夜里烹茶时，壶里应该用上北山上好的清泉。铛：温器，如酒铛、茶铛。诗中指茶壶。

【助读】

在中国茶文化史上，这是第一首吟咏武夷名茶的诗歌。武夷蜡面茶作为贡茶，起始于唐代元和（806—820）年间，只供皇家享用，极为珍贵。尚书把皇帝赏赐的蜡面茶分赠给诗人，充分显示了他们之间感情之深厚，自然要赋诗致谢了。

贡余秘色茶盏①

（唐）徐 夤

捩翠融青瑞色新②，陶成先得贡吾君③。

巧剜明月染春水，轻旋薄冰盛绿云④。

古镜破苔当席上，嫩荷涵露别江渍⑤。

中山竹叶醅初发，多病那堪中十分⑥。

【注释】

①贡余：向朝廷纳贡后余下的物品。秘色茶盏：指唐代越窑出产的青色瓷茶杯，薄胎，釉层温润。《骨董琐记·鸡肋篇》："龙泉青瓷器谓之秘色。"

②捩翠融青：把翠绿和靛青两种颜料融合在一起。捩：扭转，引申为掺和。

③陶：用作动词，烧制。

④"巧剜""轻旋"二句：像是用巧手挖下天上的明月浸润在春天的绿水里，轻轻地旋动巧手制作的薄胎，杯里的茶汤像是盛着绿色的彩云。剜：用刀挖。轻旋：制作瓷杯的一道关键工序。薄冰：喻茶盏胎质极薄，洁白如冰。绿云：喻茶汤。

⑤"古镜""嫩荷"二句：形容茶汤在杯子里的情状。圆形的茶杯放在几席上，看去如同古镜刚擦去苔痕一般；杯里茶水涌动，宛如鲜嫩的荷叶从水面浮动起来。渍：波浪涌起。

⑥ "中山" "多病" 二句：比喻杯中的茶汤好比刚滤过的名酒竹叶青，可以让人酩酊大醉，"我"这多病的人实在不胜酒力啊。中山竹叶：产于山西汾阳的名酒竹叶青。中十分：中，喝醉；十分，满杯。

【助读】

这首诗以丰富的想象、生动的比喻、高度的夸张手法，描摹越窑制作的青瓷茶盏巧夺天工的技艺和斟入茶汤后如诗如画般的怡人形象，极力赞叹其精美绝伦。最后两句运用高度夸张的手法，从眼前杯中的茶汤联想到名酒竹叶青，叙说自己如今多病，不胜酒力，面对这样珍美的茶汤，连连品饮也会大醉，从而进一步强化了秘色茶盏的艺术魅力。

谢湖湖茶①

（唐）齐 己

> 湖湖唯上贡②，何以惠寻常。
>
> 还是诗心苦③，堪消蜡面香。
>
> 碾声通一室，烹色带残阳④。
>
> 若有新春者⑤，西来信勿忘。

【作者小识】

齐己（863？—937？），僧人，俗姓胡，名得生，潭州益阳（今属湖南）人。父母早丧，七岁为大沩山同庆寺司牧，尝取竹枝画牛背为小诗，令人称奇。出家后，先后居衡岳东林寺、江陵龙兴寺，自号衡岳沙门。性放逸，乐山水，多才艺，能琴棋，擅书法，有诗名。其诗与皎然、贯休齐名，为中国诗史上著名诗僧之一。著有《白莲集》十卷，外编一卷，《全唐诗》存诗十卷。

【注释】

①潴（yōng）湖茶：唐代名茶，即"潴湖含膏"，今称"北港毛尖"，属黄茶。产于岳州潴湖（今湖南岳阳境内）。宋范致明《岳阳风土记》："潴湖诸山旧出茶，谓之潴湖茶。李肇所谓潴湖之含膏也。唐人极重之。"唐文成公主远嫁吐蕃松赞干布（641）带去的茶叶就有"潴湖含膏"。

②"潴湖""何以"二句：潴湖茶只供纳贡，怎么能赠予我这样的寻常百姓呢？惠：赠送。

③"还是""堪消"二句：也许是念及我写诗用心良苦，值得消受"蜡面香"这样的珍品吧。还是：用作猜度赠茶友人的心意。堪：值得。消：消受、享用。蜡面香：一说是茶饼上涂有含香料的膏油，烹煮前将其刮去，以文火将茶饼烤炙松软，待冷却后碾成茶末，再经筛过后烹饮。一说是茶末经烹煮后乳泛汤面，与熔蜡相似，故名。

④"烹色"句：烹煮时茶汤呈金黄色，像落日斜晖。

⑤"若有""西来"二句：明年你如果有了新茶，请一定记住再给你东邻的朋友寄些来。

【助读】

这首诗赞美的潴湖茶，李肇在《唐国史补》中说"唐人极重之"。作为贡品，寻常百姓自然得来不易。从诗中可知，潴湖茶是当时技术创新的产品：研膏茶。

中国国际茶文化研究会理事舒玉杰先生在其《中国茶文化今古大观》中指出："齐己这首诗的重要意义在于，它为学者研究唐代末期茶叶制造工艺的发展提供了史料。"在一些茶史资料中，一般认为研膏茶的生产始于宋代。可是李郢约于宣宗大中十一年（857）春在《茶山贡焙歌》里曾使用"研膏"二字，至唐末诗僧齐己在这首诗中使用了"蜡面香"，这说明在唐代末期，为宫廷制造的贡茶中已开始生产工艺较为精细的研膏茶了。

从弟舍人惠茶①

（唐）刘　兼

曾求芳茗贡芜词②，果沐颁沾味甚奇。

龟背起纹轻灸处③，云头翻液乍烹时④。

老丞倦闷偏宜矣⑤，旧客过从别有之⑥。

珍重宗亲相寄惠⑦，水亭山阁自携持⑧。

【作者小识】

刘兼（生卒年不详），五代后周长安（今陕西省西安市）人。官荣州（治所在今四川省荣县）刺史。《全唐诗》存诗一卷。

【注释】

①从弟：堂弟。舍人：官名。唐宋太子属官沿置中舍人和舍人，均为亲近的属官。唐代中叶以后，其他官职带有"舍人"者甚多，如通事舍人、起居舍人等。

②"曾求""果沐"二句：曾经为了向您求取名茶奉寄过拙作诗章，果然承蒙您惠赐美味香茗，真让我沾光了。贡：朝贡、奉献。诗中用作谦辞。芜词：文辞杂乱、拙劣。沐：沐浴，诗中作领受、蒙受讲。颁：发放，作寄赠讲。沾：沾光，分得荣光，得了好处。

③龟背起纹：茶叶经过烘烤后形状弯曲并显出龟背样的纹络。近似陆羽《茶经·五之煮》说的"虾蟆背"状。

④"云头"句：茶汤刚沸腾时好像云卷浪翻。乍：刚刚。

⑤"老丞"句：像我这样的老年人疲劳烦闷的时候，饮茶最为适宜。丞：官名，多为主官助理。诗中"老丞"为自谦语。

⑥旧客：老朋友。过从：互相往来。别有之：也有名茶招待。

⑦珍重：表示谢意，犹言多谢。宗亲：同宗的亲人，此指从弟。

⑧"水亭"句：外出游览时也一定会随身带上。水亭山阁：指旅游途中所见的景观。

【助读】

首联叙述自己曾经写诗向从弟求茶与获赠品饮之后对于名茶的赞美。颔联补叙名茶的外观与烹煮时的状态。颈联、尾联通过叙述名茶对于自己的大用途——消除老年人的倦闷、招待老朋友、旅途随带备用，对从弟的惠茶之举表示深切的谢忱。

诗人与惠茶人是堂兄弟，应属同辈。但在诗中多处用上谦辞，如"贡""沐""颁""沾"，完全是下对上的语气，可能一是"舍人"与作者地位确有差距；二是自己求茶的需要获得满足，为了表达衷心的谢意，必须把话说得格外客气一些。

宋和门下^①股侍郎新茶二十韵

（宋）徐 铉

暖吹入春园^②，新芽竞粲然^③。

才教鹰嘴拆^④，未放雪花^⑤妍。

荷杖^⑥青林下，携筐旭景^⑦前。

孕灵资雨露^⑧，钟秀自山川^⑨。

碾后香弥远，烹来色更鲜。

名随土地贵^⑩，味逐水泉迁^⑪。

力藉流黄暖^⑫，形模^⑬紫笋圆。

正当钻柳火^⑭，遥想涌金泉^⑮。

任道时新物^⑯，须依古法煎。

轻瓯^⑰浮绿乳，孤灶^⑱散余烟。

甘荠非予匹^⑲，宫槐^⑳让我先。

竹孤空冉冉^㉑，荷弱谩田田^㉒。

解渴消残酒，清神减夜眠。

十浆^㉓何足馈，百榼尽堪捐^㉔。

采撷唯忧晚，营求不计钱。

任公^㉕因焙显，陆氏^㉖有经传。

爱甚真成癖，尝多合得仙^㉗。

亭台虚静处，风月艳阳天。

自可临泉石㉘，何妨杂管弦㉙。

东山㉚似蒙顶，愿得从诸贤㉛。

【作者小识】

徐铉（916—991），五代宋初文学家，字鼎臣，扬州（今江苏扬州）人。十岁能文，与韩熙载齐名。初仕南唐，任吏部尚书；归宋后，累官散骑常侍，后被贬静难军行军司马。文思敏捷，凡所撰述，往往执笔立就。精通文字学，曾校订《说文解字》。著有《徐公文集》，今存诗六卷。

【注释】

①门下：封建朝廷中设置的门下省，长官为黄门监、右相。侍郎为副长官。

②暖吹：和暖的春风。春园：春天的茶园。

③粲然：鲜丽的形象。

④鹰嘴拆：鹰嘴喻茶芽。拆：展开。

⑤雪花：指茶汤沸腾时涌起的饽沫美如雪花。

⑥荷杖：拄着拐杖。青林：指茶园。

⑦旭景：原注为"采茶须在日出前"。旭：朝阳。景：同"影"，阳光。

⑧"孕灵"句：孕育中的茶芽凭借雨露的滋润。灵：茶芽，美称灵芽。

⑨"钟秀"句：灵秀的茶芽汇聚着山川的秀色。钟：汇聚、汇集。

⑩"名随"句：茶叶随其产地山川的灵秀而显得高贵。

⑪"味逐"句：茶味的优劣随着用来烹煮的泉水品位高下而有所不同。

⑫"力藉"句：茶叶的质量依赖土地灵气的孕育。流黄：据《淮南子·天文训》释作"土之精也，阳气作于下，故流泽而出也"。

⑬模：压制茶饼的模具。紫笋圆：原注为"茶之美者有圆卷紫笋"。

⑭柳火：古人钻木取火，春节选用榆柳。唐代皇帝逢清明节从榆柳中取火，赏赐其近臣和姻戚。

⑮涌金泉：原注为"阳羡茶山有金沙泉，修贡时出"。

⑯"任道"句：无论是哪一种新制的茶叶。

⑰瓯：诗中指茶碗。

⑱孤灶：煎茶用的茶灶，没有烟囱。陆龟蒙诗："无突抱轻岚，有烟映初旭。"

⑲"甘荠"句：茶汤的滋味胜过甜美的荠菜。《诗经·邶风·谷风》："谁谓茶苦，其甘如荠。"荠菜性凉，味甘淡。匹：相当。

⑳宫槐：宫廷中的槐树。原注："槐芽亦可为茶。"

㉑"竹孤"句：茶树同竹相比，竹显得柔弱孤单。冉冉：柔弱下垂貌。曹植《美女篇》："柔条纷冉冉，落叶何翩翩。"

㉒田田：盛密貌。古乐府《江南曲》："江南可采莲，莲叶何田田。""谩"同"漫"：随意。

㉓十浆：卖浆者十家。语出《庄子·列御寇》。浆：形容琼浆玉液般的美味。馈：进食。

㉔百榼：百杯酒。榼：古代盛酒或贮水的器具。《左传·成公十六年》："使行人执榼承饮。"

㉕任公：茶史上一位姓任的制茶师，精于焙茶工艺。

㉖陆氏：茶圣陆羽。经：《茶经》。

㉗"尝多"句：好茶喝得多的人一定会成为茶仙。合：应当、一定，表示肯定。

㉘"自可"句：品茶时可以选择面对清泉奇石的幽静去处。

㉙"何妨"句：不妨用管弦乐来相伴。管弦借代音乐，包括笛子、洞箫、胡琴、古筝等管乐器和弦乐器。杂：指多种乐器合奏

㉚东山：即本诗开头八句所描写的采摘新茶的"春园"所在。这里指的是东山所产的茶叶。蒙顶：指产于四川的蒙顶贡茶。

㉛从诸贤：加入各种名茶的行列。贤：喻名茶。

【助读】

　　这首"和"门下殷侍郎的二十韵五言排律，堪称咏茶之鸿篇巨制。全诗除开头、结尾两联之外，其余各联均为排比。从新茶萌发、采摘、碾叶、烹煮、品饮，写到茶的神奇功效和魅力，写到爱茶人可以成仙，写到饮茶的最佳环境，最后以应该给予"东山"这样的好茶以更高的知名度作结。在赞赏新茶"解渴""清神"的威力时，运用夸张手法，"十浆何足馈，百榼尽堪捐"，立意新奇。在描写品茶的最佳环境时展示亭台、风月、泉石、管弦，让人如临其境，如闻其声，把品茶的情致提升到艺术欣赏的高度，让人心旷神怡。尾联"东山似蒙顶，愿得从诸贤"，认为眼前这种"东山"新茶完全够得上同誉满神州的蒙顶贡茶等等名茶媲美，置于同列，对扶持新事物充满激情。

茶园①十二韵

（宋）王禹偁

勤王修岁贡，晚驾过郊原②。

蔽芾余千本，青葱共一园③。

芽新撑老叶，土软迸深根④。

舌小侔黄雀，毛狞摘绿猿⑤。

出蒸香更别，入焙火微温⑥。

采近桐华节，生无谷雨痕⑦。

缄縢防远道，进献趁头番⑧。

待破华胥梦，先经阊阖门⑨。

汲水鸣玉瓮，开宴压瑶樽⑩。

茂育⑪知天意，甄收⑫荷主恩。

沃心同直谏⑬，苦口类嘉言⑭。

未复金銮召，年年奉至尊⑮。

【作者小识】

王禹偁（954—1001），北宋文学家。字元之，济州巨野（今属山东）人。世代务农，家境贫寒。九岁能文。太平兴国进士。历任右拾遗、翰林学士、知制诰等职。以刚直敢言著称。曾上《御戎十策》，陈述防御契丹之计，并提议"谨边防，减冗兵，并冗吏"等五事。真宗时预修《太祖实录》，敢于直书史事，为宰相不满，降知黄州，后迁蕲州。虽经多次贬斥，仍然刚强不屈。所作诗文，能针砭时政，揭露现实黑暗，风格接近唐人白居易。平生爱茶，尤好以谷帘泉水煮茶，竟引发隐居之念。有《小畜集》《小畜外集》《五代史阙文》等。

【注释】

①茶园：故址在今湖北省黄冈市境内。据史载，黄州在唐以前即为贡茶产地。到宋代，其州属黄冈，依旧有茶纳贡。茶学家吴觉农先生指出："王禹偁《茶园十二韵》便是吟咏黄冈茶园里的贡茶的。"

②"勤王""晚驾"二句：为皇上辛勤办事，每年督造贡茶；傍晚驱车察看郊外的茶园。修：管理。岁贡：按规定每年必须进贡朝廷的物品。此指茶叶。过：路过。此处应是指采摘之前检查茶芽生长状况。原：指茶园。

③"蔽芾""青葱"二句：茶叶新生的枝条十分繁密，满园显出一片葱绿的颜色。蔽芾：植物初生幼小貌。余千本：千余株。

④"芽新""土软"二句：新生的茶芽依着老叶，根部在松软的泥地里迸发新根。撑：支撑、依靠。

⑤"舌小""毛狞"二句：茶芽如同黄雀的舌头，外披一层白毫，形似绿猿。侔：等同。狞：犬毛，借称茶芽的白毫。绿猿：形容茶芽的外表。

⑥"出蒸""入焙"二句：采摘的新茶经过蒸青后别有一番香味；烘焙时只能使用微火。

⑦"采近""生无"二句：在农历三月临近桐花节和"谷雨"节气之前采摘。桐花节：《礼记·月气》有"季春三月，桐始华"。"华"同"花"，开花。痕：句中指经过谷雨留下的痕迹。

⑧"缄縢""进献"二句：贡茶装进袋子后再严密加封，防止运输途中受损，而且必须趁在清明节之前以"头纲茶"进献。"縢"通"縢"，袋子。头番：指头纲，即当年第一批进贡的茶叶。《广群芳谱》引《乾淳岁时记》载，头纲茶必须在农历二月上旬清明节前启运，所指当然只能是"明前茶"。

⑨"待破""先经"二句：大意是贡茶进京必须经过皇宫正门，皇上品尝之后，倦意全消，精神爽健。华胥梦《列子·黄帝》中说黄帝"昼寝，梦游于华胥之国……"，后以华胥作为梦境的代称。诗中可作精神疲惫欲入梦境理解。阊阖：传说中的天门，也指皇宫正门。王维诗《奉和贾至舍人早朝大明宫》："九天阊阖开宫殿，万国衣冠拜冕旒。"

⑩"汲水""开宴"二句：烹煮时从皇宫玉砌的井里取水，宴会上贡茶的灵味胜过美酒。鸣：指从井里取水的声响。玉甃：玉砌的井壁。形容水井建造精美。瑶樽：美玉雕琢的酒杯，指美酒。

⑪茂育：草木茂盛，指茶园。天意：上天的意愿。

⑫甄收：有甄别地收取，指分配各地纳贡任务。荷主恩：承受皇上的恩泽。

⑬"沃心"句：皇帝品饮贡茶之后提神清脑，如同接受了诤臣的直谏一般。沃心：古代把忠臣向皇帝进言献策称作沃心。

⑭"苦口"句：茶汤略有苦味，饮过之后如同接受了真诚的忠告一般。茶又名"苦口师"。

⑮"未复""年年"二句：我本人如果没获得离职的诏令，将会年复一年地为皇上奉献贡茶。金銮：金銮殿。皇帝办理政务的殿堂，亦指皇帝。

召：召唤。此指调离诏书。

【助读】

全诗可分为四个部分。第一至第四联，写茶园所见：漫山遍野，一片青葱，长势喜人。第五至第八联，写制茶运茶：精心制作，保证优质，力赶"头纲"。第九至第十一联，写煮茶用茶，优质贡茶神功尽显，并强调两点：一是在宫廷宴会上，贡茶的灵味胜过美酒；二是把皇上用茶与纳谏联系起来。诗人历任右拾遗，其职责就是对皇帝理政提出批评建议。他是一个遇事敢言的诤臣，可他却因大胆进言而屡遭贬谪。作为一代贤臣，他在这首诗中仍然秉性不改，希望皇上通过品茶提神体会到虚怀纳谏的好处。第十二联以坚持修贡表明为皇上效劳的耿耿忠心。

北苑①焙新茶并序

（宋）丁 谓

天下产茶者将七十郡半②。每岁入贡，皆以社前、火前③为名，悉无其实。惟建州出茶有焙④，焙有三十六⑤，三十六中惟北苑发早而味尤佳。社前十五日即采其芽，日数千工，聚而造之，逼社⑥即入贡。工甚大，造甚精，皆载于所撰《建阳茶录》，仍作诗以大⑦其事。

北苑龙茶⑧者，甘鲜的是珍⑨。

四方惟数此⑩，万物更无新。

才吐微茫绿，初沾少许春⑪。

散寻萦树遍，急采上山频⑫。

宿叶寒犹在，芳芽冷未伸⑬。

茅茨溪口焙，篮笼雨中民⑭。

长疾勾萌并，开齐分两均⑮。

带烟蒸雀舌，和露叠龙鳞⑯。

作贡胜诸道，先尝只一人⑰。

缄封瞻阙下，邮传渡江滨⑱。

特旨留丹禁，殊恩赐近臣⑲。

啜为灵药助，用于上尊亲⑳。

头进英华尽，初烹气味醇㉑。

细香胜却麝，浅色过于筠㉒。

顾渚惭投木，宜都愧积薪㉓。

年年号供御，天产壮瓯闽㉔。

【作者小识】

丁谓（966—1037），字谓之，一字公言。长洲（今江苏省苏州市）人。淳化进士。真宗景德时为右谏议大夫、权三司使。天禧间排挤寇准，升为宰相，封晋国公。仁宗即位后，贬为崖州司户参军，后授秘书监。丁氏曾于真宗咸平元年任福建路转运使，掌理建州贡茶即北苑茶的制造，首创"大小龙团"，故有"前丁后蔡"（蔡指蔡襄）之说。丁氏嗜茶，曾撰《茶图》，论述采造之本。

【注释】

①北苑：地名，在建州（今福建省建瓯市）凤凰山。系五代、北宋贡茶产地。五代南唐设北苑使，专门监制贡茶。据宋吴曾《能改斋漫录》："北苑供御，自江南李氏始。"宋以后，经丁谓、蔡襄主持修贡，不断改进创新，愈制愈精，将研膏压成"龙团""凤饼"，名重天下。因而北苑也作为贡茶名。

②郡：春秋至隋唐时地方行政区域名。秦实行郡县制后，县隶于郡。

③社前、火前：蜡茶等次名。在社日前采摘的叫社前茶，在寒食节禁火前采摘的叫火前茶。《宋史·食货志》："建宁蜡茶，北苑为第一。其最佳者曰社前，次曰火前，又曰雨前。所以供玉食。"社：春社，立春后第五个戊日。

④焙：用微火烘烤，诗中指焙制茶叶，技术要求高。据张芸叟《画墁录》："贞元中，常衮为建州刺史，始蒸焙而研之，谓之研膏茶。其后始为饼样贯其中，故谓之一串。"

⑤三十六：指建州有三十六处焙茶。

⑥逼社：逼近春社的时候。

⑦大：扩大宣扬。

⑧龙茶：指龙团。

⑨的是：确实。珍：珍贵。

⑩"四方"句：四面八方只算这里的最好。此，指北苑。

⑪"才吐""初沾"二句：枝条上吐露一点点绿芽，刚刚开始接触到一点点春天的气息。微茫：隐隐约约。

⑫"散寻""急采"二句：人们散布在茶山上绕着茶树一遍又一遍地寻找茶芽；为了完成任务心里焦急着，只得频繁地上山。萦：萦绕。

⑬"宿叶""芳芽"二句：老茶芽上仍然带着寒气，新生的幼芽因为低温而尚未显露出来。宿叶：隔年的老茶叶。

⑭"茅茨""篮笼"二句：茶农们把焙茶的茅草房搭盖在溪边及时烘焙，许多人提着竹篮冒雨上山寻找茶芽。

⑮ "长疾""开齐"二句：大意是一场春雨后，茶树的枝条很快地展叶抽芽，发得十分整齐。长疾：生长快速。勾萌：草木出芽。分两：茶芽两旗分处在一枪（未伸展开的茶芽）的两边。

⑯ "带烟""和露"二句：细如雀舌的嫩芽蒸青时白烟升腾，刚采摘的嫩芽带着露珠，叠放在一起美如龙鳞。

⑰ "作贡""先尝"二句：作为贡品，北苑茶胜过全国所有地方的茶叶，首先品尝它的唯有皇上一人。道：古代行政区划名。宋初全国为13道，后改为10道。

⑱ "缄封""邮传"二句：封后加盖印记，纳贡时通过驿站，远渡江河，直送朝廷。阙下：指皇宫。

⑲ "特旨""殊恩"二句：皇上特别诏谕把极品龙团贡茶留在皇宫，只是例外地给予近臣一些赏赐。丹禁：皇宫禁地都用红色颜料涂饰。殊恩：特别的恩泽。

⑳ "啜为""用于"二句：饮上一口，好比服了灵丹妙药立见奇效；于是，会想到用来孝敬尊贵的双亲。

㉑ "头进""初烹"二句：头纲龙团贡茶的珍美达到极致，初泡气味特别芳香甘醇。头进：第一批进贡的茶，即"头纲"茶。英华：唐人赞美茶为草木英华。尽：极致。

㉒ "细香""浅色"二句：幽微的香气赛过名贵的麝香，浅青的茶色胜过竹子的青皮。麝：动物名。诗中指雄麝身上香腺的分泌物麝香，保香力极强。筼：竹子青皮，诗中指绿色。

㉓ "顾渚""宜都"二句：意思是"顾渚紫笋"和"阳羡"两种名茶无一比得上北苑龙团，人们在烘焙加工时会感到惭愧。"投木""积薪"都是指添柴烘焙。顾渚：指顾渚紫笋，产于浙江省长兴县顾渚山一带。宜都：指江苏宜兴，古称阳羡（亦作为茶名）。

㉔ "年年""天产"二句：朝廷连年下令制茶纳贡，老天爷赐予的特产让建州名扬四方。壮：壮观。引申为名扬四方。瓯闽：福建建州（今建瓯市）。

【助读】

作为朝廷派赴建州督造贡茶的专职官员——福建路转运使，诗人对于北苑龙茶的生产过程、独特风味以及纳贡前后的种种情况，有着深刻的了解，因而这首诗写得生动传神。全篇可分四个层次。第一层，开头4句：满怀激情地盛赞北苑龙茶甘香鲜美，全国仅有，为"四方"之冠。第二层，"才吐"以下12句：描述春讯一到，为了让皇上能够最先品尝新茶，北苑茶人赶采赶制的情景，语言华美，色彩鲜丽。第三层，"作贡"以下12句：畅想北苑龙茶赶运进京之后，专供皇上及其恩赐的近臣享用，以及他们对于其色、香、味与其类同灵药的神功的强烈感受。第四层，最后4句：照应开头。概括北苑龙茶问世以来，曾经享誉全国的顾渚紫笋、阳羡茶相形失色，朝廷将它定为常年贡品，其产地建州随之名扬四方。

茶①

（宋）林　逋

石碾②轻飞瑟瑟尘，乳花③烹出建溪春。

世间绝品④应难识，闲对《茶经》忆古人⑤。

【作者小识】

林逋（967—1028），字君复，钱塘（浙江杭州）人。隐居西湖孤山，种梅养鹤，终生不仕不娶，故有"梅妻鹤子"之称，卒谥"和靖先生"。其诗风格淡远，有《林和靖集》。

【注释】

①这首诗是组诗《监郡吴殿丞惠以笔墨建茶各吟一绝谢之》三首中的第

三首，小标题为"茶"，指的是产于建州的北苑茶。

②石碾：研磨茶饼的石制茶具。瑟瑟尘：茶饼碾碎后扬起的碧色粉末，轻飞如尘。瑟瑟：碧色。

③乳花：茶末烹煮后浮起的白色沫饽，美如乳酪。

④绝品：极品。指品质极佳的北苑茶。

⑤"闲对"句：悠闲地端着茶杯，面对《茶经》想起茶圣陆羽的业绩。

【助读】

这首诗写建茶。一写"烹"，二写"怀"，而重在写"怀"。写"烹"，从碾末到烹后所见，力状其美；由此而生联想——"怀"：茶圣陆羽创作巨著《茶经》，流芳千古，却未能入闽识得北苑名茶，未免遗憾。诗人由此而生人间极品难识的深沉感慨。

和①章岷从事斗茶歌

（宋）范仲淹

年年春自东南来，建溪②先暖冰微开。

溪边奇茗③冠天下，武夷仙人④从古栽。

新雷⑤昨夜发何处，家家嬉笑穿云⑥去。

露芽错落一番荣，缀玉含珠散嘉树⑦。

终朝采撷未盈襜⑧，唯求精粹不敢贪。

研膏焙乳有雅制，方中圭兮圆中蟾⑨。

北苑⑩将期献天子，林下雄豪⑪先斗美。

鼎磨云外首山铜，瓶携江上中泠水⑫。

黄金碾畔绿尘飞，紫玉瓯心翠涛起⑬。

斗余味兮轻醍醐，斗余香兮薄兰芷⑭。

其间品第胡能欺⑮，十目视而十手指⑯。

胜若登仙不可攀，输同降将无穷耻⑰。

吁嗟⑱天产石上英，论功不愧阶前蓂⑲。

众人之浊我可清，千日之醉我可醒⑳。

屈原试与招魂魄，刘伶却得闻雷霆㉑。

卢仝敢不歌，陆羽须作经㉒。

森然万象中，焉知㉓无茶星。

商山丈人休茹芝，首阳先生休采薇㉔。

长安酒价减千万，成都药市无光辉㉕。

不如仙山一啜㉖好，泠然㉗便欲乘风飞。

君莫羡花间女郎只斗草㉘，赢得珠玑㉙满斗归。

【作者小识】

范仲淹（989—1052），字希文，吴县（今属江苏省苏州市）人。北宋政治家、文学家。大中祥符进士。少时贫困力学，出仕后有敢言之名。庆历三年任参知政事（相当于副宰相），力主改革弊政。不久因遭保守派反对而被贬官。工于诗文。其《岳阳楼记》中的名句"先天下之忧而忧，后天下之乐而乐"传诵千古。范氏爱茶，尤精于茶的鉴评。著有《范文正公集》。

【注释】

①和：依照别人写的诗词题材、体裁和韵律进行创作。章岷：福建浦城

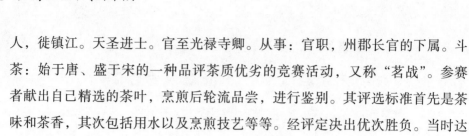

人，徙镇江。天圣进士。官至光禄寺卿。从事：官职，州郡长官的下属。斗茶：始于唐、盛于宋的一种品评茶质优劣的竞赛活动，又称"茗战"。参赛者献出自己精选的茶叶，烹煎后轮流品尝，进行鉴别。其评选标准首先是茶味和茶香，其次包括用水以及烹煎技艺等等。经评定决出优次胜负。当时达官显贵为了讨好皇上，竭力斗茶选优进贡朝廷。

②建溪：溪流名。发源于武夷山，流经建州（今福建省建瓯市）境内，称建溪。临建溪口壑源山，所产名茶称建溪茶，也称壑源茶。壑源山北临凤凰山北苑御茶园。宋时斗茶者多以建溪茶或北苑贡茶参与。

③溪边奇茗：指建溪茶。

④武夷仙人：壑源茶和北苑茶由于品质极佳，非同寻常，传说它们都是古代武夷山上的仙人亲自种植的。这里的仙人，当是指"武夷君"。《读史方舆纪要·福建名山》载："汉《郊祀志》有武夷君，即此山神也。"

⑤新雷：春雷。

⑥穿云：穿越云雾蒸腾的山岭。指上山采茶。

⑦"露芽""缀玉"二句：显露出来的茶芽交错参差，欣欣向荣，仿佛是翠玉、明珠散落在茶树上。缀：点缀。嘉树：茶树的美称。陆羽《茶经》："茶者，南方之嘉木也。"

⑧襜：女子系在上衣前面的围裙。这句说的"不盈襜"，指的是采茶女把围裙下摆两角往上提，塞在腰腹之间，成为一个小兜，把采下的茶芽放在里面。可是由于茶芽小，挑选严格，采了一整天还装不满一个小兜。

⑨"研膏""方中"二句：研膏与焙乳的加工过程精巧别致，最后把它压成像玉圭一样的长条形或者像满月一样的圆饼。研膏和焙乳是两道制茶工序。茶芽经蒸青后捣成糊状，叫"研膏"；再经烘干，叫焙乳。蟾：指蟾宫，即月宫。古代神话传说月宫里有蟾蜍，故称。

⑩北苑：指北苑贡茶，即龙凤团茶。

⑪林下雄豪：指御茶园内外一班精于鉴赏名茶的人。斗美：指监制贡茶的官员在纳贡之前必须对所有的茶叶进行严格的品评，分出品级，选优汰次。

⑫"鼎磨""瓶携"二句：烹茶所用的鼎是用矗立云外的首山的铜铸造的，备用水瓶里装的是号称"天下第一泉"的镇江中泠泉水。磨：铸造时的磨制工夫。首山铜：传说黄帝曾在首山上采铜铸鼎。其时有天龙下凡迎接黄帝。用首铜铸的鼎，极言其珍贵。

⑬"黄金""紫玉"二句：研茶的时候，铜碾的四周绿色的茶末飞扬；烹煎后，茶汤在紫玉杯中泛起翠色的微波。黄金碾：金黄色的铜制茶碾。据刘斧《青琐高议》载，蔡襄看到这两句诗后认为"绿尘""翠涛"，不是当时朝廷要求的绝品茶的特征，建议改作"玉尘""素涛"。作者甚喜，说："善哉！"但是，当时全国白色茶极为少有。

⑭"斗余""斗余"二句：这些参赛的茶，它们的味道呀，胜过美酒；它们的香气呀，超过兰草和白芷的香气。轻醍醐：意思是醍醐比不过它们。醍醐，酥酪上凝聚的一层油，也用称美酒。薄兰芷：兰草和白芷两种香料都比不上它们。

⑮品第：茶叶的高低档次。胡：怎么。欺：欺骗、造假。

⑯"十目"句：众人的眼睛审视着，众人的手比画着。《礼记》："十目所视，十手所指，其严乎？"意思说品评极为严格。

⑰"胜若""输同"二句：获胜的人好比登上仙境，得意扬扬；落败的人好比降将，羞惭万分。

⑱吁嗟：叹词：唉啊。石上英：指优质茶。

⑲"论功"句：说起茶的功效不低于阶前的蓂草。蓂：古代传说中"尧之瑞草"，具有神奇的功能。

⑳"众人""千日"二句：众人身上散发着浊气，我爱茶的人却一身清味；众人沉醉千日，头脑昏昏，我却能时刻保持清醒。

㉑"屈原""刘伶"二句：顶级的好茶可以用来招回屈原的魂魄，可以让沉醉的刘伶惊醒过来。刘伶：晋代"竹林七贤"之一，嗜酒，自称"惟酒是务，焉知其余"，著有《酒德颂》。闻雷霆：形容极品名茶的神力宛如巨大的雷声，可以惊醒醉酒沉睡的人。

㉒"卢仝""陆羽"二句：如果当年卢仝能见到今天的建茶，他能够不

写诗赞美吗？茶圣陆羽也一定会把它列入经典啊。卢仝：唐代诗人，曾作著名的赞美诗篇《走笔谢孟谏议寄新茶》。歌：歌颂，赞美。

㉓焉知：怎么知道。茶星：茶中的明星，即顶级名茶。

㉔"商山""首阳"二句：商山的长者不要吃灵芝草了吧，首阳山上的先生也不要采薇充饥了吧。两句意思是，请他们都来品尝名茶。商山丈人：指汉初东园公、甪里先生、绮里季、夏黄公四位住在商山（今陕西商州）的老人，他们须眉尽白，人称"商山四皓"。茹：吃。芝：灵芝草。首阳先生：指商代末年伯夷、叔齐二人，他俩反对初建的周政权，宣称"耻食周粟"而上山采薇充饥。

㉕"长安""成都"二句：长安城内酒价大幅降低，成都药物市场生意十分清淡。这两句说，社会上人们看到了茶味比酒好，茶功胜于药，就很少光顾酒店和药铺了。

㉖啜：指饮茶。

㉗泠然：轻妙的样子。

㉘斗草：南北朝时荆楚地区的一种民俗活动，每年农历五月初五日端午节举行斗百草或踏百草活动。以草为比赛对象，比韧性，凡韧性强者为胜。

㉙珠玑：珍珠。玑：不圆的珠。斗：容量单位，每斗十升。

【助读】

全诗由两个部分组成。前一部分（24句），描述采茶、制茶、斗茶。可分三个层次。第一层：开头4句，概述建茶拥有得天独厚的生长环境，历史悠久，名冠天下。第二层："新雷"以下10句，描叙初春时节茶农抢时间采摘嫩芽，精心焙制，以备纳贡。第三层："鼎磨"以下10句，描绘"斗茶"场面。从精选茶具、用水，直到烹煮之后比茶味，比茶香，品评之后胜败者的精神状态，整个过程用语华丽，形象凸显，色彩鲜亮。后一部分（"吁嗟"以下18句），抒写诗人对于"斗茶"的无尽遐思。通过回顾屈原、刘伶、卢仝、陆羽、伯夷、叔齐等等历代名人的人生际遇，激情满怀地强调饮茶的好处与乐趣，淋漓尽致地渲染顶级名茶的神功。这首咏茶诗历来脍炙人口。南宋胡仔《苕溪渔隐丛话后集》称它"排比故实，巧欲形容，宛成有韵之文"。许多读者把它同唐代卢仝的名篇《走笔谢孟谏议寄新茶》媲美。据《诗林广记》引《艺苑雌黄》语："玉川子有《谢孟谏议惠茶歌》，范希文亦有《斗茶歌》，此二篇皆佳作也，殆未可以优劣论。"可以肯定，卢、范二诗确实称得上中国茶文化史上的咏茶杰作。

【宋】白釉茶盏配黑釉盏托

煮茶

（宋）晏　殊

稽山^①新茗绿如烟，静挈^②都篮煮惠泉。

未向人间杀风景^③，更持醪醑^④醉花前。

【作者小识】

晏殊（991—1055），字同叔，江西临川（今江西抚州）人。七岁能文，十五岁获赐同进士出身，任秘书省正字。累官至枢密使同中书门下平章事（宰相）。后被贬，徙河南。卒赠司空兼侍中。善于知人。范仲淹、欧阳修、王安石等名人皆出其门下，并予重用。擅于词，亦能诗能文。今存《珠玉词》六卷及清人辑《晏元献遗文》。

【注释】

①稽山：会稽山，在浙江绍兴境内。新茗：指会稽县东南日铸岭的特产

日铸（又称"日注"）茶。为宋代名茶之一。

②挈：手提。都篮：用竹篾编织的篮子。陆羽《茶经·四之器》："都篮，以悉设诸器而名之。"意即可以盛放茶叶或其他茶具器物的竹篮。惠泉：无锡惠山的泉水。

③杀风景：指做不合情理让人败坏兴致的事。如在郊游中对花饮酒、摧折花木、月下持着火把之类。

④醪醑：泛指酒。醪：本指酒酿，引申为浊酒。杜甫诗《清明二首》："浊醪粗饭任吾年。"醑：美酒。杨万里诗《小蓬莱酌酒》："餐菊为粮露为醑。"本诗以酒喻茶。

【助读】

全诗围绕对于日铸名茶的无限深情展开描写。一、二句写春天里会稽山上日铸茶一片新绿，正好静下心来提篮采摘烹煮。让名茶配上"天下第二泉"的好水，该多美妙。三、四句写自己高雅人决不做"杀风景"的低俗事，一定要找个春色竞艳撩人迷醉的花丛，品味这日铸名茶。

答天台梵才吉公①寄茶并长句

（宋）宋　祁

山中啼鸟报春归，阴阅阳墟翠已滋②。

初笋③一枪知探候，乱花三沸④记烹时。

佛天甘露⑤流珍远，帝辇⑥仙浆待汲迟。

饮罢翛然⑦诵清句，赤城霞外想幽期⑧。

【作者小识】

宋祁（998—1061），北宋文学家、史学家。字子京，开封雍丘（今河南杞县）人。幼居安陆（今属湖北），与兄庠并有文名。时称"二宋"。天圣进士。曾官翰林学士，史馆修撰，进工部尚书，拜翰林学士承旨。与欧阳修合修《新唐书》，撰写列传部分。有《宋景文集》。

【注释】

①天台梵才吉公：浙江天台山僧人。天台：天台山，在浙江东部。主峰华顶山为中国佛教天台宗发源地。

②"阴阆"句：山北山南的空旷地和土丘上茶园一片新绿。阴：山的北面；阳：山的南面。阆：空旷地；墟：土丘。翠：翠绿，指茶树。滋：滋生，滋长，指茶树抽芽长叶。

③初笋：初生的茶芽。枪：指茶芽。宋叶梦得《避暑录话》："其精者在嫩芽，取其初萌如雀舌者谓之枪。"

④三沸：作者自注为"陆氏煮茶，每以三沸为法"。陆羽《茶经·五之煮》："其沸：如鱼目，微有声，为一沸；缘边如涌泉连珠，为二沸；腾波鼓浪，为三沸。""乱花沸"意为茶汤烹到三沸时白色的沫饽如同万花竞放。

⑤佛天甘露：喻僧人寄赠的茶宛若西天佛国中仙人饮用的甘露。

⑥帝辇：皇帝乘坐的车。诗中指代京城。自注："上都惟乏嘉泉，故茶味差减。"

⑦翛然：无拘无束地，自由自在地。清句：清丽的诗句。

⑧"赤城"句：畅想着到赤城美好的风光中去同您相会，促膝谈心。赤城：山名，在天台县北，因土色皆赤状如云霞，故名。

【助读】

天台山是一个古老、著名茶区。陆羽《茶经·八之出》注："台州，丰县生赤城者，与歙州同。"经过千多年传承，如今天台山所产云雾茶已享誉中外，其中以华顶茶最佳。

这首诗前四句描述遥想天台山山北山南广辟茶园，春天里一片新绿的美景，进而联想烹茶时"乱花三沸"的情景。后四句满怀深情地以"佛天甘露""帝辇仙浆""饮罢翛然"的辞藻，夸赞赠品的珍贵与神奇，并由此而生畅想，到"赤城霞外"的美景中同友人一道品茗谈心。

和伯恭①自造新茶

(宋) 余 靖

郡庭无事即仙家，野圃栽成紫笋茶②。

疏雨③半晴回暖气，轻雷④初过得新芽。

烘褫精谨松斋静⑤，采撷萦迂涧路斜⑥。

江水对煎萍仿佛，越瓯新试雪交加⑦。

一枪⑧试焙春尤早，三盏搜肠句更佳。

多谢彩笺⑨贻雅贶，想资⑩诗笔思无涯。

【作者小识】

余靖（1000—1064），本名希古，字安道，号武溪。韶州曲江（今属广东）人。天圣进士。景祐三年范仲淹遭贬，他上书反对，也被贬逐，由此知名。庆历中为右正言，赞助庆历新政。曾三次出使辽国，又因作"蕃语诗"遭劾贬官。皇祐间重获起用，知桂州，后加集贤院学士。官至工部尚书。有《武溪集》。

【注释】

①伯恭：潘夙字伯恭，大名（今属河北）人。曾任韶州知州。

②"郡庭""野圃"二句：在郡守任所，闲暇时像过着仙人日子，可以到郊外的园圃种植紫笋名茶。郡庭：郡守办公的大厅。野圃：郊外的园圃。紫笋茶：著名贡茶，产于浙江省长兴县顾渚山。

③疏雨：小雨。

④轻雷：轻微的雷声。

⑤"烘褫"句：在郊外恬静的房子里烘烤之后，精心地拣除混在茶叶中的杂质。褫：剥夺。此指拣掉、清除。松斋：指建于郊外林间的房子。

⑥"采撷"句：采摘时走在山涧中迂回曲折的斜坡路上。撷：摘取。

⑦"江水""越瓯"二句：用江中的水旺火快煎，茶汤的沫饽仿佛浮萍一般；斟在名贵的茶碗里，沫饽翻动交错，犹如点点雪花。薄：通"迫"，紧逼。"薄煎"意思是因为用的是江水，必须旺火快煎才能让茶叶发出美味。越瓯：越地（今浙江省上虞、余姚一带）烧制的高级瓷碗。

⑧一枪：一粒茶芽。茶芽尚未伸展，形状如"枪"。这句意谓早采的茶芽极为细嫩。

⑨彩笺：旧时用作题诗、写信的华美纸张。贶：赐予，赠送。

⑩资：凭借。无涯：没有边际。

【助读】

友人伯恭时为郡守，给作者寄赠自种自制的紫笋新茶，并附上一首诗。本篇为作者依伯恭诗原韵写的和诗。一、二句赞赏友人身为郡守，无事时却闲如神仙，可以亲自上山种植名茶。三至六句（"疏雨……涧路斜"）描写想象中友人在初春季节冒着蒙蒙细雨上山采撷新芽，精心焙制的情景。七至十句（"江水……句更佳"）：描述自己获得赠茶后烹煎、观赏的过程和品饮之后诗思奔涌的感受。最后两句叙写自己对于友人赠茶赠诗的盛情以"和"诗致谢，并由此引发无尽的遐思。篇末照应诗题。

建茶呈使君①学士

（宋）李虚己

石乳②标奇品，琼英③碾细文。

试将梁苑雪，煎动建溪云④。

清味通宵在，余香隔座闻。

遥思摘山月⑤，龙焙未春分。

【作者小识】

李虚己（1001年前后），字公受，建安（今福建省建瓯市）人。太平兴国进士。历沈丘县尉，累迁殿中丞，官至工部侍郎，分司南京。著有《雅正集》。

【注释】

①建茶：产于福建建溪（古属建州，又称建安，即今建瓯市）的顶级贡茶。使君：汉时称刺史为使君。汉以后用作州郡长官的尊称。

②石乳：宋代贡茶名。《宋史·地理志》："建宁府贡火前、石乳、龙茶。"宋人熊蕃《宣和北苑贡茶录》："又一种茶，丛生石崖，枝叶并茂，至道中有诏造之，别号石乳。"又称"的乳"。

③琼英：石乳茶的美称。宋人把它比作美丽的玉，芬芳的花。碾细文：团茶在烹煎前先碾成细末，再筛过。

④"试将""煎动"二句：试用梁苑的雪水来烹煎石乳茶，观赏它洁白如云的沫饽。梁苑雪：梁苑的雪水。梁苑又名"兔园"。西汉梁孝王刘武所建，在河南省商丘市东，规模宏大，景点甚多。南朝人谢惠连在《雪赋》中写到文人们曾在园中赏雪咏雪。建溪云：建州产的石乳茶烹煎沸腾后涌动的沫饽洁白如云。陆羽形容这种沫饽"如晴天爽朗，有浮云鳞然"。

⑤ "遥思""龙焙"二句:遥想家乡的父老乡亲们赶在月未落、日未出之前就上山采茶,为帝王焙茶,在春分节气之前就开始这样忙碌了。宋人赵汝砺《北苑别录·采茶》:"采茶之法,须是侵晨,不可见日。侵晨则夜露未晞,茶芽肥润。见日则为阳气所薄,使芽之膏腴内耗,至受水而不鲜明。故每日常以五更挝鼓,集群夫于凤凰山。监采官给一牌入山,至辰刻则复鸣锣以聚之,恐其贪多务得也。"

【助读】

一件优质产品要把它推向全社会,必须给它一个能够反映其属性的恰当的名字,为它树起品牌。从宋初开始,"建茶"获得广泛的传播认可,同李虚已这首诗可能颇有关系。一千多年前建州(今建瓯)东郊凤凰山出产的蒸青绿茶饼,质量上乘。但数量有限,仅供纳贡。宋初人杨亿《杨文公谈苑》说:"龙凤、石乳茶皆宋太宗令造。"蔡襄《茶录》称之为"建安之品"。李虚已是宋太宗时代人,家住建州,对于当地产茶纳贡的情况自然十分熟悉。他在外当官,忆及家乡的优质茶叶时,给它冠上一个"建"字也是很自然的。今天纵观宋人茶诗,"建茶"这个名称可以说是他首次使用的。

这首诗先以"奇品""琼英"热情地称颂建茶的优良品质;其次指出好茶必须配上好水,首选应是梁苑的雪水,烹煎后让它充分地展示其非凡的韵味;再次写建茶清味悠长,香气四溢,强调其无与伦比的优良品质;最后写自己对于家乡父老乡亲的深切怀念:他们为了采制"奇品""琼英",抓节候,赶时辰,辛勤操劳。诗人深沉的敬意油然而生。

建茶之所以能享有盛名,关键在于在保证品种质量的前提下狠抓一个"早"字。一是制作早:春社(古代立春后第五个戊日)前十五日,就要开始运作。二是采摘早:茶民必须赶在日出之前上山采摘(即"摘山月"),日出之后收工。三是入贡早:"头纲"茶必须赶在"春社"之前,从建州快马加鞭驰运到四千里外的北宋京城汴梁(今河南开封)纳贡,供帝王及其近臣享用。这三个"早"别的地方都未能做到,只有闽人敢为天下先,让"建茶"独占鳌头,享誉四方。

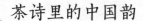

七宝茶①

（宋）梅尧臣

七物甘香杂蕊茶②，浮花泛绿乱于霞③。

啜之始觉君恩④重，休作寻常一等夸。

【作者小识】

梅尧臣（1002—1060），字圣俞，世称宛陵先生，安徽宣城人，北宋诗人。皇祐三年赐进士出身，授国子监直讲，累迁尚书都官员外郎。曾预修《唐书》。诗风古淡，与欧阳修同为北宋前期诗文革新运动领袖人物。平生嗜茶、尚茶，善品茶。对七宝茶、碧霄峰茶、洪井茶等均有研究，尤其推崇建溪茶，说它"价与黄金齐""一啜同醉翁"。著有《宛陵先生文集》，又曾注释《孙子》。

【注释】

①七宝茶：蕊茶中加入葱、姜、枣、橘皮、茱萸、薄荷、盐等七种佐料制成的一种名贵茶叶。

②蕊茶：用茶的嫩芽制成的上好茶叶。

③"浮花"句：茶汤面上淡绿色的沫饽浮动如花，好比天上飘荡的彩霞。乱：飘荡。

④君恩：皇帝的恩惠。指所品饮的七宝茶是皇帝赏赐的，因而感到恩重如山。

【助读】

这首诗是作者《和范景仁王景彝殿中杂题三十八首》中的第三十二首。据《广群芳谱·茶谱》引《甲申杂记》："宋仁宗朝，春试进士集贤殿，后妃御太清楼观之，慈圣光献出饼角子以赐进士，出七宝茶以赐考试官。"在唐宋时期，皇帝常以贡茶赏赐臣下，以示褒奖，刘禹锡、柳宗元等均有此殊遇。作者也有此机会自然无上荣光，倍感皇恩浩荡。这首诗前两句写七宝茶制作独特，汤色至美；后两句写其来处非凡，不可等闲视之。

答宣城张主簿遗鸦山茶次其韵（节录）①

（宋）梅尧臣

昔观唐人诗②，茶咏鸦山嘉。

鸦衔茶子生，遂同山名鸦。

重以初枪旗③，采采穿烟霞④。

江南虽盛产，处处无此茶。

纤嫩如雀舌⑤，煎烹比露芽⑥。

竟收青蒻⑦焙，不重漉酒纱⑧。

顾渚⑨亦颇近，蒙顶⑩来以遐。

双井⑪鹰掇爪，建溪春剥葩⑫。

日铸⑬弄香美，天目⑭犹稻麻。

吴人与越人，各各相斗夸⑮。

【注释】

①宣城：在安徽省东南部。隋置宣城县，为宣州治。主簿：官名。自汉始，中央及郡县皆设此职，负责文书、印鉴，参与政事。为掾吏（属官）之首。遗：赠送。鸦山：又称雅山、丫山、鸭山。唐至明代均为名茶产地。陆羽《茶经·八之出》注："宣州，生宣城县雅山，与蕲州同。"明人王象晋

茶诗里的中国韵

《群芳谱》："宣城县有丫山……其山东为朝日所烛，号曰阳坡，其茶最胜，太守荐之京洛人士，题曰丫山阳城横文茶。一名瑞草魁。"

②唐人诗：指唐代诗人郑谷在其诗《峡中尝茶》中有"吴僧漫说鸦山好"句。可知早在唐代，鸦山茶就受人赞美了。

③"重以"句：茶农们最看重的是最早生长的幼芽嫩叶。尚未展开的茶芽称"枪"，茶芽初展称"旗"。

④穿烟霞：茶农采茶时在高山烟云中穿行。表明茶树受惠于高山峻岭上云霞雨露的滋育，茶韵尤佳。

⑤雀舌：形容茶芽如黄雀的舌头般幼嫩。亦用作名茶专称。

⑥露芽：唐宋名茶，产于四川蒙山、福州方山等地。亦写作"露牙"。

⑦青蒻：青蒲草。宋人制作研膏茶时，先把鲜茶叶洗净研成膏状，压成饼状，再用青蒲草包裹，用文火慢慢烘干，以确保茶叶纯正的香味。这种烘焙法叫"青蒻焙"。

⑧漉酒纱：古代煎茶时的滤水器。

⑨顾渚：浙江湖州与江苏常州交界处的顾渚山，为唐代极品贡茶"顾渚紫笋"（又名湖州紫笋、长兴紫笋、顾渚春）产地。

⑩蒙顶：四川雅州（今雅安）蒙山之顶，为历史名茶蒙顶茶产地。自唐至清蒙山茶皆为贡品。黄茶、白茶、绿茶俱有，"蒙顶黄芽"声名尤著。川茶因蒙顶贡茶而闻名于世。

⑪双井：洪州分宁（今江西修水）双井系宋代名茶双井茶产地。鹰掇爪：指成品茶弯曲如钩，状似鹰爪。掇：采摘。

⑫"建溪"句：建溪春天满山茶花竞放。

⑬日铸：又称"日注"，指产于越州（今浙江绍兴）会稽县东南日铸岭的日铸茶。欧阳修《归田录》："草茶盛于两浙。两浙之品，日注为第一。"

⑭天目：指产于浙江省天目山的名茶。《临安县志》："云雾出天目，各乡俱产，唯天目者最佳。"

⑮"吴人""各各"二句：浙江境内吴兴和越州两地的人们，各自夸耀自己家乡的茶叶最好。吴兴郡今为湖州。越州古为越国，即今绍兴地区。两

地均产名茶。

【助读】

诗人家在宣城。这首诗是为酬答宣城张主簿赠送的鸦山茶与诗而"次其韵"抒写的酬谢之作。全诗44句，赞扬鸦山茶的美好的篇幅占一半以上。这里仅选录其前20句，分三个层次。第一层：开头4句，概述鸦山名茶的由来和唐人对它的赞美。第二层："重以"以下8句，叙写鸦山茶优良的生长环境和独特的采制方法。第三层："顾渚"以下8句，将鸦山茶与国内六种名茶并列比较，予以热情赞扬。热爱家乡，以家乡独特的自然风物为美，引为自豪，是古往今来人之天性、美德。以茶来说，历代文人中凡家乡产茶者多有佳作名篇传世。在宋代，福建人杨亿、蔡襄称颂建茶；江西人欧阳修、黄庭坚称颂双井茶；浙江人陆游称颂会稽日铸茶，等等。随着他们诗作的广泛传播，名茶声誉更隆。这种"名人"效应，对于他们各自家乡茶叶生产的发展和销售都起着有力的推动作用。

依韵和杜相公①谢蔡君谟寄茶

（宋）梅尧臣

天子②岁尝龙焙茶，茶官催摘雨前芽③。

团香④已入中都府，斗品⑤争传太傅家。

小石冷泉⑥留早味，紫泥新品⑦泛春华。

吴中⑧内史才多少，从此莼羹⑨不足夸。

茶诗里的中国韵

【注释】

①杜相公：杜衍，山阴（今浙江绍兴）人。曾任宰相、太子太傅。蔡君谟：蔡襄字君谟。

②天子：古时称统治天下的帝王。《礼记》："君天下曰天子。"龙焙茶：北宋真宗咸平元年丁谓任福建路转运使，掌理建州北苑贡茶制造，首创"大小龙团"称"龙焙茶"。

③雨前芽：谷雨前（清明后）生长的茶芽。

④团香：指大小龙团贡茶。香：茶叶的香味。中都府：京师官署的统称。

⑤斗品：指用于斗茶（当时流行的一种优质茶品评竞赛活动）的精品茶。太傅：官名。一种辅佐皇帝的官职，多为高官加衔，并无实职；另一种是辅导太子的官员。杜衍曾任太子太傅。

⑥小石冷泉：指烹茶用的优质泉水。

⑦紫泥新品：用紫泥缄封的新茶。紫泥为宫廷使用的高级缄封黏料。诗中形容寄茶人极为慎重。泛春华：指茶汤沸腾时泛起的沫饽美如春花。"华"同"花"。

⑧吴中：指今江苏苏州一带。内史：泛指朝廷官员。

⑨莼羹：用莼菜煮成的美食。莼为长江以南地区的一种野生草本植物，叶嫩味美。杜甫诗《秋日寄题郑监湖上亭》："羹煮秋莼滑。"

【助读】

首联概括叙述雨前茶乃专为皇帝精制的极品龙焙贡茶，极为珍贵。颔联叙写皇帝赏赐给高官们的龙团贡茶在宫廷中争传比斗。颈联描写名茶配上名泉烹煮时呈现出的沫饽绚丽如花。尾联以龙团贡茶与莼羹对比，强调前

【宋】建阳窑黑釉酱斑碗

者赢得京都官场广泛的赞美。诗人取《晋书·张翰传》一则故事立意。张翰系吴中人，传载："翰因秋风起，乃思吴中菰菜、莼羹、鲈鱼脍……遂命驾而归。"后人借此称思乡之情为"莼鲈之思"。诗人推想：在京都任职的吴中籍官员，由于可以喝上皇帝赏赐的极品贡茶，就不会再夸耀他们家乡的莼羹了。

蒙顶茶①

（宋）文彦博

旧谱最称蒙顶味②，露芽云液胜醍醐③。

公家药笼虽多品④，略采甘滋助道腴⑤。

【作者小识】

文彦博（1003—1094），北宋大臣，字宽夫，汾州介休（今山西省介休市）人，天圣进士，官至同中书门下平章事（宰相）。元祐五年，以太师致仕。历事四朝，前后任事约五十年。封潞国公。有《潞公集》。

【注释】

①蒙顶茶：唐宋名茶。产于雅州（今四川省雅安市）蒙山之顶而得名。有黄茶、白茶、绿茶诸种。其蒙顶黄芽为唐朝至清朝的著名贡茶。

②"旧谱"句：以前所有的涉茶诗文都称赞蒙顶茶叶最好。

③露芽：福建福州产名茶"方山露芽"。诗中借指蒙顶茶。云液：喻茶汤。醍醐：美酒。

④公家：泛指政府机关。药笼：盛放茶叶的竹笼。虽多品：尽管品类很多。

⑤ "略采"句：采制一些蒙顶茶来增添品饮的美味。略：少量。甘滋：指蒙顶茶。腴：美味。

【助读】

这首诗一、二句根据"旧谱"，充分肯定蒙顶茶在社会上的极品地位，赞美它胜过美酒。三、四句通过比较，强调自己对于蒙顶茶的至爱。诗人身居高官，自然不缺好茶，但是他认为自己最需要的还是蒙顶茶，即使是数量不多也好。这首诗让我们看出唐至宋初蒙顶茶在高官心目中的崇高地位。

双井茶①

（宋）欧阳修

西江②水清江石老，石上生茶如凤爪③。

穷腊不寒春气早，双井芽生先百草④。

白毛囊以红碧纱⑤，十斛⑥茶养一两芽。

长安富贵五侯家⑦，一啜尤须三日夸。

宝云日注⑧非不精，争新弃旧世人情。

岂知君子有常德，至宝不随时变易⑨。

君不见建溪龙凤团⑩，不改旧时香味色。

【作者小识】

欧阳修（1007—1072），字永叔，号醉翁，晚号六一居士，北宋文学家、古文运动领袖。吉州庐陵（今江西省吉安市）人。幼贫好学。天圣进士。庆历中任谏官，因支持范仲淹的政治改革，被贬滁州。后官翰林学士、枢密副使、参知政事（宰相）。以太子少师致仕，卒赠太子太师，谥文忠。曾与宋祁合修《新唐书》，并独撰《新五代史》。其散文为"唐宋八大家"之一，亦善诗、词。他知茶嗜茶，自谓"吾年向老世味薄，所好未衰惟饮茶"，友人梅尧臣称赞他："欧阳翰林最识别，品第高下无欹斜。"他的《大明水记》《浮槎山水记》为宋代茶书水品专著。他写过多首茶诗，最推崇其家乡洪州（今江西修水）的双井茶。由于他的极力推介，双井茶名扬京师。著有《欧阳文忠公集》《六一词》等。

【注释】

①双井茶：宋代名茶。"双井"本为地名，在洪州分宁（今江西修水）西部。由于产茶，转作茶名。五代毛文锡《茶谱》："洪州双井白芽，制造极精。"又据《归田录》："自景祐（1034—1037）以后，洪州双井白芽渐盛，近岁制作尤精，囊以红纱，不过一二两，以常茶十数斤养之，用辟暑湿之气。其品远出日注上，遂为草茶第一。"

②西江：指修水。源头自湘入赣，经修水自西而东入鄱阳湖。

③凤爪：形容茶芽纤嫩、珍贵。

④"穷腊""双井"二句：双井茶山整个冬天都不寒冷，似乎春天来得特别早，让茶树先于别处百草抽芽。穷腊：农历十二月底。芽：指茶。

⑤"白毛"句：精制的芽茶用红绿纱袋包裹。白毛：指芽叶上的白毫。囊：袋。

⑥斛：中国旧量器名，亦是容器单位，一斛米为十斗，后改为五斗。

⑦长安：今陕西西安，自秦汉至唐一直都是京都。这里泛指京都，北宋京城在河南开封。五侯家：汉成帝封其舅王谭、王商、王立、王根、王逢五人为侯，后以五侯泛指京城皇亲国戚、达官贵人。

⑧宝云日注：两种贡茶名。宝云产于钱塘（今杭州）宝云庵。日注即日铸，产于会稽（今绍兴）。

⑨"岂知""至宝"二句：人们哪会理解品德高尚的人具有永不改变的

德行；真正的宝物也不会随着时势的变迁而改变物性。

⑩龙凤团：即龙团凤饼。

【助读】

全诗可分为两部分。前8句叙写双井茶得天独厚，"生先百草"，制作精细，极为珍贵，获得京城上层社会、达官贵人的高度赞美。后6句从双井茶的被"争新"，联想到宝云、日注两种名茶被"弃旧"，论及人情世态的庸俗；再从龙凤团茶"不改旧时香味色"，联系到君子的常德，如同至宝一般永不随时变易。诗人曾因支持范仲淹的政治革新而遭受仕途挫折，在此论及君子常德，读者似乎可以听到一些弦外之音。

【宋】广元窑黑釉碗

次谢许少卿寄卧龙山茶①

（宋）赵抃

越芽远寄入都时②，酬唱珍夸互见诗③。

紫玉丛中观雨脚④，翠峰顶上摘云旗⑤。

啜多思爽都忘寐⑥，吟苦更长了不知⑦。

想到明年公进用⑧，卧龙春色自迟迟⑨。

【作者小识】

赵抃（1008—1084），字阅道，号知非子。衢州西安（今属浙江衢州市）人。少孤。景祐进士。任殿中侍御史，弹劾不避权贵，京师号称"铁面御史"。历知杭州、青州、成都。神宗时，擢参知政事（副宰相），因与王安石议政不合，再出知成都。有《清献集》。

【注释】

①次：次韵，即步韵。许少卿，名遵。少卿系官名，为大理寺、太常寺等九卿的副职。许遵此时在浙江，可能是任绍兴县丞一类副职，古时有以"少卿"尊称副职的习惯。卧龙山茶：产于浙江绍兴。南宋王十朋《会稽风俗赋》："欧阳公《归田录》曰'卧龙瑞草者，卧龙山即府治之所据者。'会稽产茶极多，佳品唯卧龙一种，得名亦盛。"

②越芽：指卧龙山茶。入都：进入京城（北宋京城在河南开封）。

③"酬唱"句：写作诗词互相赠答，以示珍爱和夸奖。

④紫玉丛：茶树。卧龙山茶"芽纤短，色紫味芬"，故用"紫玉"美称。雨脚：雨丝，形容茶芽极细。

⑤翠峰顶：卧龙山翠绿的峰顶。云旗：生长在云雾蒸腾的高山上的茶叶。

⑥"啜多"句：多饮一些便觉精神爽健，睡意全无。宋《嘉泰会稽志》写卧龙茶："味颇森严，其涤烦破睡之功，则虽日铸有不能及。"

⑦"吟苦"句：搜尽枯肠创作新诗，全然不感到更深夜长。更：古时夜间计时单位。此指夜里。了：完全。

⑧公：对许少卿的敬称。进用：提拔重用。

⑨"卧龙"句：紧承上句，意思是明年您离开杭州，再也没能给我寄茶了，我自会感到卧龙山的春色姗姗来迟了。迟迟：缓慢。

【助读】

全诗围绕卧龙山茶珍贵难得展开抒写。首联写在京都收到许少卿从杭州远寄名茶时的欣喜心情。颔联想象茶农在云雾升腾的卧龙山顶采摘"色紫味芬"名茶芽叶的情景。颈联运用自己品饮之后精神爽健竟然坚持长夜赋诗的体验，渲染卧龙山茶的神功。尾联在为许少卿明年升迁离杭而欣喜的同时，为自己此后可能无缘早获卧龙山茶而颇感失落。诗人用意仍在强调其茶的珍贵和难得。

北苑①

（宋）蔡 襄

苍山走千里，斗落分两臂②。

灵泉③出地清，嘉卉得天味④。

入门脱世氛⑤，官曹真傲吏⑥。

【作者小识】

蔡襄（1012—1067），著名茶学家、书法家。字君谟。兴化仙游（今福建省莆田市仙游县）人。天圣进士。历任大理寺评事、福建路转运使、三司使等职，累官至端明殿学士。故又称蔡端明，卒谥"忠惠"。宋《渑水燕谈录》载："庆历中，蔡君谟为福建路转运使始造小团充贡，一斤二十饼。所谓上品龙茶者也。仁宗尤所珍惜。"所著《茶录》，上篇论茶，下篇论茶器，对茶品、制茶、烹茶、贮茶、碾茶、烹茶均有独到的论述，为继陆羽《茶经》之后最为重要的一部茶学著作。后人辑有《蔡忠惠集》。

【注释】

①北苑：这首诗是作者《北苑十咏》其二。作者于宋仁宗庆历年间任福建路转运使，到建州凤凰山北苑督造贡茶。他是丁谓离去四十二年之后来此

履职的，故有"前丁后蔡"之说。

②"苍山""斗落"二句：青翠的山峰绵延千里，突然一段山势跌落，看上去好像分成了两边。走：走向，诗中作绵延讲。斗：陡然，突然。两臂：像人的两臂，意为朝着相反的方向。

③灵泉：富有灵性的山泉。

④嘉卉：美丽的花草，指北苑茶树。天味：自然独特的风味。

⑤入门：指进入督造贡茶机构的门。脱：去除。世氛：世俗的气氛。

⑥官曹：官员和小吏。曹：属官，小吏。傲吏：高傲的吏员。

【助读】

从诗中我们看到北苑的自然环境——苍山、陡谷、灵泉，赋予茶叶优良的生长条件，让它获得充分的"天味"；同时也看到修贡机构里超尘脱俗的气氛让官曹们颇感自豪。

采茶①

（宋）蔡　襄

春衫逐②红旗，散入青林下。

阴崖③喜先至，新苗渐盈把④。

竟携筥笼⑤归，更带山云写⑥。

【注释】

①这首诗是《北苑十咏》其四。

②春衫：春天穿的衣衫，一般颜色比较鲜艳。借代采茶女。逐：追逐，跟随。

③阴崖：北面的山崖，早晨阳光没照到。宋人赵汝砺《北苑别录》："采茶之法，须是侵晨，不可见日。侵晨则夜露未晞，茶芽肥润；见日则为阳气所薄，使芽之骨腴内耗，至受水而不鲜明。"因此，必须先采"阴崖"一边的，以保证贡茶的绝对优质。

④新苗：指刚采的茶芽。把：作量词，如：手里抓一把。

⑤竟：最后，收工的时候。筥笼：装茶叶的竹篮。筥：竹子的青皮，引申为竹子的别称。

⑥"更带"句采茶女把山上的云气也带回家了。写：移置。

【助读】

这首诗简直就是一幅当年凤凰山春天的风景画。青翠的茶山，鲜红的旗帜，飘浮的白云，艳丽的春衫星星点点——那是双手正如金鸡啄米般采摘春茶的村嫂村姑们。看着看着，人们仿佛还可以听到他们的笑语欢歌……春天里的茶乡真美。

造茶①

（宋）蔡　襄

屑玉寸阴间，抟金新范里②。

规呈月正圆，势动龙初起③。

焙出香色全，争夸火候是④。

【注释】

①造茶：指在作者的指导下，加工制作贡茶进行技术创新，在丁谓的基础上造出小片的龙凤茶。题下原注："其年改造新茶十斤，尤极精好，被旨

号为上品龙茶，仍岁贡之。"这首诗是《北苑十咏》其五。

②"屑玉""抟金"二句：把蒸后的茶叶在很短的时间里捣碎得像玉屑一般，再把它捏成圆团放进模具里压成茶饼。抟金：把捣碎的茶叶捏成圆团。范：模具。

③"规呈""势动"二句：圆形的模子像十五的圆月，印在茶饼上的龙纹似乎要飞动起来。规：圆模。势：姿势。

④"焙出""争夸"二句：茶叶从茶焙中取出来时，香气扑鼻，色彩新鲜，看去简直十全十美，大家都争着夸耀火候掌握得太好了。是：恰到好处。

【助读】

这首诗概括地描述了龙团贡茶从茶芽采摘回来经过蒸青、捣碎、捏团、压饼、烘焙等加工制作的全过程。其中掌握火候是烘焙技术的关键，这一关把得好，茶饼的质量就好，色、香、味俱佳。

试茶①

(宋) 蔡 襄

兔毫紫瓯新②，蟹眼③清泉煮。

雪冻作成花④，云闲未垂缕⑤。

愿尔池中波，去作人间雨。

【注释】

①试茶：贡茶制成后首次烹煮，以测知质量。这首诗是《北苑十咏》其六。

②"兔毫"句：用崭新的紫色兔毫茶盏来盛刚刚焙制的贡茶。兔毫：宋代建州窑烧制的黑紫釉茶盏。因其纹理细密，状如兔毫而名，为建盏中最珍贵的一种。

③蟹眼：指茶水初沸时泛起的小气泡，状如河蟹的眼睛。

④雪冻：指刚烹煮的茶汤浮在碗面上的茶乳，又称茶花，颜色白如冻雪。宋时茶色贵白。

⑤"云闲"句：茶末经过烹煮后，茶花凝聚，宛如白云在瓯面上缓慢地浮动。未垂缕：指茶汤注入茶瓯后没有留下水痕。作者在其《茶录》中说，汤上盏后"视其面色鲜明，着盏无水痕者为绝佳。"

【助读】

这首诗前两句描述试烹贡茶极为认真：所用的水是"清泉"，茶瓯是名贵的兔毫盏；火候掌握得恰到好处，以茶汤初现蟹眼即止。中二句描述试烹的贡茶质量极佳：汤色洁白；茶乳如花；沫饽似雪，宛若闲云浮动，而不留水痕。最后两句借物抒怀。诗人默默地祝愿眼前这种甘美的茶汤，将会化作润泽天下万物的甘霖，惠及百姓苍生。这两句诗所表达的诗人博大襟怀，也可以理解为热切地期望皇上和达官贵人们品尝过他督制的极品贡茶之后，抖擞精神，多做普惠万民的善事。

谢人寄蒙顶新茶①

（宋）文　同

蜀土茶称盛②，蒙山味独珍。

灵根托高顶，胜地发先春③。

几树初惊暖，群篮竞摘新④。

苍条寻暗粒，紫萼落轻鳞⑤。

的砾香琼碎，蓬松绿趸均⑥。

漫烘防炽炭，重碾敌轻尘⑦。

无锡泉⑧来蜀，乾崤盏自秦⑨。

十分调雪粉⑩，一啜咽云津⑪。

沃睡迷无鬼，清吟健有神⑫。

冰霜凝入骨，羽翼要腾身⑬。

磊磊真贤宰⑭，堂堂作主人。

玉川喉吻涩，莫惜寄来频⑮。

【作者小识】

文同（1018—1079），字与可，自号笑笑先生，人称石室先生。梓州永泰（今四川盐亭东）人。皇祐进士。历官邛州、洋州等知州。元丰初知湖州，未到任而卒，人称"文湖州"。善诗文书画，擅于墨竹。主张画竹必先"胸有成竹"。其后学他的人很多，形成"湖州竹派"。与苏轼为表兄弟关系，交谊深厚。有《丹渊集》。

【注释】

①蒙顶新茶：参阅孟郊《凭周况先辈于朝贤乞茶》、文彦博《蒙顶茶》注。

②"蜀土"句：四川产的茶叶可称极品。圣：指道德修养极高，或其专长造诣出类拔萃，至于极顶的人。如世称杜甫为"诗圣"，陆羽为"茶圣"。

③"灵根""胜地"二句：茶树在高山顶上扎下深根，优越的地理环境让这里春天来得特早。灵根：指茶树。

④ "几树""群篮"二句：许许多多茶树从和暖的春风中惊醒过来，抽芽长叶；采茶的人们提着竹篮竞相采摘新茶。几：几多，许多。

⑤ "苍条""紫萼"二句：大意是，采摘时要从繁密的枝条中寻找掩藏的细小茶芽，轻轻地从紫色茶萼上把它摘下来。紫萼：指环列于茶芽外部承托着茶芽的紫色薄片。落：摘下。鳞：喻茶芽。

⑥ "的砾""蓬松"二句：茶芽像香玉的碎屑般鲜亮，加工后条索微绿，像女子的卷发般弯曲而均匀。的砾：鲜亮貌。香琼：香玉，喻茶芽。蓬松：形容茶芽堆放如女子散乱的头发。蚩：古人用来形容女子的卷发。《诗经·小雅·都人士》："彼君子女，卷发如蚩。"本诗用于比喻名茶的条索美。

⑦ "漫烘""重碾"二句：烘烤时必须用无明的慢火，防止炽热的炭火，用力碾碎时茶末好像轻扬的飞尘。"漫"同"慢"。敌：匹敌，好像。

⑧ 无锡泉：江苏无锡惠山的泉水。有"天下第二泉"之誉。

⑨ 乾崤盏：陕西乾县崤山烧制的茶盏。秦：陕西的代称。

⑩ 雪粉：形容茶末洁白如雪。

⑪ 云津：茶汤像白云一般。津：水。

⑫ "沃睡""清吟"二句：没喝茶时，沉睡不醒；喝过后头脑清醒，精神爽健。沃睡：沉睡。迷无鬼：不清醒。

⑬ "冰霜""羽翼"二句：茶汤像严寒的冰霜，寒气深入骨髓；喝过之后，好像身生羽翼，飘然欲仙。

⑭ 磊磊：光明磊落。贤宰：贤良的官员。宰：旧时用作官员通称。

⑮ "玉川""莫惜"二句：卢仝感到喉咙干涩，希望您经常慷慨地给他寄茶来。玉川：即卢仝，作者自喻。莫惜：即慷慨的意思。频：频繁、经常。

【助读】

蒙顶茶早在唐代即享有盛名，被列为贡茶，"为蜀之最"。白居易诗《琴茶》赞美道："茶中故旧是蒙山。"这首称颂蒙顶新茶的诗可视作诗人写给赠茶友人的感谢信。全诗从蒙顶茶的生长环境、采摘加工、烹煮品饮，直写到其神功尽显，禁不住恳求友人今后经常寄赠。全诗可分为四个部分。第一部分（开头4句）以"称圣"的极高赞语，描写生长在四川高山胜地、先春抽芽的蒙顶茶独树一帜，极为珍贵。第二部分（"几树"以下8句）描写早春时节，茶农们小

【宋】黑釉白边小碗

心翼翼地采摘、烘焙、加工的情景。从中可知，当时运用的是"烘青"工艺。第三部分（"惠锡"以下8句）描写蒙顶茶烹煮品饮过程中，必须用上无锡惠山名泉、乾县崝山茶具，且必须十分细心，才能求得名茶真味，领略其卓越神功：驱除睡魔，精神爽健，顿觉如临仙境。第四部分（"落落"以下4句）称颂赠茶人的"贤宰"德行，并祈望他理解自己对于名茶的迫切需求，今后继续经常给予寄赠。

寄献新茶

（宋）曾 巩

种处地灵偏得日①，摘时春早②未闻雷。
京师③万里争先到，应得慈亲手自开④。

【作者小识】

曾巩（1019—1083），字子固，建昌南丰（今属江西）人。嘉祐进士。累官至中书舍人。其散文为"唐宋八大家"之一，亦能诗。有《元丰类稿》。

【注释】

①地灵：山川灵秀，生态环境优良。得日：多得阳光照耀。

②春早：即早春。这里第一声春雷未响，一般茶树未发芽，或茶芽极嫩。

③京师：古代帝王居处，即今首都。《公羊传》："京师者，天子所居也。京者何？大也；师者何？众也。"

④慈亲：母亲。手自开：亲自拆封。

【助读】

从诗中的描述可以看出：①这茶叶是早春摘制的嫩芽；②其产地与京城开封相距万里。由此可以推想：这种茶大抵是贡茶，一般平民百姓是不可能拥有的。诗人曾为京官，有可能获得皇上的些许恩赏，而诗人在"百善孝为先"的传统美德激励下，转而寄献慈母，以表孝心。

孝为中国古代道德规范。儒者指养亲、尊亲。孔子说："今之孝者，是谓能养。至于犬马，皆能有养，不敬，何以别乎？"（《论语·为政》）孟子说："孝子之至，莫大乎尊亲。"（《孟子·万章上》）古人对于父母的尽孝，于本诗可见一斑。

寄茶与平甫①

（宋）王安石

碧月团团堕九天②，封题寄与洛中仙③。

石楼试水④宜频啜，金谷看花莫漫煎⑤。

【作者小识】

王安石（1021—1086），字介甫，晚号半山。北宋政治改革家、文学家。抚州临川（今江西抚州）人。庆历进士。嘉祐三年上万言书，提出变法主张。神宗二年任参知政事，行新法，次年拜同中书门下平章事（宰相）。二年罢相，次年再拜，九年再罢相，退居江宁（今江苏南京）半山园。后封荆，世称荆公。其文雄健峭拔，为"唐宋八大家"之一。今存《王临川集》《临川集拾遗》等。

【注释】

①与：给。平甫：作者胞弟安国，字平甫，熙宁进士，历任著作佐郎、秘阁校理等职。

②碧月团团：指龙凤团茶，色如碧玉。团团：圆圆的茶饼一片又一片。堕：降落。九天：指皇宫。王维有诗"九天阊阖开宫殿"，韩愈有诗"一封朝奏九重天"。这句说，龙凤团茶是皇帝降恩赏赐给臣子的。

③"封题"句：诗人把皇上赏赐的茶叶包装好，加上封条，写上地址姓名，寄赠给洛中的仙人。洛中仙：指平甫，因为他也可以分享皇上赏赐的贡茶，简直也可以算是"仙人"了。这是诗人对其弟弟的戏言。

④石楼：在深山中建筑的隐居住所。试水：指饮茶。

⑤金谷：河南洛阳西北金谷园，为晋代石崇所建游乐之地。漫煎：指不注意掌握时间、火候，随便烹煮。

【助读】

作者把皇帝赏赐的龙凤团茶，视同从天而降的珍宝，可以让饮者成仙的灵药。尽管胞弟对自己的变法主张持有异议，但是这并不影响他们之间的手足之情。他要给弟弟分寄一份，让他分享，并且郑重地叮咛：烹煮的时候你即使是在金谷园里赏花，也别忘了掌握火候；饮用的时候，一定要像隐者似的独处楼中静静地、慢慢地小口品味。这首诗生动地表达了诗人在手足之情上的宽广胸襟和对极品贡茶的珍惜。

茶诗

（宋）沈 括

谁把嫩香名雀舌①，定知北客②未曾尝。

不知灵草③天然异，一夜风吹一寸长。

【作者小识】

沈括（1031—1095），字存中，号梦溪丈人。北宋科学家、政治家。杭州钱塘（今浙江杭州）人。嘉祐进士。曾参与王安石变法。历任提举司天监、翰林学士、权三司使等职，并曾出使辽国。在科技领域，他对天文学、数学、物理学、化学、生物学、地质学、医学、军事学等方面均有精深研究，且富有成果。英国科学史家李约瑟评价他为"中国科学史上的坐标""中国科技史上的里程碑。"著作有《梦溪笔谈》《长兴集》《浑天仪》《圩田五说》《营阵法》等多种。其茶学专著《茶论》惜已失传。

【注释】

①嫩香：幼嫩的芳香，指优质茶。名：用作动词：取名、命名。雀舌：形容茶芽幼嫩的黄雀舌头，亦用作茶叶名。

②北客：来自北方的客人。

③灵草：灵异之草，用作茶叶的美称。

【助读】

诗人生于钱塘，一岁时随家南迁福建武夷山、建阳一带，而后曾隐居于尤溪。其青春少年时代均生活于闽越著名茶区，对于名茶嫩香灵异及其生长神速的特点自然十分熟悉，因而在诗中满怀深情地向北方来客进行推介，喻之为雀舌，赞之为灵草。《梦溪笔谈》中下列一段话可视为本诗的散文化叙述："茶芽，谓之雀舌、麦颗，言其至嫩也。今茶之美者，新芽一发，便长寸余，其细如针。惟芽长者为上品，以其质干、土力毕有余故也。北人不识，误为品题，如雀舌、麦颗，极下材耳。"

【宋】吉州窑玳瑁釉碗

次韵曹辅寄壑源试焙新芽①

（宋）苏 轼

仙山灵草湿行云②，洗遍香肌③粉未匀。

明月来投玉川子④，清风吹破武林春⑤。

要知冰雪心肠⑥好，不是膏油⑦首面新。

试作小诗君一笑，从来佳茗似佳人⑧。

【作者小识】

苏轼（1037—1101），字子瞻，号东坡居士。北宋文学家。眉州眉山（今属四川）人。嘉祐进士。神宗时任杭州通判，徙知密、徐、湖三州。因讥讽王安石变法，贬为黄州团练副使。哲宗时任中书舍人，翰林学士、知制诰，出知杭州、颍州，官至礼部尚书。不久又贬惠州、儋州，卒于常州。他学识渊博，才华横溢。与其父洵、弟辙，同属散文"唐宋八大家"。其诗独

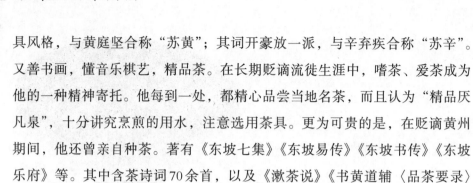

具风格，与黄庭坚合称"苏黄"；其词开豪放一派，与辛弃疾合称"苏辛"。又善书画，懂音乐棋艺，精品茶。在长期贬谪流徙生涯中，嗜茶、爱茶成为他的一种精神寄托。他每到一处，都精心品尝当地名茶，而且认为"精品厌凡泉"，十分讲究烹煎的用水，注意选用茶具。更为可贵的是，在贬谪黄州期间，他还曾亲自种茶。著有《东坡七集》《东坡易传》《东坡书传》《东坡乐府》等。其中含茶诗词70余首，以及《漱茶说》《书黄道辅〈品茶要录〉后》等专论。今四川眉山有"三苏祠"。

【注释】

①次韵：写作旧体诗方法之一，亦称步韵。即依照所和诗的韵及其用韵的先后次序写诗。曹辅：字载德，福建沙县人，元符进士，时任福建路转运使，掌管茶事。壑源：山名，在建州（今福建建瓯）。据《八闽通志·山川》："建安县壑源山，高峙数百，此山之茶为外焙中冠。"系宋代著名的龙凤团茶产地。

②仙山：茶山的美称。灵草：茶芽的美称。湿行云：指高山上的茶芽受到流动的白云的湿润。这句指在云雾蒸腾的高山上，最宜种茶。

③香肌：指茶芽，诗人用拟人化手法把茶芽当作小姑娘。据宋徽宗赵佶《大观茶论》："涤芽惟洁，涤器惟净。"可知茶芽蒸青之前，必须洗涤干净，去除杂味。

④明月：指团茶。玉川子：唐人卢仝的号，他是一位著名的识茶之士，写过一首脍炙人口的茶诗《走笔谢孟谏议寄新茶》。苏轼收到曹辅寄的新茶之后以卢仝自比。

⑤武林：杭州的别称。"清风"是借用卢仝诗意，卢诗写阳羡茶喝到第七碗时"惟觉两腋习习清风生"，飘然欲仙。这句写作者品尝壑源新茶亦有同感，似乎杭州的春意来到了自己的身边。

⑥冰雪：一作"玉雪"。指没加上膏油的茶饼。心肠：指茶叶的内在品质。

⑦膏油：当时一种为茶饼加味的做法，即在茶饼上涂一层膏油。其实这

种做法有损于茶叶的原味，因而苏轼也不赞成。

⑧佳茗：优质茶。佳人：美丽的女子。这句承上，说明美女美在其天生丽质，而不在于过多的妆饰。

【助读】

诗人把朋友曹辅寄赠的壑源新芽誉为"仙山灵草"，以拟人化的描写手法高度赞美其内在品质的优雅，描写既生动形象又含深刻哲理。佳人与佳茗最基本的共同点首先应是天赋的优良的素质，而不是加工粉饰的结果。后人把"从来佳茗似佳人"这一千古名句同诗人所作《饮湖上久晴初雨》中的"欲把西湖比西子"集成一副茶联，用以誉茶，立意巧妙。

月兔茶①

（宋）苏 轼

环非环，玦非玦②，

中有迷离月兔儿③，一似佳人裙上月④。

月圆还缺缺还圆，此月一缺圆何年⑤。

君不见，斗茶君子不忍斗小团⑥，

上有双衔绶带双飞鸾⑦。

【注释】

①月兔茶：即小凤茶，产于四川省原都濡县（今属涪州）的名茶。《黄山谷集》载"有都濡月兔茶"。宋人称之为小团月，因其形态如团月而获名。

②"环非环"二句：月兔茶是一种团茶，中心有个小圆孔，像环又不像

环；它的圆边上没有缺口，当然不像玉玦。环：一种平圆形玉器。中有圆孔，其直径与边宽相等。玦：开了口的玉环。

③"中有"句：从茶饼上可以朦胧地看到月宫中玉兔的身影。迷离：模糊不明、朦胧。按：玉兔是刻在压制茶饼的模具上的，由于小团的面积较小，因而玉兔的形象比较模糊。

④裙上月：指女人挂在裙子上像圆月般的玉器。

⑤"月圆""此月"二句：天上的月亮缺了还会再圆，而这月兔茶饼缺了什么时候再圆呢？它永远不会再圆了。

⑥斗茶：评比茶质优劣的一种竞赛活动。始于五代，盛行于北宋。君子：旧时用称豪门贵族子弟。小团：指小团茶。欧阳修《归田录》："庆历中，蔡君谟为福建路转运使，始造小团，凡二十饼重一斤。"

⑦绶带：古代系在印纽或帷幕上的丝带。鸾：古代神话传说中凤凰一类的神鸟。诗中"双飞鸾"比喻恩爱夫妻。最后两句意为：斗茶人不用小团，是因为捣碾小团烹煮就如同拆散了一对恩爱夫妻，实在于心不忍。

【助读】

苏轼诗词散文中，明月、佳人形象颇多，取喻巧妙，情思绵绵。这首小诗运用参差不齐的句式、形象优美的比喻，揉进美丽的神话传说，融入深刻的生活哲理，最后联系到斗茶习俗以及斗茶人的心理状态。全诗旨在赞赏月兔茶的美好和珍贵，让品茶人从一块小小的茶饼中获得丰富的艺术享受和深刻的哲理启示。

汲江①煎茶

（宋）苏 轼

活水还须活火烹②，自临钓石取深清③。

大瓢贮月归春瓮，小杓分江入夜瓶④。

雪乳已翻煎处脚，松风忽作泻时声⑤。

枯肠未易禁三碗⑥，坐数荒城长短更⑦。

【注释】

①汲江：从江中汲取水。陆羽《茶经·五之煮》关于煎茶："用山水上，江水中，井水下。"

②活水：刚从江中取来的水。胡仔《苕溪丛话》："茶非活水则不能发其鲜馥。"活火：有焰的火、猛火，不同于缓火、文火。唐人有茶须"缓火炙，活火烹"之说，作者在《试院煎茶》中也说："贵从活火试新泉。"使用活水、活火烹煎，较易激发灵芽固有的香味。

③钓石：钓鱼的石台子。深清：江流深处清洁的水。

④"大瓢""小杓"二句：夜里用大瓢舀水，好像把天上的圆月也一齐邀进瓮里；用小杓从澄江深处分出清水舀入瓶中来。瓮：一种口小腹大的陶制容器。杓：舀东西的器具，略作半圆形，有柄。《韩诗外传》卷八："譬犹渴操壶杓，就江海而饮之。"分江：从江中分出清净的水。

⑤"雪乳""松风"二句：茶脚随着雪白的沫饽翻滚，沸腾的声音像山风忽起，松涛澎湃。煎处脚：指翻动的茶脚。蔡襄《茶录》："凡茶汤多茶少则脚散、汤少茶多则脚聚。""雪乳"一作"茶雨"。

⑥"枯肠"句：经过多年流放生活的折腾，今天贫弱的肠胃已经消受不了三碗茶了。卢仝"七碗茶"诗有"三碗搜枯肠，唯有文字五千卷"。此意为老迈之躯，不胜"茶力"，不敢再度激发自己胸中"五千卷"的诗情了。

⑦荒城：荒凉的边城。指儋州。长短更：古代城里夜晚有更夫报时，称"报更"。"更"为计时单位，一夜五更。每更约两小时。更夫敲击梆子，声音有长有短。此句"坐数"一作"坐听"，"荒城"一作"荒村"。

茶诗里的中国韵

【助读】

苏轼这首诗写于哲宗元符三年（1100），被流放儋州（今海南省儋州市）期间。风烛残年，身陷逆境，他依然踏着月色走进大自然，汲取江中清水，继而自烹自饮，感慨万千。首联叙述自己为了煎出好茶，亲自临江汲水。南宋诗人杨万里认为，次句"七字具有五意：水清，一也；深清取清者，二也；石下之水，非有泥土，三也；石乃钓石，非寻常之石，四也；东坡自汲，非遣卒奴，五也"。由此足见诗人炼句之精。颔联描叙夜间月色之美，江水之清，想象奇特。江中有月，瓢中有月，仿佛连同整个圆月也舀进瓮里来了；让小杓伸入较深处舀取清水就好像把江水分开了……诗人的神思多么豪迈。颈联描写烹茶情景，有声有色，瑰丽逼真，可谓爱茶人品尝前奏的艺术享受。尾联抒写品饮的感受：三碗茶后本可诗情奔涌，可是如今已体力不支，不敢多喝，只能以怅然静坐来熬过漫漫长夜了，从而流露出被流放中的苍凉落寞心情。

试院①煎茶

（宋）苏 轼

蟹眼已过鱼眼生②，飕飕欲作松风鸣③。

蒙茸出磨细珠落，眩转绕瓯飞雪轻④。

银瓶泻汤夸第二，未识古人煎水意⑤。

君不见，昔时李生⑥好客手自煎，贵从活火发新泉⑦。

又不见，今时潞公煎茶学西蜀⑧，定州花瓷琢红玉⑨。

我今贫病长苦饥⑩，分无玉碗捧蛾眉⑪。

且学公家⑫作茗饮，砖炉石铫⑬行相随。

不用撑肠拄腹文字五千卷，但愿一瓯常及睡足日高时⑭。

【注释】

①试院：古代科举考试的场所。

②蟹眼鱼眼：烹茶过程中釜面上刚冒出的小水泡，喻称"蟹眼"，而后随着水温升高，冒出的水泡不断增大，喻称"鱼眼"，这就是《茶经·五之煮》说的"一沸"。

③松风鸣：风吹松林的声音。用以形容茶水"二沸"时的状态。此时茶汤必须离火。否则到了"三沸"，釜内"腾波鼓浪"，水已老化，影响茶味。

④"蒙茸""眩转"二句：初生的嫩芽磨过后蓬蓬松松，好比细小的珍珠散落；白如飞雪的沫饽在茶瓯中轻盈地旋转，让人目眩。蒙茸：幼嫩的茶芽。

⑤"银瓶""未识"二句：有人认为以银制瓯来投入茶汤，效果仅次于金制瓯，加以夸耀，其实是不理解古人烹茶的原意。

⑥李生：唐人李约，识茶爱茶，富有烹茶经验，认为"茶须缓火炙，活火煎"，且喜欢亲自烹茶待客。

⑦"贵从"句：重要的是用活火来烹煎活水。

⑧潞公：北宋大臣文彦博，曾任宰相，封潞国公。西蜀：四川，诗中指煎茶法。苏辙《和子瞻煎茶》诗："煎茶旧法出西蜀，水声火候独能谙。"

⑨"定州"句：定州官窑烧制的茶瓯，花卉图案精雕细琢，色红如玉。定州官窑简称"定窑"，在河北省定县。

⑩苦饥：苦于饥寒，生活贫困。

⑪"分无"句：没有缘分享受美女捧来用精美茶瓯盛上的名茶。蛾眉：蚕蛾之须弯曲细长，喻女子长而美的眉毛。今称"美眉"，借代美女。

⑫公家：泛指官府或当官的人。

⑬砖炉：用黏土制成的炉子。铫：一种有柄有嘴的烹器。据作者《次韵周穜惠石铫》诗，这种烹器有用石制的。

⑭"不用""但愿"二句：再也不想为写诗而翻动满腹文章，只希望经常安睡到日上三竿，醒来能够喝上一杯好茶。撑肠拄腹：指肚子里装得满满当当的。常及：经常可以得到。

【助读】

全诗包括三个部分。前四句为第一部分，紧扣诗题，描摹煎茶情景，观察细微，所见所闻生动逼真，宛如瑰丽的画图。中六句为第二部分，评述"银瓶泻汤夸第二"之说。煎茶使用"银瓶"投汤，当然很美，但若过于夸耀，便是曲解了古人的原意。接着以古今两位名

【宋】建窑黑釉兔毫盏

人的典型事例予以指点：唐人李约强调煎茶的奥秘在"贵从活火发新泉"；今人潞公则注重西蜀古法，所用茶具非金非银，而是精美的定州花瓷，重在其艺术鉴赏价值。在诗人丰富的茶学知识面前，那些惯于炫富的庸俗之辈将会哑口无言。最后六句为第三部分，宣示自己在逆境中的生活情趣。诗人长期遭受贬谪，身居边陲之地，贫病交加，学富五车而壮志难酬；但是，爱茶嗜茶痴心不变，豁达高雅的生活情趣不改：每当新的一天到来时，首先喝上一瓯好茶，振奋精神，我行我素，自得其乐。

黄鲁直①以诗馈双井茶，次韵为谢

（宋）苏 轼

江夏无双种奇茗②，汝阴六一夸新书③。

磨成不敢付僮仆④，自看雪汤生玑珠⑤。

列仙之儒瘠不腴⑥，只有病渴同相如⑦。

明年我欲东南去，画舫何妨宿太湖⑧。

【注释】

①黄鲁直：黄庭坚，字鲁直。在宋代文化史上既是大诗人，又是大书法家，与苏轼并称，享有盛名。

②"江夏"句：黄姓聚居地宁州双井出产的名茶，举世无双。江夏：黄姓堂号，汉江夏郡在今湖北省云梦县。奇茗：指双井茶。

③汝阴：汝州。六一：欧阳修晚年自号六一居士，退居汝州写作。新书：指《归田录》。

④"磨成"句：茶饼碾细后不敢交与僮仆，必得亲自烹煮。磨：茶饼捣碎碾成茶末。僮仆：仆人。

⑤雪汤：指烹茶用的雪水。玑珠：比喻茶水将沸时腾起的小泡沫，即烹茶术语"蟹眼"。讲究品茶的人只要茶汤小沸，如大沸则影响茶味。

⑥"列仙"句：可同神仙并列的儒者体多瘦弱，并不健壮。瘠：瘦。腴：肥。

⑦"只有"句：（紧承上句）他们只是像患病的大文学家司马相如一样。渴：指消渴疾，今称糖尿病。

⑧画舫：绘有彩图的小游船。舫：船。太湖：在江苏南部，古称笠泽。

【助读】

黄庭坚为"苏门四学士"之一。元祐二年（1087），师生同在汴京（今河南开封）。苏轼在收到黄庭坚奉送的家乡特产双井茶和诗之后，就写了这首"和"诗，以表谢忱。首联热烈赞美黄氏家乡特产双井茶举世无双，曾经赢得大文豪欧阳修的褒扬。颔联叙写自己碾磨烹煮时小心翼翼，不敢交与僮仆，必得亲自动手，表明其对名茶的珍视。颈联以"列仙云儒"的形象，赞美名茶对儒者祛病健身的功效。尾联由前三联对双井茶的赞赏而驰骋想象：待来年畅游东南，乘上画舫，夜宿太湖，领略南国茶乡的旖旎风光。

调水符①并序

（宋）苏　轼

爱玉女洞②中水，既置两瓶，恐后复取而为使者见绐③，因破竹为契④，使金沙寺僧藏其一，以为往来之信⑤，戏谓之"调水符"。

欺谩⑥久成俗，关市⑦有契⑧。

谁知南山下，取水亦置符。

古人辨淄渑，皎若鹤与凫⑨。

吾今既谢⑩此，但视符有无。

常恐汲水人，智出符之余⑪；

多防竟无及，弃置为长吁⑫。

【注释】

①调水符：取用玉女洞泉水的凭据。符：古代朝廷传达命令或遣将调兵的凭证。双方各执一半，以验真假。

②玉女洞：在江苏宜兴蜀山金沙寺附近，洞内有泉。

③见绐：被欺骗。

④契：契据，凭证。

⑤信：信物，可靠的证据。

⑥欺谩：说假话，诳骗。

⑦关市：关卡和市场交易。

⑧契：写在丝织品上的契约、凭证。

⑨"古人""皎若"二句：古代人辨识淄水和渑水，明白得好像判别鹤和凫一样。淄、渑两水都在山东省，水相同味不同。皓：洁白、光明。凫：野鸭。

⑩谢：逊色，不如。李白《上皇西巡南京歌》："锦江何谢曲江池！"

⑪"智出"句：智力超过以"调水符"作凭据。意为耍小聪明另搞一种造假的花样。

⑫"弃置"句：如果我这办法丢弃不用，就只能感到可悲可叹。

【助读】

苏轼爱茶嗜茶，特别重视茶与水的选择。晚年寓居江苏宜兴时，一定要用阳羡茶和住处十几里外金沙寺附近的玉女洞水。为了防止雇用的汲水人弄虚作假，他便仿照古代朝廷遣将调兵必用兵符的办法，用竹片自制"调水符"，让寺僧智静禅师为他保存一半，另一半自己留着待需要取水时交"汲水人"带到寺里找智静禅师交换。看来苏轼为了品尝名水真是费尽心思了。诗的最后四句说自己担心那个持符的汲水人智力超常，如再耍些造假的花招，那也只能感到无奈，由他去了。

种茶

（宋）苏　轼

松间旅生茶，已与松俱瘦①。

茨棘尚未容，蒙翳争交构②。

天公所遗弃，百岁仍稚幼③。

紫笋④虽不长，孤根乃独寿⑤。

移栽白鹤岭⑥，土软春雨后。

弥旬得连阴，似许晚遂茂⑦。

能忘流转苦，戢戢出鸟味⑧。

未任供舂磨，且可资摘嗅⑨。

千团输太官，百饼炫私斗⑩。

何如此一啜，有味出吾圃⑪。

【注释】

① "松间""已与"二句：松林里一株野生的茶树，由于缺乏沃土的滋养，已经同松树一般清瘦。旅生：不种自生，野生。

② "茨棘""蒙翳"二句：蒺藜和荆棘争相遮蔽、覆盖，似乎都不愿意容纳茶树生长。茨：蒺藜。棘：有芒刺的草木。蒙翳：覆盖。诗中指有匍匐茎，到处攀爬生长的植物。翳：遮蔽。交构：交互结合。

③ "天公""百岁"二句：好像是老天爷有意嫌弃，不让它正常地生长。百岁：极言树龄长久。稚幼：喻形体矮小。

④紫笋：唐代贡茶，享有盛名。这里指野生茶芽。

⑤孤根：形容由于受挤压，树根较少。独寿：特别长寿。

⑥白鹤岭：又名白鹤峰，在广东惠阳北龙江之滨。哲宗绍圣年间苏轼贬谪惠州时居此。

⑦ "弥旬""似许"二句：移栽一旬连续阴天，好像老天爷允许它长得茂盛。弥旬：满十天。晚：以后。

⑧戢戢（jí）：密集貌。味：鸟嘴。

⑨ "未任""且作"二句：刚移植的茶树长芽不多，还够不上放进臼磨

加工，姑且可以提供鉴赏的芳味。资：提供。

⑩ "千团" "百饼" 二句：大量的团茶运送京都纳贡，也有许多茶饼供给达官贵人斗茶炫耀。太官：古代管皇帝饮食的官员。炫：炫耀、矜夸。"千团" "百饼" 都是形容数量多。

⑪ "何如" "有味" 二句：也来到我这里啜上几口怎么样？品尝一番我在园圃里移植的野生茶的风味吧。圃：园圃。

【助读】

苏轼作为中国文化史上一颗灿烂的星辰，北宋政坛上历尽艰险的正直官宦，永远值得后人景仰。这首描述他亲自移植一株老茶树让其焕发青春的诗篇，蕴含着深沉的哲思。

封建时代，"劳心者治人，劳力者治于人" 是一条金科玉律。知识阶层多是 "四体不勤，五谷不分"。可是，苏轼却既能劳其心，亦愿劳其力。他在元丰六年（1083）被贬黄州时，曾在当地开垦一片数十亩的荒地，渐渐地爱上这块命名为 "东坡" 的去处，并自号 "东坡居士"。其《东坡》诗云："雨洗东坡月色清，示人行尽野人行。莫嫌荦确坡头路，自爱铿然曳杖行。" 绍圣初他再度遭贬，在其《迁居诗引》中写道："吾绍圣元年十月二日至惠州，寓合江楼……三年四月二十日复迁嘉祐寺，时方卜筑白鹤峰之上，庶几安乎？" 仕途的坎坷并没有磨损他 "独善其身" 的意志，他依然保持着对体力劳动的兴致，并以诗歌的形式抒写感受，阐发理趣。《种茶》可分三个部分。第一部分写自己在深山老林中发现一株 "天公所遗弃" 的野生老茶树，它长期遭受周围 "茨棘" 的挤压、欺凌，以至于 "百岁仍稚幼"，无法正常生长，可是它依然是那么顽强地抗争着活下去，"孤根乃独寿"。第二部分写自己发现老茶树后，把它移植到白鹤岭———一个较好的自然环境中去，果然让它很快地恢复青春，长得枝叶繁茂，"戢戢出鸟味"，长出美丽的茶芽来了。第三部分以自豪的语调抒写收获的感受。尽管头番收获的茶芽数量不多，同 "千团" "百饼" 无可攀比，但是这毕竟是自己的劳动成果，别有风味。

　　这首诗在描述一株野生茶树的命运中，多处运用拟人化的修辞手法，融进本人大半生的坎坷经历，同时也融进对于救助社会生活中被侮辱被损害者的善心与扶持美好事物成长壮大的高尚情趣，展示自己身处逆境不慕荣利的宽广胸襟。读者可以从中获得丰富的启示。

　　唐宋种茶，习惯以茶籽点种。苏轼在其《向大冶长老乞桃花茶栽东坡》诗中就写道："不令寸地闲，更乞茶子艺。"当时人们普遍认为茶树不能移植，因而流行以茶为媒，以茶为女儿命名，喻其忠贞，不嫁二夫。苏轼这首《种茶》诗，以活生生的实践成果，否定了传统习俗，开了茶树移植的先河，亦可谓为破除迷信的一大创举，具有重大的茶学价值。

【宋】建窑乌金釉兔毫盏

记梦回文二首并序

（宋）苏　轼

　　十二月二十五日，大雪始晴，梦人以雪水烹小团茶①，使美人歌以饮。余梦中为作回文诗②，觉③而记其一句云"乱点余花唾碧衫"，意用飞燕故事也④。乃续之为二绝句云。

（一）

　　酡颜玉碗捧纤纤，乱点余花唾碧衫⑤。

　　歌咽水云凝静院⑥，梦惊松雪落空岩⑦。

（二）

空花落尽酒倾缸⑧，日上山融雪涨江⑨。

红焙浅瓯新火活⑩，龙团小碾斗晴窗⑪。

【注释】

①小团茶：建州产的极品贡茶小龙团。茶饼上印有龙图案。

②回文诗：一种旧诗体。诗人利用汉语词序、词义、语法十分灵活的特点，构成一种独特的修辞方式进行创作。《记梦回文》属"通体回文"诗。以第一首为例，回文可读作："岩空落雪松惊梦，院静凝云水咽歌。衫碧唾花余点乱，纤纤捧碗玉颜酡。"

③觉：睡醒。

④飞燕故事：飞燕，即汉成帝宠妃赵飞燕。此指其"唾花"故事。传说有二。其一为飞燕曾口含鲜花吐在昂贵的碧衫之上。其二为有一回飞燕误将唾沫吐在身旁的一位妃嫔衣袖上，后者说："姊唾染人绀袖，正如石上华（花）。"

⑤"酡颜""乱点"二句：一名歌女醉颜绯红，柔美的双手捧着白玉般的茶碗，身上的衣袖红斑点点，宛如春花，不禁让人想起"飞燕唾花"的往事。酡：饮酒后脸色绯红。纤纤：柔美貌。

⑥"歌咽"句：歌声消歇，院子里弥漫着云气水气，一片寂静。咽：阻塞。声音因阻塞而低沉。诗中指歌声停止。

⑦"梦惊"句：屋外大雪洒落山崖、松林的声音，把我从梦中惊醒过来。

⑧"空花"句：雪停了，酒也被人们喝光了。空花：指雪花空自飘落。

⑨"日上"句：太阳升起来，山上的积雪渐渐消融；雪水流淌，让江水漫起来。

⑩"红焙"句：用红泥小炉烹煎，用活火加温，用小巧的杯子斟茶。浅

瓯：小茶杯。

⑪ "龙团" 句：值此雪后初晴，正好用精致的茶碾来研磨龙团茶饼，到豁亮的窗前来玩 "斗茶"。

【助读】

诗人爱茶、嗜茶，连梦里都在品尝着极品贡茶小龙团，还有感而赋诗，而且是具有高度语言艺术的回文诗，简直是陶醉在茶的世界里了。

从全诗所描述的情景看来，梦境是一个冬雪之夜，诗人与友人在某个场所清享。那里有美酒、有靓女、有清歌、有名茶，特别是能分享到只有皇上才能拥有的小龙团极品贡茶，甚至还可能趁此机会用小龙团来玩一番 "斗茶"，此景此情，是多么美好。有几个人才能享有？对于一生仕途坎坷的诗人来说，是偶曾经历，或者仅仅是一场梦幻而已？对此，我们不得而知；但是诗人对于茶的酷爱是可以肯定的。

次韵周穜惠石铫①
（宋）苏　轼

铜腥铁涩不宜泉②，爱此苍然③深且宽。

蟹眼④翻波汤已作，龙头拒火柄犹寒⑤。

姜新盐少茶初熟⑥，水渍云蒸藓未干⑦。

自古函牛多折足⑧，要知无脚是轻安⑨。

【注释】

①周穜：字仁熟，泰州（今属江苏）人。熙宁进士。官至权起居舍人。苏轼的朋友。石铫：石制睥小烹器。惠：赠予。

②"铜腥"句：用铜、铁制造的器具煮出的茶有腥、涩味。泉：指用泉水烹茶。

③苍然：指石铫外部的青黑颜色。

④蟹眼：一沸为"蟹眼"。指水初开时冒出的小泡泡，状如蟹眼。

⑤"龙头"句：柄上雕刻有龙头的石铫传热慢，茶汤开始沸了，它还是冷的。

⑥"姜新"句：当时北方一些地方有烹茶时加入姜盐等作为佐料的习俗。参阅苏辙《和子瞻煎茶》诗："北方俚人茗饮无不有，盐酪椒姜夸满口。"

⑦"水渍"句：烹茶时蒸气往上冒，铫外水渍未干，像是附着藓类。

⑧函牛：能够容纳一头牛的大鼎，谓"函牛之鼎"。折足：鼎足折断。

⑨轻安：稍安，比较安全。

【助读】

全诗叙写石铫这种简朴的烹茶器具赢得诗人喜爱的几大好处。首先是用它烹煎的茶汤不存在铜铁的腥涩味；其次是铫柄传热慢，不会烫手；再次是体积小，负荷有限，比较安全。结尾二句意味深长："函牛"大鼎器型巨大，多因其不堪重负而"折足"，成为废物；而石铫小器，本就无脚，自然用不着担心"折足"，因而有较多的安全感。诗人通过两者对比，阐发了一个深刻的哲理：世间万物，未必总是大的好，小的不好，往往小有小的好处。

和子瞻①煎茶

（宋）苏 辙

年来病懒百不堪②，未废饮食求芳甘③。

煎茶旧法出西蜀，水声火候尤能谙④。

相传煎茶只煎水，茶性仍存偏有味。

君不见闽中茶品天下高，倾身事茶不知劳⑤。

又不见北方俚人茗饮无不有，盐酪椒姜夸满口⑥。

我今倦游思故乡，不学南方与北方。

铜铛得火蚯蚓叫，匙脚旋转秋萤光⑦。

何时茅檐归去炙背读文字，遣儿折取枯竹女煎汤⑧。

【作者小识】

苏辙（1039—1112），字子由。号颍滨遗老。北宋文学家。眉州眉山（今属四川）人。嘉祐进士。哲宗时官至尚书右丞、门下侍郎。徽宗时辞官。文学上为"唐宋八大家"之一，与父洵、兄轼合称"三苏"。平生爱茶。对煎茶尤有研究。著有《栾城集》《春秋集解》《诗集传》等。

【注释】

①子瞻：作者长兄苏轼，字子瞻。

②病懒：因病而生懒。百不堪：对许多事情都不能胜任。

③芳甘：又香又甜的食品。指茶叶。

④ "煎茶""水声"二句：煎茶旧法来自四川西部，特别注重两个要领：看火候和听水声。谙：熟知。

⑤ "君不见""倾身"二句：您没看到吧，福建武夷山一带的茶叶品质当是全国最好的了，茶农们倾尽全力经营茶园，不辞辛劳。天下：指全中国。

⑥ "又不见""盐酪"二句：也没见过吧，北方民间煎茶的花样无奇不有，煎茶要加进精盐、奶酪、花椒、生姜，认为这样茶味丰富，满口夸赞。

⑦ "铜铛""匙脚"二句：铜锅烧到茶汤发出蚯蚓叫一般细微的声音，这时茶匙搅动茶汤会发出秋夜萤火似的闪光。铜铛：煮茶用的平底锅。

⑧ "何时""遣儿"二句：盼望着什么时候回到自己家乡的茅屋里去，一边烹茶，一边读书，叫男孩子去折取枯竹，让女孩子去烧水煎茶。炙背：指烤茶时掌握好火候。欧阳修诗《尝新茶呈梅圣俞》："猛火炙背如虾蟆。"说的就是把茶叶烤得当中凸起像虾蟆状。陆羽《茶经》中也说这样的茶叶品质最佳。

【助读】

这首写给兄长的"和"诗，抒情夹带着叙事。诗人感到自己"年来病懒"却依然爱茶嗜茶。今天读者从中可以看到唐宋时期的三种煎茶方法，一是西蜀法，"煎茶只煎水"，特别注重掌握火候；二是北方法，加入"盐酪椒姜"不同佐料；

【宋】酱釉盏托

三是作者自己从实践中总结的方法，"铜铛得火蚯蚓叫，匙脚旋转秋萤光"，即不但听声，而且察色。最后表明自己向往的退隐生活，就是在宁静的茅舍里品茗、读书。

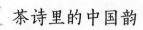

双井茶送子瞻①

（宋）黄庭坚

人间风月不到处，天上玉堂森宝书②。

想见东坡旧居士③，挥毫百斛泻明珠④。

我家江南摘云腴，落硙霏霏雪不如⑤。

为君唤起黄州梦⑦，独载扁舟向五湖⑧。

【作者小识】

黄庭坚（1045—1105），字鲁直，自号山谷道人，晚号涪翁。洪州分宁（今江西修水）人。治平进士。哲宗时以校书郎为《神宗实录》检讨官，迁著作佐郎。后因修史"多诬"遭贬。早年以诗文受知于苏轼，与张耒、晁补之、秦观并称为"苏门四学士"。与苏轼齐名，世称"苏黄"。诗以杜甫为宗，有"夺胎换骨""点铁成金"之论，奇崛瘦硬，开创"江西诗派"，又能词。书法擅行、草，与苏轼、米芾、蔡襄并称为"宋四家"。诗有《山谷集》《山谷琴趣外编》，书法有《松风阁诗》《廉颇蔺相如列传》等。

【注释】

①双井茶：宋代名茶。子瞻：苏轼，字子瞻。

②玉堂：古代官署名，汉侍中有玉堂署，宋代翰林院也称玉堂。森宝书：宝贵的典籍极多。森：众多貌。

③"想见"句：想起当年贬谪黄州的东坡居士。东坡：原为湖北黄冈的一块荒地，苏轼遭贬期间把它开垦起来种植茶果，并筑室居住，自号东坡

居士。

④"挥毫"句：形容苏轼文思敏捷，提起笔来，诗文如明珠倾泻。斛：古代量器。十斗为一斛。

⑤"我家""落硙"二句：我的家乡江西双井可以采得大自然精华滋养的肥美茶叶；石磨碾制的茶末纷纷飘落，比雪花还要白。云腴：产于高山的肥美茶叶。腴：肥美。落硙：把茶叶放进石磨碾碎。硙：石磨。霏霏：雨雪纷飞状。

⑥黄州梦：北宋元丰六年（1083）苏轼被贬任黄州团练副使，由于政治上失意，生活萧散，在其《临江仙》词中吐露过"小舟从此逝，江海寄余生"的退隐心绪。

⑦扁舟：小木船。五湖：太湖。

【助读】

北宋哲宗元祐二年（1087），黄庭坚在京任职时把自己家乡的特产双井茶寄赠给在翰林院的好友苏轼，并附上这首意味深长的诗。首联描写苏轼的工作环境：风吹日晒不到，宝书层叠如山，是值得文人学者艳羡的好去处。颔联写苏轼离开流放地黄州前后两种截然不同的处境。以前作为罪臣弃置黄州，垦地劳作，自号"东坡居士"，独善其身，自感"寄蜉蝣于天地，渺沧海之一粟"（《前赤壁赋》）。如今这些也许都已成为旧时境遇旧时情了。今天官居翰林学士，专管朝廷机要，起草诏令，健笔凌云，文思诗情宛如明珠奔泻，聪明才智尽可兼济天下。"挥毫百斛泻明珠"句概括苏轼的文学才华，极为生动传神。颈联描写自己家乡茶叶的精美，扣紧诗题，引发爱茶人苏轼的茶兴。尾联点出本篇题意，即送茶主旨：规劝朋友品饮名茶之后，提神清脑，在风云变幻的政治环境中，记住"东坡旧居士"，重新唤回"黄州梦"——像春秋时代辅佐过越王勾践的范蠡那样，功成身退，"乘轻舟以浮于五湖"（《国语·越语》）。苏轼在黄州时写的《临江仙》词中，也表达过同样的意愿："小舟从此逝，江海寄余生。"黄庭坚借赠茶赠诗对苏轼进行的规劝，实是挚友净言。苏轼收到茶和诗后，作为回应，即写《黄鲁直以诗馈双井茶，次韵为谢》："明年我欲东南去，画舫何妨宿太湖。"

【阮郎归】茶词①

（宋）黄庭坚

黔中桃李可寻芳②，摘茶人自忙。

月团犀胯③斗圆方，研膏入焙香④。

青箬裹⑤，绛纱囊⑥，品高闻外江⑦。

酒阑传碗舞红裳⑧，都濡春味长⑨。

【注释】

①阮郎归：词牌名。

②黔中：唐开元间置黔中道。辖境包括湖北清江流域、重庆黔江流域、贵州西部大部分与东北一部分地区，治所黔州即今重庆市彭水县。寻芳：到野外游览，欣赏春天的美景。

③月团：圆月形茶饼，即团茶。犀胯：即銙茶，形同犀牛角制成的带胯般的茶。"胯"同"銙"，古人附于腰带上的扣板。

④"研膏"句：制作研膏的茶焙充溢着香味。

⑤青箬裹：使用青色的箬竹叶包裹。古人认为用箬竹叶包裹茶叶可以长期保持香味。

⑥绛纱囊：焙制过的茶叶再用红色的纱布作为外包装，以示珍贵。绛：红。欧阳修《归田录》："自景祐以后，洪州双井白芽渐盛，近岁制作尤精，囊以红纱。"

⑦"品高"句：质量上乘，名扬江南。外江：亦称江外，指长江以南各

地。品：茶叶质量。

⑧"酒阑"句：酒醉后人们便大碗饮茶，观赏舞蹈。盌："碗"的异体字，词中指茶碗。

⑨都濡：唐代置县，在黔中境内。春味长：充满春天的生活气息。

【助读】

这首诗告诉我们：在宋代我国西南地区生产的高品位团茶，美味浓郁；而且引进外地名茶的时尚包装技术，十分珍贵，名扬江南，赢得了市场。

次韵谢李安上惠茶

（宋）秦 观

故人早岁佩飞霞①，故遣长须致茗芽②。

寒橐遽收诸品玉③，午瓯初试一团花④。

著书懒复追鸿渐，辨水犹能效易牙⑤。

从此道山春困少，黄书剩校两三家⑥。

【作者小识】

秦观（1049—1100），字少游，一字太虚，号淮海居士。扬州高邮（今属江苏）人。元丰进士。哲宗元祐间，历官太常博士、秘书省正字兼国史院编修。因政治上倾向旧党，绍圣后累遭贬谪。文辞为苏轼所赏识，为"苏门四学士"之一。工诗词，多写男女恋情与自己被放逐的悲苦，风格委婉含蓄，艺术性很高，为北宋词坛婉约派正宗。有《淮海集》《淮海居士长短句》。

茶诗里的中国韵

【注释】

①"故人"句：老朋友李安上早年在仕途上就已经春风得意。佩飞霞：身上佩戴着刻有飞霞的玉佩，意谓获任官职。

②长须：长胡须，指代家中的老仆人。致：送达。茗芽：高级茶叶。

③"寒橐"句：贫寒之家的空袋子里骤然间装进许多名茶。橐：袋子。遽：急，骤然。诸品玉：许多贵如宝玉般的茶叶。

④一团花：形容茶汤中流动的沫饽美丽如花。

⑤"著书""辨水"二句：我懒得追随唐人陆羽续撰《茶经》；我却能仿效古人易牙辨别水质的优劣。效：仿效。易牙：春秋战国时期齐桓公宠臣，善于辨水调味。《吕氏春秋》："淄渑之水合，易牙尝而知之。"

⑥"从此""黄书"二句：从此我在春天里将少有困倦，校勘书籍的效率将会大大提高。道山：儒林、文苑。此为诗人自指。黄卷：古人以黄檗染纸印成的书可防虫蛀。此指书籍。剩：多。校：校勘。两三家：指两三家的著作。

【助读】

诗人收到老朋友李安上派老仆人专程送来的上好茶叶，顿感寒橐进宝，蓬荜生辉，随即烹煮初试，并且充满自信地说，自己虽然不会追随茶圣陆羽续写《茶经》，但是辨水的能力紧步春秋战国名人易牙的后尘，还是可以的。待品饮过后，深感友人赠送的茗芽的神妙：它将让自己在春天里减除困倦，振奋精神，大大提高校勘作品的效率。尽管诗中没有一个"谢"字，但是处处扣紧诗题"谢"字，字里行间渗透着对于老朋友的敬仰和谢忱。

饮修仁茶①

（宋）孙 觌

烟云吐长崖，风雨暗古县②。

竹舆赪两肩③，弛担息微倦④。

茗饮初一尝，老父有芹献⑤。

幽姿绝妩媚，著齿得瞑眩⑥。

昏昏嗜睡翁，唤起风洒面⑦。

亦有不平心，尽从毛孔散⑧。

【作者小识】

孙觌（1081—1169），字仲益，常州晋陵（今江苏常州）人。大观进士。官至吏部、户部尚书，提举鸿庆宫。后归隐太湖之滨。有《鸿庆集》。

【注释】

①修仁茶：产于今广西壮族自治区荔浦县修仁山。据宋人周去非《岭外代答》："静江府修仁县产茶，土人制为方銙。方二寸许而差厚，有'供神仙'三字者上也……煮而饮之，其色惨黑，其味严重，能愈头风。"

②"烟云""风雨"二句：山崖上飘荡着云雾，古老的县城笼罩在烟雨之中。

③"竹舆"句：竹制的轿子压红了轿夫的双肩。舆：轿。赪：赤色。

④弛担：放下轿子。担：指竹轿。息：歇息。

⑤"茗饮""老父"二句：刚想要饮茶解渴，一位老人就诚心地送上一

碗修仁茶汤。老父：旧时对男人老者的尊称。芹献也作"献芹"，表示所赠送物品粗劣微薄，用作谦辞。诗中指山村老者对诗人的诚心奉献。

⑥"幽姿""著齿"二句：茶汤宛如绝色佳丽，姿态优雅，妩媚动人；刚触及牙齿就让人头昏目眩。著：着。著齿，即触及牙齿。瞑眩：头晕目眩。

⑦"昏昏""唤起"二句：头昏嗜睡的老人，饮用后会有清风拂面的快感，精神抖擞。

⑧"亦有""尽从"二句：化用唐卢仝《走笔谢孟谏议寄新茶》诗"四碗发轻汗，平生不平事，尽向毛孔散"，渲染修仁茶的神奇功效。

【助读】

这首诗前六句描写修仁茶区的自然风光。广西境内群山环绕，云雾蒸腾；诗人坐轿来访，攀崖绕壁，让轿夫累得肩红气喘。刚要停下喝茶解渴，就有老人热诚地送上当地茶汤。后六句热烈赞美修仁茶的外表、品质与神功。"幽姿绝妩媚"，以绝色佳人形容其外貌，让人联想到古代美女西施浣纱越溪的形象。接下去从"著齿"之

【宋】赣州窑酱釉乳钉罐

后的一系列强烈感受，尽情渲染其内质之美，功效之奇：它不但让饮者立竿见影般解除困乏，而且如古人卢仝所写，可以让精神境界进一步升华——妙哉，修仁茶。

汤戏①

（宋）僧福全

生成盏里水丹青②，巧画工夫学不成。

却笑当时陆鸿渐③，煎茶赢得好名声。

【作者小识】

僧福全（生卒年不详）。《清异录》记述沙门福全能注汤幻茶，成诗一句，并点四碗，泛乎汤表。檀越日造门求观其汤戏。由此可知，他是当时"汤戏"或谓"分茶""茶百戏"的高手。

【注释】

①汤戏：据宋陶谷《清异录》载："茶自唐始盛，近世有下汤运匕，别施妙诀，使茶纹水脉成物象者，禽兽虫鱼花草之属，纤巧如画，但须臾就散灭。此茶之变也，时人谓之茶百戏。"

②丹青：中国古代绘画常用朱红、青色，因称画为丹青。"水丹青"即指茶水形成的各种画面。

③陆鸿渐：指陆羽。

【助读】

汤戏，或谓"分茶""茶百戏"，今已失传。但据史载，它流行于宋代。当时，上至帝王下至平民百姓都把它作为一种品茶艺术活动。由本诗可知这种汤戏艺术在当时就已达到相当的高度。它应是中国茶道史上的一个亮点。这首诗前两句自述本人搞汤戏身怀绝技，其"巧画"水平常人不可企及；后两句认为史上茶圣陆羽的好名声仅是煎茶而已，而自己搞的"汤戏"比之更胜一筹。"却笑"表明其颇为自负。可他没有认识到，世界上任何事物都有一个不断发展、不断完善的过程。人们对茶叶的认识和使用也是如此。

【鹧鸪天】寒日萧萧上锁窗①

（宋）李清照

寒日萧萧上锁窗②。梧桐应恨夜来霜。酒阑更喜团茶苦③，梦断偏宜瑞脑香④。

秋已尽，日犹长。仲宣⑤怀远更凄凉。不如随分尊前醉⑥，莫负东篱菊蕊黄⑦。

【作者小识】

李清照（1084—1155），南宋著名女词人，号易安居士，山东济南人。十八岁嫁金石考据家赵明诚，夫妇雅好辞章，常相唱和。金兵攻破汴京后，流寓南方，夫君去世，境遇凄怆。其词前期多写闺情相思，热爱生活，格调明快；后期多写国破家亡之后的悲愁，沉哀入骨，词情凄黯。她是宋代词坛上婉约派的代表作家。著有《漱玉词》等，今人辑有《李清照集》。

在中国茶文化史上，李清照堪称"茶令"的积极践行者。据《中国风俗辞典》载：在宋代茶令流行于江南地区。饮茶时以一人为令官，饮者皆听其号令。令官推出难题，要求对方解答，以茶为赏罚。李清照在为夫君赵明诚所著《金石录》写的"后序"中，记述了她同夫君品茶行令以助学问的趣事。他们在青州（今山东省益都县）"归来堂"家中论学时，她曾突发奇想，仿效时人行酒令的做法，试行一种以测验对方经史知识为主的茶令，来测试赵明诚。如，李先说出某一个典故，然后指着成堆的典籍让赵说出在哪一部书的第几卷、第几页，以是否回答准确决定胜负，胜者饮茶。他们夫妻如此共同勉励，终成名家。

【注释】

①鹧鸪天：词牌名。

②萧萧：象声词，常用于形容风声、雨声、草木摇落声。词中用于形容深秋的日光，渲染自然景色凄怆悲凉。锁窗：封闭的窗户。

③酒阑：酒喝尽了，醉了。团茶：极品贡茶龙团、凤饼。

④梦断：梦境中断，即醒后。瑞脑：一种名贵香料，俗称冰片。

⑤仲宣：汉末文学家王粲，字仲宣，曾作《登楼赋》，抒发其飘零异地思念故乡之情。这句以古喻今，以王粲喻自己的悲凉情怀。

⑥随分：随便。尊：同"樽"，盛酒器，泛指杯盏。

⑦"莫负"句：不要辜负了类似陶渊明那种"采菊东篱下，悠然见南山"赏菊怡情的雅兴。

【助读】

作者将写景、叙事、怀古三者有机地结合起来，抒发晚年国破家亡流落江南不得还乡的悲凉情怀。她希望以酒浇愁，但酒喝多了也解不了愁，又反过来求助于茶，以茶解酒。一个"喜"字表达了她对建州产团茶的无比喜爱，希望以团茶的"苦"（浓酽）味让自己振奋精神。这样既饮酒，又品茶，像李白和陶渊明那样，或面对美酒名茶，或走进大自然，去寻求精神解脱。

初识茶花

（宋）陈与义

伊轧篮舆不受催①，湖南②秋色更佳哉。

青裙玉面③初相识，九月茶花满路开。

茶诗里的中国韵

【作者小识】

陈与义（1090—1139），字去非，号简斋，洛阳（今属河南）人。政和三年登上舍甲科，官至参知政事（宰相）。其诗出于江西派，祖杜甫，宗苏轼、黄庭坚，自成一家。南渡后诗风悲壮苍凉。有《简斋集》。

【注释】

①"伊轧"句：竹轿子一路上伊轧伊轧地响着，缓慢地行进。伊轧：象声词。篮舆：竹轿。

②湖南：指当时湖南境内某个地区。

③青裙玉面：青裙比喻青翠的茶树叶片，玉面比喻洁白如玉的茶花。

【助读】

茶树一般在春季抽芽长叶，秋季开花结籽。它的白色小花并不引起人们注目，描写它的诗篇很少。这首"初识茶花"写得十分别致。其一，湖南秋色美好，值得描摹渲染的自然景物很多，而诗人仅以"更佳哉"一语概括之，而把视点集中在自己"初识"的茶花上。其二，比拟巧妙：以描写青春少女的词儿"青裙""玉面"比喻青翠的茶树叶片和白灿灿的茶花，色彩鲜明，形象秀丽，赋予丰富的美感。其三，"满路开"一语道出当地处处植茶的盛况，语言精粹，让读者展开丰富的想象。

建安雪①

（宋）陆 游

建溪官茶天下绝②，香味欲全须小雪③。

雪飞一片茶不忧，何况蔽空如舞鸥④。

银瓶铜碾春风里，不枉年来行万里⑤。

从渠荔子腴玉肤，自古难兼熊掌鱼⑥。

【作者小识】

陆游（1125—1209），字务观，号放翁，越州山阴（今浙江绍兴）人，南宋著名爱国诗人。绍兴中应礼部试，为秦桧所黜。孝宗即位，赐进士出身。历任宁德主簿，镇江、隆兴通判，福建、江西提举常平茶盐公事等职。官至宝章阁待制。晚年退居家乡山阴。

陆游一生与茶结缘。其家乡山阴自古即为著名茶乡，所产"日铸茶"（又称"日注"）为宋代草茶中绝品。自幼耳濡目染，让他爱茶成习。之后他出仕、流徙之地，如福建、四川、江苏也多是茶乡，让他遍尝壑源春、建溪茶、蒙山茶、紫笋茶等等。特别是履职茶官十载，感受尤深。他还喜好亲自烹煎，乐于"分茶"游艺，以慰藉仕途蹭蹬报国无门的悲愤心灵。在其传世的9000余首诗歌中，茶诗约有300余首，是传世茶诗最多的作家。在《八十三吟》中写道："桑苎家风君勿笑，他年犹得作茶神。"以同族先贤陆羽自比。纵观其一生，茶缘深矣。

陆游著作甚丰，有《渭南文集》《剑南诗稿》《渭南词》《老学庵笔记》等。

【注释】

①建安雪：指建州（今福建建瓯）产的白茶与龙团胜雪。两种都是宋代极品贡茶。宋徽宗赵佶《大观茶论·白茶》："白茶自为一种，与常茶不同。其条敷阐，其叶莹薄，崖石之间，偶然生成。"其焙制要求极为严格。又据熊蕃《宣和北苑贡茶录》："惟白茶与胜雪，自惊蛰前兴役，浃日乃成，飞骑疾驰，不出中春，已至京师，号为'头纲'。"

②建溪：在建州境内，流经武夷山麓。官茶：朝廷设官监制专供御用的

茶叶，即贡茶。绝：精妙绝伦，极品。

③小雪：贡茶龙团胜雪有大、小两种。小龙团胜雪面上饰有小龙蜿蜒其上，叫"小雪"。《建安府志》称："其色如乳，其味腴而美。"

④"雪飞""何况"二句：意思是茶树在大雪纷飞中毫不示弱，依然茁壮发芽。舞鸥：形容雪花飞舞景象，如群鸥飞舞。

⑤"银瓶""不枉"二句：在春风和暖的日子里，能够到建溪去品尝使用精美的铜碾和银瓶加工烹煮的极品贡茶，即使是行程一万里也是值得的。不枉：不冤枉。

⑥"从渠""自古"二句：从它那里（指建溪）还可以品尝到让人肌肤洁白丰腴的荔枝，古人那种"鱼与熊掌二者不可得兼"的说法不管用了。渠：作代词他、它之用。

【助读】

这首诗前四句描述建安茶树不畏严寒，在雪花纷飞中傲然生长吐绿，因而制成的小团贡茶芳香馥郁。后四句叙写来到福建既可以品尝建安官茶又可以吃上荔枝的幸运，好比"鱼与熊掌"二者居然可以兼得，真是不枉万里之行了。

【宋】吉州窑黑釉碗

喜得建茶①

（宋）陆　游

玉食何由到草莱②，重奁初喜圻封开③。

雪霏庾岭红丝硙④，乳泛闽溪绿地材⑤。

舌本常留甘尽日⑥，鼻端无复鼾如雷⑦。

故应不负朋游意⑧，手挈风炉⑨竹下来。

【注释】

①建茶：建州出产的名茶。诗中指极品贡茶。

②玉食：美味佳肴。指建茶。草莱：田野。比喻民间，平民百姓。

③重奁：重重加封的木匣。奁：原指女子放置梳妆用品的漆匣。坼封：开封。坼：裂开、拆开。

④"雪霏"句：在大雪纷飞的日子，用庾岭的红丝碾子把茶饼磨细。庾岭：即大庾岭，又名梅岭。在江西大余、广东交界处，所产红丝纹石十分珍贵，可作砚台、茶碾。碾：石磨，即茶碾。

⑤"乳泛"句：茶汤泛起的沫饽，美如白乳，这是建溪茶的特色。闽溪：即闽江，也用称其上游建溪。绿地：指茶园。

⑥"舌本"句：口里一整天都留着甘甜的滋味。舌本：舌根。甘：甜味。

⑦"鼻端"句：鼻孔里不再发出如雷一般的鼾声。指饮茶之后，提振精神，睡意全消。鼻端：鼻尖。

⑧朋游：朋友。游：交游。

⑨挈：提，携。风炉：茶炉。

【助读】

建茶本是皇帝和达官贵人享用的珍品，诗人作为地方官自认为类同平民百姓，无缘品味。特别是作为一个茶迷，对它向往已久。今天偶获些许，自然喜出望外，马上拿出精美的红丝纹茶碾，即烹即饮，居然尽日舌本留甘，齿颊添香，精神抖擞，睡意全消。于是马上呼朋唤友，提起风炉到清幽的竹林里去，一同烹煎品尝。通篇贯穿一个"喜"字，喜气洋洋。

试茶①

（宋）陆 游

苍爪初惊鹰脱鞲②，得汤已见玉华浮③。

睡魔何止避三舍④，欢伯⑤直知输一筹。

日铸⑥焙香怀旧隐，谷帘试水忆西游⑦。

银瓶铜碾俱官样，恨欠纤纤为捧瓯⑧。

【注释】

①试茶：新茶制成后首次品尝。

②苍爪：状如苍鹰爪般的幼嫩茶芽。鞲（gōu）：臂套。古代养鹰的猎人让鹰停在臂套上。这句形容幼嫩的茶芽已经采下。

③玉华浮：茶汤上飘浮的沫饽像白玉雕琢的花朵。"华"同"花"。

④避三舍：春秋时行军三十里为一舍，三舍即九十里。《左传·僖公二十三年》："晋楚治兵，遇于中原，其辟君三舍。"说在晋、楚城濮之战中，晋文公遵守以前的诺言，主动地先退兵"三舍"。

⑤欢伯：酒的别称。汉代焦延寿《易林·坎之兑》："酒为欢伯，除忧来乐。"谓酒会给人带来乐趣。

⑥日铸：日铸茶。产于浙江绍兴日铸岭，为宋代名茶。

⑦谷帘：指庐山康王谷的泉水。西游：指曾经去过的家乡绍兴以西的地方。这里指江西庐山。

⑧"银瓶""恨欠"二句：烹茶的器具都极为精美，可惜我心中永恒的情影——蕙仙的纤纤素手再也不能为我捧起茶瓯了。诗人怀念的人是前妻唐

琬，字蕙仙。

【助读】

这首诗前四句描写所试的新茶汤色鲜美，茶功神妙，远胜美酒。诗人以夸张手法运用"避三舍"的典故渲染新茶威力，形象鲜明。饮茶之后睡意全消，精神大振，思绪绵绵。紧接着后四句抒写对往事的回忆：从昔日西游，以"天下第一泉"谷帘泉烹茶，直到当年爱妻唐琬的丰姿情影……美好的回忆，深情的怀念，心潮澎湃，"恨欠纤纤"，不能自已。

戏书燕几①二首（选一）

（宋）陆 游

平生万事付天公，白首山林不厌穷②。

一枕鸟声残梦里，半窗花影独吟中③。

柴荆日晚犹深闭④，烟火年来只仅通⑤。

水品⑥茶经常在手，前身疑是竟陵翁⑦。

【注释】

①燕几：闲时用于倚靠休憩的小几。

②"平生""白首"二句：一生的一切都听天由命，年老隐居山林也不埋怨贫穷。付天公：交给老天爷摆布。穷：贫苦、不得志。厌：厌恶，引申为埋怨。

③"一枕""半窗"二句：林间的鸟声吵断了梦境，便对着窗外的花影独自吟诗。

④"紫荆"句：用荆条和木块做成的简陋屋门，从早到晚都关闭着。这句意为深居陋舍，不同外界往来。

⑤"烟火"句：烧火煮饭的活计，近年来也颇学得一些。通：通晓。

⑥水品：指唐人张又新托陆羽和刘伯刍之名撰写的《煎茶水记》（即《水经》）。这本书把陆羽推上了"泉神"的宝座。

⑦竟陵翁：指陆羽。陆羽系唐代复州竟陵（今湖北省天门市）人，自号竟陵子。后人尊称他为"竟陵翁"。

【助读】

这首诗叙写诗人晚年退居山阴老家品茗吟诗悠闲独处的生活与思想状况，意蕴深刻。首尾二联尤其耐人寻味。首联的"穷"字，不仅指物质生活清苦，而更为重要的是指精神上的受压抑状态。诗人一生

【宋】建窑黑釉兔毫盏

忧国忧民，切盼宋室发愤图强，兴兵北伐，收复中原；但在投降派的再三阻挠下他屡遭排挤、贬斥，壮志难酬，晚年只得退居家乡，从山水田园、品茶吟诗中寻求慰藉。所谓"不厌"，实属无奈。尾联"疑是"一语值得深入品味。诗人由于嗜茶，十分崇拜"茶圣"陆羽，以陆氏后裔为荣，经常研读《水经》《茶经》，在许多诗作中写到诸如"水品茶经手自携"（《雨晴》）、"琴谱从僧借，茶经与客论"（《书况》）等等。他酷好烹茶、品茶、吟茶，特别是晚年常把思想、生活、创作与茶紧紧地联结在一起，因而怀疑自己可能就是先人陆羽的化身，希望自己他年也能成为"茶神"。

【渔家傲】寄仲高①

（宋）陆 游

东望山阴②何处是。往来一万三千里③。写得家书空满纸。流清泪。书回已是明年事。

寄语红桥④桥下水。扁舟何日寻兄弟⑤。行遍天涯真老矣。愁无寐⑥。鬓丝几缕茶烟里⑦。

【注释】

①渔家傲：词牌名。仲高：陆游的堂兄陆升之，字仲高。古人称呼对方多用字、号，不直用其名，表示尊重。

②山阴：陆游故乡。今浙江绍兴。

③一万三千里：时陆游身在四川成都，此指从成都到山阴两地来回的里程。

④红桥：即山阴西郊的虹桥。

⑤"扁舟"句：我哪一天能够在虹桥下驾一叶扁舟来拜见您呢？扁舟：小船。

⑥愁无寐：因胸中忧愁而失眠。

⑦"鬓丝"句：在茶汤的烟雾中频添白发。

【助读】

这首词上阕抒写对遥远的故乡和家人的深沉思念。家书即使写得满纸也只是空想一场，禁不住清泪沾衣。下阕抒写对堂兄仲高的殷切怀念，倾诉自己已进老境，壮志难酬，只能终日在茶烟中消磨时光平添白发。字里行间透露出对南宋小朝廷苟安一隅，不图抗金复国的强烈愤慨。

啜茶示儿辈①

（宋）陆　游

围坐团栾且勿哗②，饭后共举此瓯③茶。

粗知道义死无憾④，已迫耄期生有涯⑤。

小圃花光⑥还满眼，高城漏鼓不停挝⑦。

闲人一笑真当勉⑧，小榼何妨问酒家。

【注释】

①啜：喝，吃。示：训示、教诲。

②团栾：团聚。唐杜荀鹤《乱后山中作》："兄弟团栾乐，羁旅远近归。"哗：喧哗。

③瓯：指茶碗或茶杯。

④"粗知"句：我这辈子基本上理解并践行儒家的道德和义理，也可以说死而无憾了。

⑤耄期：泛指高龄。《礼记·曲礼上》："八十九十曰耄""百年曰期颐"。涯：极限。

⑥圃：园圃。花光：鲜花的丽色。

⑦高城：高耸的城楼。漏鼓：古代报时的鼓声。漏指漏壶，古代计时器。《说文》："漏，以铜受水，刻节，昼夜百刻。"即以所刻符号指示时辰。夜里更夫据此击鼓报时，并以鼓为计时单位，一鼓、二鼓即一更、二更。

抶：击、敲。

⑧ "闲人""小檋"二句：意思是：即使有些闲人讥笑你们的短处，也要把它当作勉励；即使是遇上小的疑难，也要不耻下问。"小檋""酒家"均用作比喻。檋：古代盛酒或贮水用具。唐杜甫《羌村三首》："倾檋浊复清"。

【助读】

这是诗人垂暮之年以饭后茶会的形式，以自身的道德修养为典范对儿女进行儒家传统家风教育的一首优秀诗篇。首联叙写茶会时间、地点、气氛。用语"团栾""勿哗""共举"表明场面庄重而和谐。颔联重在讲述自己今生遵照孔夫子"朝闻道，夕死可矣"的圣训，努力践行儒家的道义准则，如今年届耄耋，死而无憾。颈联训示后辈珍惜自己的青春岁月，奋发进取，莫让年华付水流。尾联训示后辈对待生活、学习要永远保持谦逊，运用比喻，说理形象生动，让晚辈易于接受。

八十三吟①

（宋）陆 游

石帆山下白头人②，八十三年见草春③。

自爱安闲忘寂寞，天将强健报清贫④。

枯桐已爨宁求识⑤，敝帚当捐却自珍⑥。

桑苎家风君勿笑，他年犹得作茶神⑦。

【注释】

①八十三吟：写这首诗时作者已83岁。吟：吟哦，泛指咏颂某种事物。

也用作诗体名称。

②石帆山：在浙江绍兴境内。白头人：老者，诗人自称。

③八十三年：也有版本作"八十三回"。见草春：看见春草发青。

④"天将"句：老天爷让我身躯强健，以回报我平生的寂寞和清贫。报：报答，回报。诗中也可理解为同情。

⑤"枯桐"句：珍琴的尾部已被烧焦，难道还求人赏识？这句作者运用一个典故，"枯桐"出自《后汉书·蔡邕传》："吴人有烧桐以爨者，邕闻火烈之声，知其良木，因请而裁为琴，果有美音，而尾犹焦，故时人名曰焦尾琴焉。"后有人据此称琴为"枯桐"或"焦桐"。诗人以此比喻自己虽为一代才俊，但如今已年届耄耋，与世无求了。爨：烧火做饭。

⑥"敝帚"句：紧承上句，意为即使自己像一把该扔掉的破扫帚，也还值得珍惜。

⑦"桑苎""他年"二句：我决计继承茶圣陆羽的家风，识茶爱茶，请您别见笑；未来岁月，我还会称得上"茶神"呢。桑苎：陆羽自号桑苎翁。

【助读】

前四句写自己八十三年来安于清贫寂寞，如今身体依然强健，当是老天爷让好人获得好报吧。字里行间透露着以豁达的胸襟来看待社会的不公平。后四句先以"焦尾琴"的典故和"敝帚自珍"的成语表明高度的自信和壮志难酬的怨愤；再以继承茶圣家风的雄心，抒写对于美好未来的期盼。

夔州竹枝歌① （九首选一）

（宋）范成大

白头老媪簪红花②，黑头女娘三髻丫③。

背上儿眠④上山去，采桑已闲当采茶。

【作者小识】

范成大（1126—1193），字致能，号石湖居士。苏州吴县（今属江苏）人。绍兴进士。历任处州知府、四川制置使，参知政事（宰相）等职。曾使金，不畏强暴，差点被杀。晚年退居故乡石湖。诗歌以善写田园著称。与尤袤、杨万里、陆游并称"南宋四大家"。有《石湖居士诗集》《石湖词》等。

【注释】

①夔州：在今四川省奉节县境内。竹枝：乐府《近代曲》名。本为巴渝一带民歌。唐刘禹锡任夔州刺史时根据民歌改作新词，歌咏三峡风光和男女恋情，抒写个人感受。历代仿效者甚众，形式均为七言绝句，语言通俗，音调轻快。

②老媪：老太太。簪：插定发髻的长针，用作动词"插上"。

③三髻丫：头上梳着三个丫型发髻。

④儿眠：睡着的小孩。

【助读】

这首竹枝歌像一幅夔州农村妇女春天劳动生活的速写。采桑过后又忙着采茶，女性几乎全体出动：白发老媪、青年妇女，甚至有背着婴孩的，成群结队地上山，不但充分地表现了她们吃苦耐劳的精神，而且展示了当地茶叶生产的繁荣状况。画面色彩有白、黑、红，当然还有绿油油的茶园，绚丽鲜明，充满农村生活的气息。

春日田园杂兴十二绝（其三）

（宋）范成大

蝴蝶双双入菜花①，日长无客到田家。

鸡飞过篱犬吠窦②，知有行商③来买茶。

【注释】

①菜花——指油菜花。

②窦——洞，指狗洞。

③行商——上山下乡采购茶叶的生意人。

【助读】

首句写景，点明时令。蝴蝶在油菜花中穿行乃晚春景象。次句"日长无客"，以静写动，让人联想此时农村一派繁忙景象，男女老少全都上山下田搞生产去了。第三句写农舍环境，鸡飞狗叫，充满生活气息，预示客人将到。最后点出收购春茶的商人。"知有"判断用得极妙，因为农忙季节绝对不会有闲人串门。

【宋】黑釉兔毫盏

送陆务观赴七闽提举常平茶事① （三首选一）

（宋）周必大

暮年桑苎毁茶经，应为征行不到闽②。

今有云孙持使节③，好因贡焙祀茶人④。

【作者小识】

周必大（1126—1204），字子充，又字洪道，自号平园老叟。吉州庐陵（今江西吉安）人。绍兴进士。历官权给事中、中书舍人、左丞相，封益国公。其著作后人汇编为《益国周文忠公全集》。

【注释】

①陆务观：陆游，字务观。七闽：古指今福建和浙江南部地区。提举：宋以后主管专门事务的职官。常平：使物价稳定之意。茶事：与茶业有关的事务。全诗三首，本诗为第一首。

②"暮年""应为"二句：茶圣陆羽晚年写下《毁茶论》，大概是他没有到过福建品尝那里的名茶吧。陆羽晚年自号桑苎翁。其"毁茶经"事见《封氏见闻证·饮茶》：唐时御史大夫李季卿巡视江南时曾召见陆羽，不以礼相待，陆氏十分愤怒，随即撰写《毁茶论》。"应为"是猜度的意思。征行：远行。

③云孙：八代之后的孙辈，这里泛指陆游为陆羽后代。持使节：官员所持的符信。这里指陆羽手持赴闽任职的文书。

④贡焙：焙制贡茶。祀：祭祀。茶人：指茶圣陆羽。

【助读】

这首诗通过抒写友人陆游被委任赴闽提举常平茶事的欣喜之情，对茶圣陆羽生前未能远行福建了解茶情，而在特定的情况下写作《毁茶论》深表惋惜，进而突出了福建茶的重要地位。

入直召对选德殿赐茶而退①

（宋）周必大

绿槐夹道集昏鸦，敕使传宣②坐赐茶。

归到玉堂清不寐③，月钩初上紫薇花④。

【注释】

①入直召对：封建时代臣子应召进宫回答皇帝的提问。退：返回家中。

②敕使：皇帝派遣的使者。宣：指宣示皇帝的旨意。

③玉堂：翰林学士院的代称。诗中借指诗人住处。清：头脑清醒，指赐茶后的精神亢奋状态。

④紫薇花：唐玄宗开元元年改中书省为紫薇省。诗人时为中书令（宰相），以紫薇花代称自己住处，即上句所写"玉堂"。

【助读】

在宋代，皇帝向臣子赐茶已形成一种制度，有一定的规范。从有关记述看大体有三种形式：一为宴席赐茶；二为殿试赐茶；三为慰问赐茶。周必大这首诗写的属于慰问赐茶。《宋史·礼志》载："中兴仍旧制，凡宰相、枢密、执政、使相、节度、外国使见辞及来朝，皆赐宴内殿或都亭驿，或赐茶酒并如仪。"由此可见，宋室南渡后仍然遵照北宋的旧制度给臣下赐茶或酒。

这首诗一、二句扣紧题旨，叙写宫中自然环境和"人直召对"后荣获皇上赐茶的嘉奖，可见皇上对他的陈述是十分满意的。三、四句叙写"退"而回府后的所见所感。这时精神上处于亢奋状态，徘徊院中，望见作为象征自己宰相之职的紫薇花，更让他浮想联翩，夜不成眠了。

以六一泉煮双井茶①

（宋）杨万里

鹰爪新茶蟹眼汤②，松风鸣雪兔毫霜③。

细参④六一泉中味，故有涪翁句子香⑤。

日铸建溪当退舍，落霞秋水梦还乡⑥。

何时归上滕王阁⑦，自看风炉自煮尝⑧。

【作者小识】

杨万里（1127—1216），字廷秀，号诚斋。南宋著名诗人。吉州吉水（今属江西）人。绍兴进士。历任太常博士、太子侍读、秘书监等职。主张抗金，正直敢言，遭奸佞谗害而辞官。诗与陆游齐名，为"南宋四大家"之一。平生作诗二万余首，传世仅其中一部分。亦能文、词。有《诚斋集》。

诗人爱茶、嗜茶。在长期的生活实践中，把读书、做人和饮茶三者紧密地联系起来。辞官回乡后，心情郁闷，更把饮茶作为一种精神慰藉。在《习斋论语讲义》中写道："《诗》曰：'谁谓荼（"荼"即"茶"）苦，其甘如荠。'吾取以为读书之法焉。"他认为读书要体会"味外之味"，就如同饮茶一样，从苦中寻求甘甜。他还在诗中写道"故人风骨茶样清，故人风骨茶样明"，赞美茶汤清澈、茶韵淡雅，并视之为做人的楷模。这些见解对于后人应是有益的启示。

【注释】

①六一泉：在浙江杭州西湖近处孤山后岩。宋元祐间，苏轼任杭州知府时，僧人惠勤掘地得泉，轼谓其水"白而甘"。时适逢欧阳修去世，轼与惠勤为纪念其恩师乃以其号名之。欧阳修号"六一居士"，自称拥有"著述一千卷，藏书一万册，酒一壶，棋一局，琴一张及自身六一居士"。今流泉尚在，上盖有半亭护之。双井茶：产于江西洪州。

②鹰爪：形容双井茶其芽纤细，弯曲，类同苍鹰之爪。也用作茶名，产于蜀州。蟹眼：形容茶汤沸腾时水泡状如蟹的眼珠。

③松风鸣雪：茶叶煮到沸腾时烹器内发出风掠松林般的响声，茶汤面上呈现雪一般的白沫饽。兔毫霜：指宋代建窑烧制的精美茶具兔毫盏。

④细参：仔细品酌、体味。

⑤涪翁：黄庭坚曾被贬为涪州别驾，自号涪翁。句子香：黄庭坚为江西诗派宗祖，精于茶道，曾赋诗盛赞其家乡洪州特产双井茶。

⑥"日铸""落霞"二句：即使是日铸、建溪两种名茶，同双井茶相较，也要退避三舍；在秋高气爽的季节我在梦中回到自己美丽的家乡。退舍：成语"退避三舍"之意。"落霞秋水"语出唐王勃《滕王阁序》："落霞与孤鹜齐飞，秋水共长天一色。"诗中用以描写梦中还乡所见美景。诗人家乡在赣江流经地吉水县城西部。

⑦滕王阁：在江西省南昌市。唐代滕王元婴于永徽三年都督洪州任内所建，以其封号名之。1300多年来屡毁屡建，前后达29次之多，可谓历尽沧桑，1983年重建。它同昆明大观楼、湖南岳阳楼、武汉黄鹤楼合称为江南四大名楼。

⑧风炉：煮茶器具。

【助读】

明代学者许次纾在其《茶疏》中说到茶与水的关系时，指出："精茗蕴香，借水而发；无水不可论茶也。"杨万里这首诗写以好水（六一泉）烹煮好茶（双井茶），两者相得益彰，感受深切。首联从视觉与听觉上描写其美的享受。颔联写水，从"细参"中联想到诗人黄庭坚吟咏双井茶的杰作。颈联写茶，以日铸、建溪两种名茶与双井茶作比，运用高度夸张的手法，盛赞双井茶的优越，并由此写到自己梦中回乡所见的美景。尾联畅想自己有朝一日登上名楼滕王阁，欣赏故乡旖旎风光，亲自烹煮品味家乡的特产——双井茶。写得情深意切，十分感人。

康王谷水帘①（节录）

（宋）朱　熹

飞泉②天上来，一落散不收。

披崖日璀璨，喷壑风飕飗③。

追薪爨绝品④，瀹茗浇穷愁⑤。

敬酹古陆子⑥，何年复来游。

[作者小识]

朱熹（1130—1200），字元晦，号晦庵，晚号晦翁，别称紫阳，著名理学家。徽州婺源（今属江西）人。生于福建尤溪。绍兴进士。曾任提举浙东茶盐公事。历知漳州、秘阁修撰等职。主张抗金。长期寓居福建武夷山一带，并在建阳、古田等地设立考亭、蓝田等书院讲学。著作宏富，为北宋以来理学集大成者。著有《四书章句集注》《周易本义》《楚辞集注》《诗集传》等。

朱熹从小生活在福建茶乡，爱茶、嗜茶。曾写《劝农文》，提倡广种茶树，发展茶业，而且身体力行，在建阳芦峰北岭开辟茶园，取名"茶坂"，亲自植茶、制茶、烹茶、吟茶。今"武夷名枞"之一"文公茶"即由他所植茶树繁衍而成；"武夷精舍"十二景之一的茶灶石上留着他的题字"茶灶"。更为可贵的是，作为理学家他以茶穷理，将茶性与中庸的道德标准联系在一起、把品茶与做学问联系一起教育后人。

【注释】

①康王谷水帘：即江西庐山康王谷之谷帘泉。唐张又新在《煎茶水记》（即《水经》）中评其为"天下第一"。它发源于汉阳峰顶，水流为岩石阻滞，激扬喷涌，散作无数细流，远望宛如珠帘；宽约七丈余，高达三百五十余丈，形成高悬于深谷危崖之上的巨大瀑布，为庐山一大奇景。全诗16句，此处选8句。

②飞泉：指瀑布。

③"披崖""喷壑"二句：飞泉向岩壁散开，在阳光照耀下光辉灿烂；从深谷中喷射，迸发出狂风似的声响。璀璨：光辉灿烂。壑：坑谷、深沟，指康王谷。飕飀：风声，诗中指瀑布发出的巨大声响。

④追薪：拾取用作燃料的柴草。爨：烧火煮饭，诗中指煮茶。

⑤瀹茗：煮茶。浇穷愁：慰藉贫苦烦愁的心情。

⑥古陆子：古代茶圣陆羽。

【助读】

茶圣陆羽在论及煮茶用水时指出："用山水上，江水中，井水下。"（《茶经·五之煮》）谷帘泉（即康王谷水）既为《水经》列为"天下第一"，自然极为珍贵。这里选的前四句描摹康王谷水帘奇景，雄伟壮观，用语夸张，形象瑰丽。后四句叙写自己在水帘前烹茶——取天下第一的好水来烹煮"绝品"灵芽，以慰藉自己，进而联想到古代茶圣陆羽的业绩，敬意油然而生，并且希望今后能够重来领略这里的好山好水好风光。

春谷

（宋）朱 熹

武夷高处是蓬莱①，采得灵根②手自栽。

地僻芳菲镇③长在，谷寒蜂蝶未全来。

红裳④似欲留人醉，锦幛⑤何妨为客开。

咀⑥罢醒心何处所，远山重叠翠成堆。

【注释】

①蓬莱：古代传说中东海神山之一，为神仙所居。《史记·秦始皇本纪》："齐人徐巿等上书言：海上有三神山，名曰蓬莱、方丈、瀛洲。"

②灵根：茶苗的雅称。

③镇：安定、长久。

④红裳：借代山上采茶的女人。

⑤锦幛：华丽的绣幛。形容笼罩在高山上的七彩晨雾。

⑥咀：细嚼，含味。

【助读】

前六句描叙在武夷山高处茶园劳作所见，融进仙人植茶的美丽传说。这里山高地僻谷寒云雾多的独特自然环境，适宜岩茶生长，芳菲长在。采茶女们身披七彩晨雾，辛勤劳作，形象优美，令人迷醉。最后两句抒写品茶之后所感，以写景作结。暗用唐人卢仝《走笔谢孟谏议寄新茶》诗意，说喝后神清气爽，眼前的远山美景，宛若海上蓬莱仙山。照应首句，显得结构紧密。

茶灶石①

（宋）朱　熹

仙翁遗②石灶，宛③在水中央。

饮罢方舟④去，茶烟袅⑤细香。

【注释】

①茶灶石：在武夷山五曲溪中。现为"武夷精舍"十二景之一。石上留有诗人书迹"茶灶"。

②遗：遗留。

③宛：宛然，好像。

④方舟：两船相并，看去似一方形。

⑤袅：形容茶烟缭绕上升状态。

【助读】

诗人在游览武夷山途中，偶尔看到溪流中有一块石头形同茶灶，便展开丰富的想象：它也许是古时仙人遗留下来的茶灶吧，仙人喝过茶坐上船离去了，可是茶灶上的烟还在徐徐地升腾，飘散着茶香呢。诗人丰富的想象，源于对武夷山茶世界的满腔深情。

【宋】德化碗坪仑窑白釉盏

【定风波①】暮春漫兴

（宋）辛弃疾

少日春怀似酒浓。插花走马醉千钟②。老去逢春如病酒③。唯有。茶瓯香篆小帘栊④。

卷尽残花风未定。休恨。花开元自要春风⑤。试问春归谁得见。飞燕。来时相遇夕阳中。

【作者小识】

辛弃疾（1140—1207），字幼安，号稼轩。济南历城（今属山东）人。南宋抗金志士，著名爱国词人。历官江西、湖南、湖北、福建、浙江安抚使等职，颇有政绩。淳熙八年（1181）正值盛年却被迫落职，退居江西上饶等地闲居二十余年，一生坚持抗金，但在投降派压制下壮志难酬。词与苏轼齐名，风格豪放，世称"苏辛"。现存词620余首。有《稼轩长短句》。

【注释】

①定风波：词牌名。

②"少日""插花"二句：少年时代春天里游兴比酒还浓——骑马奔驰，头插鲜花，喝下千杯美酒，醉又何妨。钟：古代容器名，即圆形壶，用以盛酒。"千钟"可译作"千杯"，属夸张说法。

③病酒：因喝酒过量而生病，或感觉难受。

④"茶瓯"句：承上"唯有"，意为老来终日只能在小房间里同茶盏、香篆做伴。香篆：形似篆文的印香。栊：窗户。小帘栊：垂着小窗帘的房

间，斗室，适于闻香品茗。

⑤"花开"句：春花开放本来就是凭借着春风的威力。元：原来。

【助读】

这首词上阕以"少日"和"老去"的精神状态做强烈对比。"少日"是追忆，"老去"是现实。同是逢春，一似"酒浓"，一如"病酒"，少时可以"插花走马醉千钟"，而今只能关在斗室里与茶瓯、香篆结伴了。"唯有"二字突出表明喝茶已成为作者老年生活不可或缺的需要。下阕从"小帘栊"所见，描写与议论结合：花开花落都要凭借春风的威力，暮春时节，春将"归"去，但当它同归来的燕子相遇时又会说些什么呢？

谢徐玑惠茶①

（宋）徐　照

建山惟上贡②，采撷极艰辛。

不拟分奇品③，遥将寄野人④。

角开秋月满，香入井泉新⑤。

静室无来客，碑粘陆羽真⑥。

【作者小识】

徐照（？—1211），字道晖，一字灵晖，号山民。永嘉（今浙江省永嘉县）人。终生未仕，有诗名，嗜茶，著有《芳兰轩集》。

【注释】

①徐玑：南宋诗人。原籍福建晋江，后移居浙江永嘉。历官建安主簿、龙溪丞、长泰令等。

②"建山"句：建州凤凰山北苑制造的名茶，只供纳贡之用。撷：摘取。

③"不拟"句：没有猜想到，我居然也能分享到顶级的贡茶。奇品，指珍贵的北苑贡茶。

④野人：山野俚俗的人。作者谦称。

⑤"角开""香人"二句：拆开包装袋的一角，看到圆如中秋满月的茶饼，用清泉烹煮，芳香四溢。

⑥"静室""碑粘"二句：这时幽静的室内并无来客，我虔诚地把茶圣陆羽的画像粘贴在一座碑上。真：写真，即画像。

【助读】

诗人获得同乡友人寄来的贡茶，首先想到的是"采撷极艰辛"，难能可贵。作为一个终生未仕的诗人，竟然能够分享到价比黄金的北苑贡茶，自然喜出望外。在向友人致谢之时，他虔诚地把茶圣陆羽的画像粘贴在碑上，其爱茶敬圣之情，可谓炽热。

西山①

（宋）刘克庄

绝顶遥知有隐君②，餐芝种术鹿为群③。

多应④午灶茶烟起，山下看来是白云。

茶诗里的中国韵

【作者小识】

刘克庄（1187—1269），南宋诗人。字潜夫，号后村居士，莆田（今福建省莆田市）人。嘉定二年以荫入仕，淳熙六年特赐同进士出身。历任建阳知县、建宁知府、福建路转运使。官至工部尚书兼侍读，以龙图阁学士致仕。其诗学辛弃疾、陆游，为南宋后期著名的爱国诗人，是成就最大的辛派词人。有《后村先生大全集》。

【注释】

①西山：据《八闽通志》，西山在南安县西，"与佛迹、灵秀诸山相连属"，"有佛刹十六区，为郡郊胜概"。

②隐君：隐士。有才学不愿做官而隐居山林的人。

③"餐芝"句：食用灵芝草，种植山蓟，同山上的野鹿交朋友。形容隐士的生活情趣高雅。芝：灵芝，具有益精气、强筋骨功能，古人以为瑞草，亦可供观赏。术：即山蓟，分白术、苍术，入药可健脾益气。鹿：性温顺，与人友善。

④多应：大多是，该是。

【助读】

这首诗旨在描叙西山隐者生活情趣的高雅与悠闲。隐者"餐芝种术"，与鹿为伴，实际上更是以茶为伴。从"多应"两字的猜度，可以看出隐者的生活缺不了茶。

茶歌（节录）

（宋）白玉蟾

柳眼偷看梅花飞①，百花头上东风吹。

壑源春到不知时②，霹雳一声惊晓枝。

枝头未敢展枪旗，吐玉缀金先献奇③。

萑舌含春不解语，只有晓露晨烟知。

带露和烟摘归去，蒸来细捣几千杵④。

捏作月团三百片，火候调匀文与武⑤。

碾边飞絮卷玉尘，磨下落珠散金缕。

首山黄铜铸小铛⑥，活火新泉自烹煮。

蟹眼已没鱼眼浮，飕飕松声送风雨。

定州⑦红玉琢花瓷，瑞雪⑧满瓯浮白乳。

绿云入口生香风，满口兰芷香无穷⑨。

两腋飕飕毛窍通，洗尽枯肠万事空。

君不见，孟谏议，送茶惊起卢仝睡⑩。

又不见，白居易，馈茶唤醒禹锡醉⑪。

【作者小识】

白玉蟾（1194—？），南宋著名道士。原名葛长庚，祖籍福建省闽清县，生于琼州（今属海南省）。后为白氏继子，故称白玉蟾。字如晦，又字白叟，号海琼子、海南翁、武夷散人。出家后，长期隐居武夷山，潜心著述，传播丹道。嘉定间，应召入京说法，深得皇帝嘉许，馆太乙宫。一日不知所往。诏封紫清真人。著有《道德宝章》《上清集》《武夷集》等。精于书法，善篆、隶、草，有石刻存惠州西湖玄妙观。

【注释】

①"柳眼"句：借林逋著名的咏梅诗《山园小梅》"霜禽欲下先偷眼"诗意，写春天到来，柳叶生长，冬梅渐凋。

②壑源：山名，在建州（今福建省建瓯市），宋代著名贡茶龙凤团茶产地。

③"枝头""吐玉"二句：大意是，茶树上新的叶片还未展开，人们就把珍贵的幼芽摘下来制作贡品了。

④"蒸来"句：茶芽蒸过后再用杵捣烂。杵：捣物的棒槌。"几千杵"意为反复捣，使之变烂，以便压成茶饼。

⑤"火候"句：茶饼压出后要放在火上烤干。所用的火或"文"或"武"，即微火或旺火，一定要掌握好。

⑥"首山"句：使用首山产高品位黄铜铸成的茶炉。首山：首阳山的简称。传说商代末年孤竹君的儿子伯夷、叔齐因不食周粟隐居于此，最后饿死。后人常用首山比喻高士隐居之地。

⑦定州：今河北省定州市，宋代著名的瓷器产地。定州瓷窑俗称"定窑"，北宋后期一度烧制宫廷贡品。除乳白色外，还生产黑、酱、绿釉瓷器。

⑧瑞雪：指茶瓯中的白色沫饽，美如雪花。

⑨"绿云""满口"二句：碧绿色的茶汤啜进口里，齿颊生香，像玉兰、像白芷，芳香无尽。

⑩"君不见""送茶"二句：参阅卢仝诗《走笔谢孟谏议送新茶》注。

⑪"又不见""馈茶"二句：参阅刘禹锡诗《酬乐天闲卧见寄》注。

【助读】

这是一首宋代建安精制的贡品龙凤团茶的优美赞歌。诗人长期隐居武夷山，对那里的大自然和社会生活感受尤深。全诗48句，本篇节录前28句，可分四个层次。第一层写采茶（开头8句）：春到壑源，茶农赶在日出之前上山采摘幼芽。第二层写制茶（"带露"以下4句）：茶芽经过精细加工，制成"龙团""凤饼"。第三层写煮茶（"碾边"以下8句）：整个过程所用茶炉、泉水、火候、茶杯都极讲究，眼观、耳闻都极认真，既是劳作又是艺术欣赏。四、写品茶（"绿云"以下8句）：从入口闻香到"两腋清风"，乃至"洗尽枯肠万事空"，犹如进入神仙境界，并以唐人卢仝、刘禹锡的生动事例强化爱茶人此时的兴奋心情。后面未录的20句叙写陆羽创作《茶经》等一系列有关爱茶人的故事。

【南宋】影青釉执壶

扬子江心第一泉①

（宋）文天祥

扬子江心第一泉，南金来此铸文渊②。

男儿斩却楼兰③首，闲品茶经拜羽仙④。

【作者小识】

文天祥（1236—1283），字宋瑞，一字履善，号文山。吉州庐陵（今江西吉安）人。宝祐进士第一（状元）。历知瑞、赣等州。德祐元年（1275）元兵东下，他在赣州组织义军，入卫临安。次年任右丞相，出使元军议和，被扣留。后脱逃至温州。景炎二年（1277）进兵江西，收复州县多处。不久败退广东。次年在五坡岭（今广东海丰北）被俘，拒绝诱降。次年送至大都（今北京），囚禁三年，屡经威逼利诱，坚贞不屈，编《指南录》，作《正气歌》，大义凛然。终被杀害。有《文山先生全集》。

【注释】

①扬子江：长江。江心第一泉：镇江金山中泠泉。《金山志》载："中泠

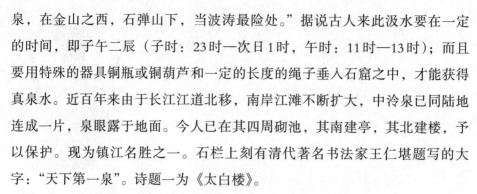

泉,在金山之西,石弹山下,当波涛最险处。"据说古人来此汲水要在一定的时间,即子午二辰(子时:23时—次日1时,午时:11时—13时);而且要用特殊的器具铜瓶或铜葫芦和一定的长度的绳子垂入石窟之中,才能获得真泉水。近百年来由于长江江道北移,南岸江滩不断扩大,中泠泉已同陆地连成一片,泉眼露于地面。今人已在其四周砌池,其南建亭,其北建楼,予以保护。现为镇江名胜之一。石栏上刻有清代著名书法家王仁堪题写的大字:"天下第一泉"。诗题一为《太白楼》。

②"南金"句:南宋朝廷来到这里后应当把取之于民的财富用来保护和发展中华文化遗产。铸文渊:取夏禹收九州之金铸造九座大鼎象征九州,以期政权永固,传世千秋。宋室于1127年南迁杭州,临近镇江。这句说的是诗人对于南宋朝廷的期望。

③楼兰:汉代西域国名,在今新疆鄯善县东南,地当汉通西域要冲,汉昭帝时楼兰王与匈奴沟通,汉使经此常被杀害,于是大将军霍光派人用计斩杀了楼兰国王。后人常借此典故表示愿意身赴绝域,为国立功。如李白《塞下曲其一》写道:"愿将腰下剑,直下斩楼兰。"文天祥面对元军入侵,决心奋勇抵抗,斩杀敌方首领,亦借此典故,表达其作为一名爱国将领的壮志雄心。

④"闲品"句:将来有了悠闲时光,我会再来这里评说陆羽的《茶经》,品味中泠泉烹煎的清茶。

【助读】

一、二句写面对祖国大好河山第一名泉,首先想到的是维护国家的长治久安。三、四句写热血男儿志在奋勇御侮,斩杀敌方首领;争取将来在太平的日子里再来这里评经品茶。全诗气势磅礴,慷慨激昂,字里行间流溢着崇高的爱国之情。

【步月】茉莉①

（宋）施 岳

玉宇薰风②，宝阶③明月，翠丛万点晴雪④。炼霜不就，散广寒霏屑⑤。采珠蓓⑥、绿萼露滋⑦，嗔银艳、小莲冰洁⑧。花痕在，纤指嫩痕⑨，素英重结⑩。

枝头香未绝，还是过中秋，丹桂时节⑪。醉乡冷境，怕翻成消歇。⑫玩芳味、春焙旋薰⑬，贮秾韵、水沈频爇⑭。堪怜处，输与夜凉睡蝶⑮。

【作者小识】

施岳，生卒不详。字仲山，号梅川，吴（今江苏苏州）人。南宋词人，精于律吕。其词无专集，周密辑《绝妙好词》存6首。

【注释】

①步月：词牌名。茉莉：常绿攀缘灌木。夏季开花最盛，秋季也开花，白色，常用以熏制花茶或提取芳香油。

②玉宇：明净的天空。也指传说中的神仙住所或华丽宏伟的宫殿。薰风：东南风，和风，也指香风。词中指茉莉花随风飘散的香味。

③宝阶：华美的台阶。

④"翠丛"句：茉莉花开，绿叶丛丛，白花点点，犹如飘散在晴空中的白雪。

⑤"炼霜""散广寒"二句：到了秋天，它依然不停地开花，远远望去

犹如霜花飘洒在广寒宫里。广寒：月宫。

⑥珠蓓：形容茉莉花的蓓蕾美如珍珠。

⑦绿萼：绿色的花萼。露滋：露水滋润。

⑧"嗔银艳""小莲"二句：茉莉盛开后如同白银一般光艳，好比小朵莲花似的冰清玉洁。嗔：怒。词中指茉莉花盛开。《绝妙好词》编者周密原注："此篇小莲冰洁之句状茉莉最佳。"

⑨纤指嫩痕：花树上留着采花女们的指痕。

⑩素英重结：白色的蓓蕾再次生成。

⑪丹桂时节：指秋天。丹桂：一种在秋天里盛开红色花朵的桂树。

⑫"醉乡""怕翻"二句：令人迷醉的茉莉花进入深秋季节，气候清冷，人们便担心它不再吐艳飘香。

⑬"玩芳味""春焙"二句：指每年春末开始，人们用茉莉花熏制花茶。周密原注："此花四月开，直至桂花开时尚有玩芳味。古人用此花焙茶，故云。"玩：展玩。以拟人手法描写茉莉花善于展示自己芳香的特质。薰：窨制。

⑭"贮秾韵""水沈"二句：贮存浓郁的香味让它在同茶叶拌和以后，使茶叶充盈茉莉的花香。频：频繁，屡次。爇：点燃，放火焚烧。

⑮"堪怜处""输与"二句：特别值得喜爱的是，即使在凉夜里沉睡的蝴蝶也会闻香飞来。

[助读]

茉莉因其花香馥郁而赢得广泛的赞赏。到宋徽宗宣和年间（1119—1125）已被列为当时八种芳草之一。宋代诗人江奎在《茉莉》诗中赞道："他年我若修花史，列作人间第一香。"今天，从施岳这首词对茉莉花美好形象与其用作窨制花茶的描写，以及周密加注"古人用此花焙茶"的叙述，可以看出，在南宋或此前，以茉莉花窨制花茶已经相当流行。

金、元

【长思仙】茶①

（金）马 钰

紫芝汤②。紫芝汤。一遍煎时一遍香。一杯万事忘。

神砂汤③。神砂汤。服罢主宾分两厢。携云现玉皇④。

【作者小识】

马钰（1123—1183），字宜甫，号丹阳子，原名从义，后改名钰，字玄宝，金代著名道士。原籍陕西扶风，后迁山东宁海（今山东牟平）。贞元进士。遇全真道创始人重阳子王嘉，与妻子孙不二同随修行，为全真教第二代掌教人。主要著作有《渐悟集》《洞玄金玉集》《丹阳神光灿》《丹阳真人语录》等。近人研究认为，马钰的思想行为不仅对道教的发展产生深远的影响，而且对教育学、文学、医药学都有一定的促进作用。嗜茶。写过很多茶词。

【注释】

①长相思：词牌名。茶：本篇标题。

②紫芝汤：指茶汤。紫芝系食用菌，可供药用，十分珍贵。此用喻茶。

③神砂汤：亦指茶汤。神砂即朱砂、辰砂，一种名贵矿物，可供药用。

④玉皇：道教祀奉的地位最高、职权最大的天神，亦称玉帝或玉皇大帝。

【助读】

纵观中国茶文化史，道家与茶的关系十分密切。两汉、魏晋南北朝时中国文人陶醉于老庄思想，饮茶成为一种生活习惯。据晋代著名道士王浮的《神异记》记载：余姚人虞洪入山采茗，遇一道士，牵三青牛，引洪至瀑布山，自我介绍说："我便是神仙丹丘子，听说你擅长烹茶，我常想得到你的惠赐。"于是指示给他一株大茶树。从此虞洪常以茶祭丹丘子。晋时著名的炼丹之士葛洪，传说也在天台山种过茶，至今尚存遗迹。南北朝著名的道家思想家、大医学家陶弘景也是一位茶人。他在《茶录》中写道："苦茶轻身换骨，昔丹丘子黄君服之。"马钰作为全真道第二代掌教人，写过很多茶词。在这首《茶》中，他把茶比作珍贵的紫芝汤、神砂汤，推崇备至，认为饮过之后可以"万事忘"，可以升天拜见玉皇大帝，即"羽化而登仙"，从而达到宣扬全真道教义的效果。

东坡海南烹茗图①

（金）冯 璧

讲筵分赐密云龙②，春梦分明觉亦空③。
地恶九钻黎洞火④，天游两腋玉川风⑤。

【作者小识】

冯璧（1162—1240），字叔献，别字天粹，真定（今河北省正定县）人。金章宗承安经义进士。历州县，召入翰林。迁大理丞。累官至集庆军节度使。居嵩山龙潭十余年，赋诗饮酒，寄情山水。

【注释】

①东坡海南烹茗图：一幅中国画的名称。这首诗是作者观画有感而作的。东坡是苏轼的号。海南（诗中指今海南省儋州市）为苏轼晚年贬居地。

②"讲筵"句：回想当年东坡曾在京城主讲经典，获得皇帝分赐的极品贡茶密云龙。讲筵：又称讲席，讲解儒家经典或其他经义，无关宴饮。宋哲宗时苏轼曾任翰林学士兼侍讲。

③"春梦"句：苏轼一生仕途坎坷，多次被贬官、流放，得志的时间不多，好比一场梦幻。据宋赵德麟《侯鲭录》记载，苏轼晚年被贬海南（旧称儋州）后，有一老妇曾对他说，您以前的富贵，不过一场春梦而已。苏轼深以为是。觉亦空：梦醒以后，一切皆空。

④"地恶"句：苏轼贬居地海南当时尚未开发，自然环境恶劣。苏轼曾写道："此间食无肉，病无药，居无室，出无友，冬无炭，……惟有一幸，无甚瘴也。"居民多是黎族。他们住在地洞里过着类似原始人的钻木取火生活。九钻：海南气候潮湿，钻木要反复多次才能取到火种，形容生计极其艰难。

⑤"天游"句：苏轼仍然像天马行空一般逍遥自在，不改嗜茶习惯，一如既往烹茶畅饮，直到像唐人卢仝（自号玉川子）在《走笔谢孟谏议寄新茶》中所写的那样，痛快淋漓，只觉清风习习，如入蓬莱仙境。天游：任其自然。

【助读】

《东坡海南烹茶图》描绘的是苏轼晚年谪居儋州的生活场景。苏轼在其六十六年的人生旅程中，历经仁宗、英宗、神宗、哲宗四朝。重用他时，委以重任：翰林学士、知制诰，充侍读，或礼部尚书、端明殿学士兼翰林侍读学士，等等；抛弃他时，就罗织罪名，一贬再贬，直至垂暮之年还要把他放逐到当时被视为蛮荒之地的儋州去。但可贵的是，无论身处怎样的逆境，他都能胸怀豁达，如天马行空，做自己喜欢做的事。生活上饮酒品茶，悠然自得，我行我素，其奈我何。

茗饮

（金）元好问

宿醒未破厌觥船，紫笋分封入晓煎①。

槐火石泉寒食后，鬓丝禅榻落花前②。

一瓯春露香能永，万里清风意已便③。

邂逅④华胥犹可到，蓬莱⑤未拟问群仙。

【作者小识】

元好问（1190—1259），字裕之，号遗山，太原秀容（今山西省忻县）人，金代杰出的诗人。祖系出自北魏拓跋氏，幼年随父宦游。贞佑初，南渡流寓嵩山登封。兴定进士。历任儒林郎，国史院编修官，镇平、内乡、南阳县令。官至行尚书省左司员外郎。金亡不仕。晚年以著作自任。有《遗山先生文集》《新乐府》《续夷坚志》，并编金代诗歌总集《中洲集》。

【注释】

① "宿醒""紫笋"二句：昨夜醉酒尚未消解，一大早见到盛酒器便感厌恶，即把封装的紫笋茶拆开烹煎。觥船：古代用兽角加工成的船形盛酒器具。紫笋：名茶顾渚紫笋。分封：拆封。

② "槐火""鬓丝"二句：寒食节过后，一个鬓发斑白的老人坐在禅榻前，用槐木和石泉对着落花烹茶。寒气：指寒食节。古代民间习俗：在清明节前一二天，家家禁火，人人冷食三天，以纪念晋国名士介之推。槐火石泉：指用槐树烧火，用清泉烹茶。禅榻：禅床。表明诗人信佛。

③"一瓯""万里"二句：品尝一杯玉露般的佳茗，齿颊留香，仿佛两腋清风习习，神魂飘入仙境。春露：形容茶汤犹如春天里催发百花的露水，十分珍贵。便（pián）：舒服、惬意、开心。

④邂逅：不期而会。华胥：寓言中的理想国。《列子·黄帝》："（黄帝）昼寝而梦，游于华胥之国……其国无师长，自然而已；其民无嗜欲，自然而已；不知乐生，不知恶死，故无夭殇；不知亲已，不知疏物，故无爱憎；不知向顺，故无利害。"

⑤蓬莱：神话传说中的三仙山之一，位于东方大海之上。未拟：不准备。问群仙：参阅卢仝诗《走笔谢孟谏议寄新茶》中关于卢仝饮过七碗茶后恍然进入仙境叩问群仙的描写。

【助读】

这首诗抒写醉酒后烹茗品饮的感受，意蕴甚深。前四句概写时间——寒食节后的一个清晨；地点——诗人家中摆着禅榻的庭院；人物——一位鬓发斑白的老者，即诗人；事件——烹饮名茶。以上四个要素构成一幅形象鲜明的老翁烹茗图。后四句抒写烹饮之后的感受，并借以言志。佳茗如催发百花的春露般的神功，让诗人的神魂如乘万里清风飘入仙境，

【金】仕女图画像方砖

仿佛理想的华胥国与壮观的蓬莱山就在眼前了，但是诗人却无意于卢仝那样去叩问群仙关于苍生的命运。对此，读者不要认为诗人是不关心人民群众疾苦的人，而要看到：其一，诗人作为由金入元的遗民，不愿同元蒙政权合作，不愿入仕，因而也不可能多过问社会政治方面的事；其二，诗人晚年以著述自任，成果颇丰，他仍然在为国家民族做着自己的贡献。

夜坐弹离骚①

（元）耶律楚材

一曲离骚一碗茶，个中②真味更何加。

香销烛尽穹庐冷，星斗阑干山月斜③。

【作者小识】

耶律楚材（1190—1244），字晋卿，号湛然居士，蒙古成吉思汗、窝阔台汗时大臣。契丹族，辽皇族之后。成吉思汗十年（1215）被召用，甚受信任。随成吉思汗西征，劝诫妄杀。窝阔台汗（太宗）即位后，定策立仪制，以尊君权。破金汴京（今河南开封）时，废屠城旧制。奏封孔子后裔袭爵衍圣公，渐兴文教。任事近三十年，官至中书令（宰相）。元代立国建制多由其奠定。善诗文，有《湛然居士集》。

【注释】

①离骚：战国时期楚国伟大诗人屈原的代表作。诗作者反复地抒发自己要求革新的政治抱负，热情洋溢地表现自己对祖国对人民的热爱和关怀，愤怒地揭露楚国最高统治集团的腐朽。全诗想象丰富，辞藻华美，充满积极的浪漫主义精神。晚唐音乐人陈康士将其谱成古琴曲。本诗作者夜弹的就是这个曲子。

②个中：此中，其中。

③"香销""星斗"二句：意为夜晚在营帐里弹奏古琴曲《离骚》直至凌晨。香销：香点完了。古人有"焚香操琴"的习惯。穹庐：游牧民族居住的毡帐。此指诗人跟随成吉思汗征战时夜宿的帐篷。阑干：横斜貌。

【助读】

全诗叙写征途中夜坐弹奏古琴曲《离骚》的深切感受。前两句描述作者边弹奏，边饮茶，琴曲让他斗志昂扬，茶汤让他精神振奋的场景，此情此景兴味无穷。后两句进而叙写其陶醉之深，忘了寒冷，忘了时间，直至凌晨似乎兴犹未尽。

咀丛间新茶①二绝

（元）汪炎昶

湿带烟霏绿乍芒，不经烟火韵尤长②。

铜瓶雪滚伤真味，石硙尘飞泄嫩香③。

卢仝陆羽事煎烹，谩自夸张立户庭④。

别向人间传一法，吾诗便把当茶经⑤。

【作者小识】

汪炎昶（1261—1338），字懋选，自号逸民。婺源（今江西省婺源县）人。幼有奇志，无书不读，尤精于程朱理学。宋亡后不仕，与江凯隐居婺源山。学者称古逸先生。著有《古逸民先生集》。

【注释】

①咀丛间新茶：生吃茶树丛中的新茶芽。咀：细嚼、含味。

②"湿带""不经"二句：烟雾润湿的茶芽刚露出绿芒，没经过烟火的加工，用来生嚼韵味更为悠长。烟霏：烟雾之气。乍：刚刚开始。芒：芽尖。韵：指新茶的韵味。

③"铜瓶""石硙"二句：茶汤沸腾时在铜瓶里像雪浪般翻滚，有损茶叶本真的味道；使用石磨来研磨茶饼，粉末飞扬，茶的香味都飘散了。

④"卢仝""谩自"二句：卢仝和陆羽都研究烹茶，他们随意夸张，自成派别。谩：此处通"漫"，意为空泛，不切实际。户庭：门庭。诗中指派系。

⑤"别向""吾诗"二句：大意是，在这里特别向大家传授一种品茶法；把我说的生嚼法也当作《茶经》。别：另外，特别。《茶经》：茶圣陆羽的茶学名著。最后一句原意应为"便把吾诗当茶经"，但作者为了使全诗用语平仄符合绝句的声律特点，而将"便把""吾诗"词序互调。这种情况在旧体诗中并不少见。

【助读】

人类在利用各种食材中，进行过千千万万次的探索与尝试。究竟哪种加工手段为好，不同地域的人自有不同的评判标准。就以用茶来说吧，我们的祖先最初用的就是生嚼法。后来逐渐用上了烹煮法，但在南方、北方或不同民族地区方法又有所不同。宋人苏辙诗《和子瞻煎茶》所述即为明证。从原始时代的鲜叶咀嚼，春秋

【元】钧窑天蓝釉带托碗

时代的生煮羹饮，唐代的烹煎，宋代的点茶，明代的泡茶，直到清代的品茶，随着社会的发展人们对茶的研究不断深入，对茶叶的食用从解渴、提神的生理需要逐渐地提升为一门艺术、一门科学、一种文化。陆羽、卢仝对茶学深有研究，其成果获得历代人们的认可，流传千载，是不可否定的。这两首绝句作者推介的生嚼法，高度肯定"原生态"茶芽的优越，虽有失偏颇，但也言之成理，自然也可树为一个流派。从南宋酷好饮茶的诗人陆游《即事》诗"安贫炊麦饭，省事嚼茶芽"的叙述中可知，直至公元十二世纪在南方浙东地区仍有生嚼茶芽的习俗。

留题惠山①
（元）赵孟頫

南朝古寺②惠山前，裹茗来寻第二泉③。

贪恋君恩当北去④，野花啼鸟漫留连。

【作者小识】

赵孟頫（1254—1322），字子昂，号松雪道人，湖州吴兴（今属浙江）人，赵宋宗室。宋亡后隐居家乡，后被荐入朝，官至翰林院学士承旨。以书画名世，有《松雪斋文集》。所画《斗茶图》有历史价值。

【注释】

①惠山：即江苏无锡惠山。

②南朝古寺：即建于南朝的惠山寺。

③第二泉：即惠山泉，又称惠泉、陆子泉。泉分上、中、下三池。水以上池最佳，甘香重滑，极宜煮茶。唐时品定为天下第二泉（张又新《煎茶水记》）。宋徽时为宫廷贡泉。

④北去：指回到元大都（今北京）宫廷职位上。

【助读】

这首诗旨在描述号称"天下第二泉"的惠泉对于诗人的巨大吸引力。诗人既是朝廷高官，又是嗜茶人，当他应当"北去"的时刻，居然"裹茗"来此"漫留连"，其原因就在于以"第二泉"煮茶可让诗人获得绝妙的精神享受。

【双调】折桂令·自嗟①

（元）周德清

倚蓬窗无语嗟呀：七件儿②全无，做甚么人家？柴似灵芝，油如甘露，米若丹砂③。酱瓮儿恰才梦撒，盐瓶儿又告消乏。茶也无多，醋也无多。七件事尚且艰难，怎教我折柳攀花④。

【作者小识】

周德清（1277—1365），字挺斋，江右（今江西省高安县）人。工乐府（按：元曲别称），善音律，才华横溢。从事乐府创作数十年。钟嗣成《录鬼簿续编》说他"又自制乐府甚多，……皆佳作也。长篇短章，皆可为人作词之定格"。其《中原音韵》为我国音韵学经典著作。散曲现存小令31首、套数3套。

【注释】

① 【双调】：宫调名。折桂令：曲牌名。自嗟：曲子标题。

② 七件儿：柴、米、油、盐、酱、醋、茶。七种日常生活必需品。

③ "柴似灵芝"以下三句：分别以灵芝、甘露、丹砂三种贵重物品比喻柴、油、米三种一般生活必需品，表明其家庭物资匮乏。灵芝：一种珍贵的菌类药物，可益精气，强筋骨。甘露：甜美的露水。古人以为天下太平则天降甘露。丹砂：朱砂，矿物名，昂贵药品。

④ "怎教"句：怎么叫我去寻花问柳呢。折柳攀花：指涉足风月场所嫖

妓宿娼。

【助读】

这首小令通过描述自己家中柴米油盐酱醋茶七种基本生活物品的匮乏，嗟叹贫穷的窘境。由此可知，时至元代，茶叶已经成为中国寻常百姓家日常生活中必不可少的饮用品。作者对"七件儿"的描述分三个层次，用两种写法。柴、油、米三者

【元】钧窑天蓝釉撇口小碗

用三个比喻，以视如珍宝写其稀缺；酱、盐二物则说其容器内有也不多，以上五件均运用形象化语言描述。茶、醋两者一为饮品，一为调味品，则直叙"无多"。最后以"艰难"二字概括其生存状况，并以反问句的形式与"折柳攀花"者的糜烂生活进行鲜明的对比。

阳羡茶①

（元）谢应芳

南山茶树化劫灰②，白蛇无复衔子来③。

频年④雨露养遗植，先春粟粒珠含胎⑤。

待看茶焙⑥春烟起，篛笼⑦封春贡天子。

谁能遗我小团月⑧，烟火肺肝令一洗⑨。

【作者小识】

谢应芳（1295—1392）由元入明学者。字子兰，号龟巢。常州武进（今

属江苏）人。自幼钻研程朱理学。隐于白鹤溪上，授徒讲学，导人为善。工诗文。有《辩惑编》《龟巢稿》等。

【注释】

①阳羡茶：唐代首选贡茶，产于阳羡（今属江苏宜兴）。

②"南山"句：阳羡茶山曾经遭受战乱破坏，成为劫后余灰。

③"白蛇"句：传说中的白蛇再也不衔茶树的良种来了。据《宜兴旧志》载，南岳寺有珍珠泉，稠锡禅师饮后说："得此泉烹桐庐茶，不亦乐乎？"不久真有白蛇衔着茶树种子来到寺前，于是茶园成片，茶味颇佳，人称"蛇种"。

④频年：多年。遗植：劫后幸存的茶树。

⑤"先春"句：早春时节，米粒般细小的茶芽含苞待发。珍珠：喻细小的茶芽。含胎：孕育。

⑥茶焙：烘烤加工茶叶的场所。

⑦篛笼：用竹子编织的竹笼。"篛"同"箬"：竹子。据蔡襄《茶录》云："藏茶宜箬叶而畏香药，喜温燥而忌湿冷，故收藏之家，以箬叶封裹。"封春：封存春芽。

⑧遗（wèi）：赠送。小团月：指圆形的阳羡茶饼。

⑨"烟火"句：把胸中的火气、燥气、俗气洗涤一干二净，陆羽《茶经·一之源》云："茶之为用，味至寒，为饮最宜精行俭德之人。若热渴、凝闷、脑疼、目涩、四肢烦、百节不舒，聊四五啜，与醍醐、甘露抗衡也。"

【助读】

这首诗前六句概括叙写阳羡名茶受挫的历史和茶农长期辛勤培植精制朝贡的诚心。引用《宜兴旧志》中关于白蛇衔种的传说，显示其身世非凡，富有浪漫色彩。最后两句抒写诗人对于阳羡名茶的渴求，秉持茶圣陆羽的茶学理论，在渲染阳羡茶非凡茶功的同时，表达了自觉除烦去俗、提高心性修养的愿望。

闽城岁暮①

（元）萨都剌

岭南②春早不见雪，腊月③街头听卖花。

海国人家④除夕近，满城微雨湿茶山。

【作者小识】

萨都剌（约1300—?），字天锡，号直斋。先世为西域答失蛮氏人，后移居雁门（今山西省代县）。元泰定进士。官至燕南河北道肃政廉访司经历。晚年寓武林，后入方国珍幕府。其诗多写自然景物，风格雄浑清雅，兼有阳刚阴柔之美。著有《雁门集》。

【注释】

①闽城：指福建省省会福州。岁暮：年底、年终。

②岭南：指五岭以南地区。陆羽《茶经·八之出》："岭南，生福州、建州、韶州、象州。"

③腊月：阴历十二月。

④海国人家：居住在沿海的人家。

【助读】

唐陆羽《茶经·八之出》注："福州，生闽方山、山阴县。"李肇《唐国史补》："福州有方山之露芽。"方山，在福州南。唐《地理志》："福州贡蜡面茶，盖建茶未盛前也。"明弘治《八闽通志·土贡》："福州府：唐，茶。"同书《物产》："福州府茶，诸县皆有之。闽之方山、鼓山、侯官之水西、怀

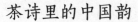

安之风冈尤盛。"根据以上记述可知，福州府辖区自古就是茶叶产地，在唐代所制蜡面贡茶曾名重一时。这首诗以精粹的语言叙写南国近海温润的地理、气候特征和除夕之前叫卖鲜花的民俗活动，活像一幅南国水墨风景画。

明

采茶词①

（明）高 启

雷过溪山碧云暖，幽丛半吐枪旗短②。

银钗女儿相应歌③，筐中摘得谁最多。

归来清香犹在手，高品先将呈太守④。

竹炉新焙未得尝，笼盛⑤贩与湖南商。

山家不解种禾黍，衣食年年在春雨⑥。

【作者小识】

高启（1336—1374），字季迪，号槎轩。长洲（今江苏省苏州市）人。元末隐居吴淞青丘，自号青丘子。洪武初，召修《元史》，授翰林院编修。迁户部侍郎，托词年少，未受职，被赐金放还；退居青丘，以教书为业。后被朱元璋借故腰斩，年仅39岁。博学工诗，尤长于歌行体，为明代成就最高的诗人之一，有诗集《高太史大全集》、文集《凫藻集》等。

【注释】

①本诗原注：《试茶录》载有"民间常以惊蛰为候，以春阴为采茶得时"。

②"雷过""幽丛"二句：一阵春雨过后，茶树丛中，暖气升腾，很快地吐出茶芽和嫩叶。雷过：指雷阵雨过后。碧云：形容茶园一片新绿，远观如天上云彩。幽丛：南方灌木型茶树。枪、旗：茶芽未伸展开称枪，展开成两片嫩叶称旗。皆比喻语，取其形似。

③银钗：采茶女子头上的饰物。相应歌：相互应答着对唱山歌。

④高品：品位最高者。指最上乘的茶叶。太守：本为战国时代郡守的尊称。明清时代专称知府。

⑤笼盛：用竹笼子包装。盛：以器受物，引申为装物的器具。

⑥"山家""衣食"二句：深山里的茶农们不懂得种植粮食，每一年的生计完全依靠春茶的收入。禾黍：泛指稻、麦、黍、稷等粮食作物。春雨：指代风调雨顺的好年成。诗中指春茶收成。

【助读】

本诗前四句描写一场春雨过后，茶树发芽抽叶，采茶女子一边忙着采摘，一边对唱山歌，互比劳动效率，场面热烈愉快。五至八句（从"归来"至"湖南商"）叙写春茶收成加工后，首先要把质量最好的上送官府，其余的包装好卖给湖南茶商，自己却"未得尝"。最后两句概

【明】青花桃式壶

括叙写山区茶农靠天吃饭的命运。全诗通过对山区茶农生计的描写，对社会底层人民的辛劳和贫困寄予深切的同情。

茶烟

（明）瞿　佑

蒙蒙漠漠更霏霏①，淡抹银屏幂讲帷②；

石鼎火红诗咏后，竹炉汤沸客来时③；

雪飘僧舍衣初湿，花落舣船④鬓已丝；

唯有庭前双白鹤，翩然趋避独先知⑤。

【作者小识】

瞿佑（1347—1433），字宗吉，号存斋。钱塘（今浙江杭州）人。洪武初官自训导、国子助教而至周王府长史。永乐年间因诗获罪，谪戍保安（今属河北）十年。遇赦放归。官复原职。后归故里，以著述度过晚年，有《剪灯新话》等20余种。

【注释】

① "蒙蒙"句：屋内茶烟迷蒙如云遮雾罩。蒙蒙：模糊不清貌。漠漠：弥漫貌。霏霏：形容云气盛。《楚辞·九叹·远逝》："云霏霏而陨集。"

② "淡抹"句：茶烟湿了镶银的屏风，覆盖了讲席。

③石鼎、竹炉：茶灶、茶炉。

④觚船：容量大的盛酒器。此指较大的茶杯、茶碗。

⑤ "唯有""翩然"二句：意为只有庭前的一对白鹤早懂得茶烟又来了，便轻疾地飞走了。黄庭坚《院郎归·茶词》："碾声初断夜将阑，烹时鹤避烟。"翩然：潇洒貌。趋避：趋利避害。

【助读】

这首诗不写品茶，而重在渲染烹茶时满屋茶烟造成的结果。静物银屏、讲帷只能在"蒙蒙漠漠更霏霏"中任其沾湿，唯有动态的一双白鹤不然，它们独能"先知"，懂得"趋避"，事前就已经"翩然"飞离了。联系到诗人生活的生活时代和亲身经历，他描写白鹤的先知先觉当是别有深意的。

寒夜煮茶歌

（明）于　谦

老夫不得寐，无奈更漏①长。

霜痕月影与雪色，为我庭户增辉光。

直庐数椽少邻并②，苦空寂寞如僧房。

萧条厨传无长物③，地炉燃④火烹茶汤。

初如清波露蟹眼⑤，次若轻车转羊肠⑥。

须臾⑦腾波鼓浪不可遏，展开雀舌⑧浮甘香。

一瓯啜罢尘虑⑨净，顿觉唇吻皆清凉。

胸中虽无文字五千卷，新诗亦足追晚唐⑩。

玉川子⑪，贫更狂。

书生本无富贵相，得意何必夸膏粱⑫。

【作者小识】

于谦（1398—1457），字延益，号节庵，钱塘（今浙江杭州）人，明代著名军事家、政治家。少有大志。永乐进士。历任山西、河南巡抚。为官清正。正统十四年（1449）"土木堡之变"中英宗被俘。于谦临危受命，升任兵部尚书，拥立景帝，反对南迁；调集军队，击退瓦剌军的侵扰，赢得京师保卫战的胜利，功勋卓著。代宗朝官至少保、太子太傅。天顺元年（1457）英宗复辟，于谦被诬以"谋逆罪"遭害。弘治初，追赠于谦为"特进光禄大夫、柱国、太傅"，谥肃愍。万历间改谥忠肃。现北京、杭州分别有于谦故居祠堂。其诗有广阔的社会内容，风格朴实刚劲，现存64首，有《于忠肃集》。

【注释】

①更：古代夜间计时单位，一夜分五更，每更约两小时。漏：古代滴水计时的仪器，如铜壶滴漏，可用于报更。

②"直庐"句：几间值宿的屋子少有邻居。直庐：古代官员值班的住房。并：并列。

③长物：多余的东西。

④爇：点燃。

⑤蟹眼：茶汤沸腾时涌起的小水泡。

⑥羊肠：比喻小路。此句意为茶汤沸腾时壶中发出的声音好像小车在小路上推着走发出的声音。

⑦须臾：片刻。

⑧雀舌：比喻细嫩的茶叶。

⑨尘虑：俗念。

⑩晚唐：从唐文宗李昂太和元年（827）至哀帝李柷四年（907）唐王朝灭亡为止，前后80年，文学上称为"晚唐"。社会政治黑暗，人民生活痛苦，终于爆发声势浩大的黄巢起义。这时期著名诗人杜牧、李商隐、皮日休、聂夷中、杜荀鹤等创作了不少反映现实的好诗。作者所"追"的正是上述诗人敢于直面现实的诗风。

⑪玉川子：唐代著名的爱茶人卢仝，自号玉川子。其《走笔谢孟谏议寄新茶》为茶诗杰作。

⑫膏粱：精美的食品。据朱熹释：膏为肥肉，粱为美谷。也借称富贵之家。

【助读】

于谦一生忠君爱国，功勋卓著。虽曾官居高位，但是朝中政治斗争不断，以至于最后被奸佞谗害。这首诗写于晚年境遇坎坷之时。全诗分三个层次。第一层：从开头至"寂寞如僧房"6句，描写寒夜独处的凄清环境和"不得寐""更漏长"的尴尬。一代名臣落此境地，多么可悲。雪影月色、静如僧房，情景交融。第二层："萧条"至

【明】斗彩缠枝莲纹天字罐

"雀舌浮甘香"6句，运用多种比喻描述煮茶过程和所见所闻。"清波露蟹眼""轻车转羊肠"……取喻新奇，形象鲜明。第三层："一瓯啜罢"至结束，抒写品茶后的强烈感受，语言蕴藉，含义深远。诗作特别强调茶的如下三大神功：其一，仅仅喝下一瓯，就让"尘虑消除净尽，顿觉唇吻清凉"。其二，诗兴大发，决计追随晚唐优秀诗人敢于直面现实的诗风，抒写情怀。其三，平和的茶性激励诗人以平和的心态对待生活，不求富贵，安于平淡。

唐宋以降，多少文人雅士乃至高官显宦，在不得意的时候，总是从烹茶品茗中获得宽慰，振奋精神。一代名宦于谦也是这样。

暮春山行

（明）祝允明

小艇出横塘①，西山晓气苍②。

水车辛苦妇③，山轿冶游郎④。

麦响家家碓⑤，茶提处处筐。

吴中⑥好风景，最好是农桑⑦。

【作者小识】

祝允明（1460—1526），字希哲，号枝山，长洲（今江苏省苏州市）人。明书法家、文学家。弘治举人。官广东兴宁知县，迁应天府通判。与唐寅、文徵明、徐祯卿并称"吴中四才子"。有《怀星堂集》。

【注释】

①横塘：在江苏苏州。

②苍：苍茫。

③"水车"句：农家妇女脚踩水车从溪里把水引到田里，劳作辛苦。

④"山轿"句：野游的男人们让人抬着轿子上山。冶游：即野游。古代春日或节日男女外出游玩。

⑤"麦响"句：麦子收成后，从许多农家传出用碓加工的响声。碓：春谷麦类设备。江南水乡多用水力使杵起落，将谷、麦脱壳或春成粉。

⑥吴中：泛指春秋吴地，也作为吴郡或苏州的别称。

⑦农桑：耕田和养蚕，诗中包括从事种茶在内的农业生产劳动。

【助读】

这首诗描绘暮春时节吴中农村生机盎然的景象，首联写水乡清晨，小船在晓雾迷蒙中穿行。二、三联以四幅画面表现人物活动：农妇们在踩踏水车，农家里传出水碓加工麦子的声音，到处可见提着竹筐采茶的妇女，还有坐着轿子上山游春的人们。形象鲜明，

【明】青花菊瓣纹碗

让读者如见其人，如闻其声。尾联以议论性抒情总括山行的感受——吴中最好的风景就是这从事农桑生产的村庄，从而表达了对于劳动创造财富的赞美。

画中茶诗

（明）唐 寅

买得青山只种茶，峰前峰后摘春芽。

烹煎已得前人法①，蟹眼松风娱自嘉②。

茶诗里的中国韵

【作者小识】

唐寅（1470—1524），字伯虎，一字子畏，自号六如居士，又以桃花庵主、逃禅仙吏、鲁国唐生等作为题画的别号。明书画家、文学家。吴县（今属江苏苏州）人。弘治十一年举南京乡试解元。次年进京会试受挫，自此无意功名而致力于绘画，自称"江南第一风流才子"。晚年居苏州桃花坞，信佛。唐氏赋性风流偶傥，才高艺博。在画坛上，与沈周、文徵明、仇英并称，为"明四家"之一。在画作上热衷茶事，有《品茶图》《茗事图》《琴士图》（赋琴品茗图）等多幅杰作。其诗文与祝允明、文徵明、徐祯卿齐名，为"吴中四才子"之一。有《六如画谱》《六如居士全集》。

【注释】

①前人法：这里所指不是照搬唐人的煎茶法或宋人的点茶法。作者生活于明代中期成化、弘治、正德年间。从明初洪武帝下诏罢造龙团，倡导饮用茶叶以来，全社会饮茶习俗发生了历史性的变化，一般的饮茶方式均采用冲饮法。本诗所指当是借鉴前人煎茶时选水候汤的好经验。

②蟹眼松风：语出宋苏轼诗《试院煎茶》："蟹眼已过鱼眼生，飕飕欲作松风鸣。"蟹眼喻茶水初沸时升起的小气泡，松风形容茶水沸腾时发出的如风过松林般的响声。嘉：满意、欣赏。

【助读】

这首《画中题诗》是作者在其绘制的《品茶图》上的亲笔题诗。据考证，此画大约是作者晚年作为"桃花庵主"之后所作。画为竖幅，自题诗在画左上角。

【明】紫砂六方茶壶

前两句写心中畅想：要是自己能买上画中这样的一座青山，一定要遍种名茶；春天来了，便可山前山后任意地拣摘嫩芽了。一个"只"字淋漓尽致地表达了诗人对于茶的倾心挚爱。后两句叙写自己一定会亲自动手借鉴前人候汤烹点的技法，全神贯注地观察，倾听茶汤的沸腾状态，聊以自娱。

时过200多年，清代乾隆皇帝对这幅画经过大约20年的反复欣赏，先后在画的上部、右部御笔题诗竟达7首之多。

煎茶

（明）文征明

嫩汤自候鱼眼生①，新茗还夸翠展旗②。

谷雨江南佳节近，惠山泉下小船归③。

山人纱帽笼头处④，禅榻风花绕鬓飞⑤。

酒客不通尘梦醒⑥，卧看春日下松扉⑦。

【作者小识】

文征明（1470—1559），初名璧，字征明，以字行，更字征仲，别号衡山，长洲（今江苏省苏州市）人，明书画家、文学家。嘉靖二年以岁贡荐试吏部，授翰林院待诏；后又任预修《武宗实录》，侍经筵。不久，辞病归。文氏书画诗词皆工。其画与沈周、唐寅、仇英齐名，为"明四家"之一，书法尤享盛名。其诗文与祝允明、唐寅、徐祯卿并列，为"吴中四才子"之一。有《甫田集》和画作《惠山茶会图》《茶具十咏图》等。一生嗜茶爱茶，有以茶为题材的诗歌百余首。

作者在一些茶诗中，充分地展示其宁愿过草芥般的平民生活，以饮用淡茶为乐，也不愿攀附豪门权贵的刚正品格。

茶诗里的中国韵

【注释】

①嫩汤：刚刚沸腾的茶汤。自候：亲自掌握煎茶的火候。鱼眼：茶汤沸腾时冒出状如鱼的眼睛般的小气泡。

②"新茗"句：新茶还是要煎到绿色的茶芽伸展开来后才好。翠展旗：翠绿的茶芽伸展开像两片小旗子。

③"谷雨""惠山"二句：在江南谷雨节气到来之前，专程从惠山运送泉水的小船已经回来了。谷雨：农历二十四节气之一，约在三月下旬，是江南制茶的大忙季节。此名"江南"一作"江头"，指贡茶产地湖南省耒阳市江头乡。

④"山人"句：隐居山野的人也像卢仝那样纱帽罩在头上独自烹茶品饮。这句化用卢仝《走笔谢孟谏议寄新茶》的诗句："柴门反关无俗客，纱帽笼头自煎吃。"

⑤"禅榻"句：在禅床边上，茶烟起，落花绕着老人的霜鬓纷飞。这句化用杜牧《题禅院》的诗句："今日鬓丝禅榻畔，茶烟轻飏落花风。"

⑥酒客：酒家。不通：不往来。尘梦醒：从尘俗的梦境中清醒过来。

⑦松扉：用松木做的门，形容屋舍简陋。

【助读】

全诗意境开阔，富于联想。前四句描叙煎茶时候注视茶汤的变化，并联想到"谷雨"临近江南茶乡一派繁忙与小船从惠山向各地运送泉水的景象。后四句进一步联想唐人卢仝与杜牧关于煎茶的诗句，抒写自己当下远离尘俗的生活和闲适愉悦的心情。

【明】青花花鸟图卧足碗

谢钟君惠石埭①茶

（明）徐 渭

杭客矜龙井，苏人伐虎丘②。

小筐来石埭，太守赏池州③。

午梦醒犹蝶，春泉乳中牛④。

对之堪七碗，纱帽正笼头⑤。

【作者小识】

徐渭（1521—1593），字文长，号天池山人、青藤道士，山阴（今浙江绍兴）人，明文学家、书画家。屡应乡试不中。曾为东南军务总督胡宗宪幕客，于抗倭军事多所策划。在诗文创作中把情感和个性不受束缚地放在首位，也擅长书画、杂剧。有《徐文长三集》《徐文长逸稿》《南河叙录》等。徐渭爱茶、嗜茶，晚年尽管贫病交加，以卖书画为生，仍然坚持以书画作品换茶。曾以10幅扇面画换取10斤浙江"上虞后山茶"。清嘉庆元年建成的浙江上虞曹娥庙有个天香藏帖碑廊，上有徐渭墨宝《煎茶七类》。其中强调煎茶"要须其人与茶品相得"，认为只有志同道合、谈话投机的人在一起饮茶才能品味到茶的真谛。

【注释】

①石埭：古县名。在安徽南部，今属石台县。产名茶"石埭茶"。

②"杭客""苏人"二句：杭州人夸耀龙井茶，苏州人夸耀虎丘茶。矜、伐：两词都有夸耀、炫耀意思。龙井指龙井茶，产于杭州；虎丘指虎丘茶，

产于苏州西北部。两者均为驰誉四海的顶级名茶。

③"小筐""太守"二句：池州知府钟君寄赠的石埭茶是用小筐包装的。太守：明清时期知府的别称。"赏池州"即"赏于池州"。赏：这里作赠送讲。池州：今安徽省贵池市。

④"午梦""春泉"二句：午觉醒来，梦中变作蝴蝶的感觉似乎还在，煮茶的清泉仿佛是刚挤出来的牛奶。"午梦"句用"庄周梦蝶"典故。

⑤"对之""纱帽"二句：面对着好茶，我可以像唐人卢仝那样，一口气喝下七碗；煎茶的时候也会把纱帽随便扣在头上。两句均取卢仝《走笔谢孟谏议寄新茶》诗意。

【助读】

诗人午间获得池州知府钟君寄赠的石埭茶后，十分自然地联想到杭、苏两地人夸耀的龙井茶和虎丘茶。于是睡眼惺忪地马上烹煮品饮。"对之堪七碗"一语，运用唐人卢仝嗜茶的典故，淋漓尽致地道出了石埭茶的优质和它对于诗人的魅力。

【明】青花折枝花纹碗

试虎丘茶①

（明）王世贞

洪都鹤岭太麓生，北苑凤团先一鸣②。

虎丘晚出谷雨候，百草斗品皆为轻③。

慧水不肯甘第二，拟借春芽冠春意④。

陆郎为我手自煎，松飙泻出真珠泉⑤。

君不见，蒙顶空劳荐巴蜀，定红输却宣瓷玉⑥。

毡根麦粉填调饥⑦，碧纱捧出双蛾眉⑧。

挡筝炙管且未要⑨，隐囊筇榻⑩须相随。

最宜纤指就一吸，半醉倦读《离骚》⑪时。

【作者小识】

王世贞（1526—1590），字元美，号凤洲、弇州山人，太仓（今江苏省太仓市）人，明文学家。嘉靖进士。历任按察使，布政使等职。官至南京刑部尚书。敢于揭露严嵩父子罪恶。与李攀龙同为明代文坛"后七子"首领，名重海内。对戏曲亦有研究。有《弇州山人四部稿》等。

【注释】

①虎丘茶：历史名茶，产于江苏苏州西北虎丘山。明屠隆《茶笺》："虎丘，最号精绝，为天下冠。惜不多产，皆为豪右所据。寂寞山家，无繇（由）获购矣。"其珍贵由此可知。

②"洪都""北苑"二句：江西洪都鹤岭茶种植在广阔的山坡上，福建北苑凤团以最先朝贡扬名。洪都：南昌旧称。鹤岭：指鹤岭茶。太麓生：生长在广阔的山坡上。太：广大的意思。

③"虎丘""百草"二句：虎丘新茶在"谷雨"后制作上市，其他所有的茶都斗不过它。百草：指各种茶叶。斗品：参加斗茶的各种品牌。皆为轻：都比不上。轻：低等。

④"慧水""拟借"二句：无锡惠山的泉水不甘屈居天下第二，想凭借虎丘春茶的优质获得冠军。慧水即惠山泉水，唐张又新《煎茶水记》把它列为天下第二泉。

⑤"陆郎""松飙"二句：陆先生亲自为我烹煮虎丘茶；沸腾的声音像风吹松林，冒出的水泡像珍珠般圆润。

⑥"蒙顶""定红"二句：巴蜀的蒙顶茶就用不着再推荐了。这就好比定州窑产的红色茶具比不上白玉一般的宣瓷。蒙顶：古代著名贡茶，产于四川。巴蜀：四川旧称。定红：河北定州窑烧制的红色茶具。宣瓷玉：明宣宗宣德年间生产的瓷器。

⑦毡根：此指植物的根须。调饥：早晨的饥饿。"调"同"朝（zhāo）"。

⑧碧纱：青绿色的轻纱。蛾眉：蚕蛾须弯曲细长，因以喻女子长而美的眉毛，也作为美女代称。

⑨挒筝炙管：弹奏管弦乐器。挒：用手指弹奏弦乐器。筝：一种拨弦乐器。炙：薰。炙管为焚香熏管乐器。未要：不要求。

⑩隐囊筼榻：头倚在枕头上身体躺在竹床上。隐囊：倚枕。筼榻：竹皮编成的凉床。

⑪离骚：战国时期楚国伟大的爱国诗人屈原的代表作。

【助读】

本诗前四句运用对比，突出虎丘茶"百草斗品皆为轻"的优势。第五至八句以拟人手法，借惠泉欲托虎丘茶的优势夺得水品冠军的意愿，以及从陆郎煎茶中所见所闻的感受，描叙虎丘茶的非凡品格。第九句至篇末，着重写两点：其一，通过名茶、茶具的对比、类比，认定虎丘茶为茶中最优者；其二，表明心志：宁愿以粗粮充饥，也不听管弦丝竹之音，但求有两名佳丽陪侍身边，给予捧茶，助予吸饮，以提高阅读文学名篇的兴致。这里所写的仅仅是强调营造良好的饮茶环境。

【明】德化窑白釉堆贴梅花纹椭形杯

茶夹铭①

（明）李 贽

我老无朋，朝夕惟汝②。

世间清苦，谁能及子③？

逐日子饭，不辨几钟④。

每日子酌⑤，不问几许⑥。

夙兴夜寐，我愿与汝终始⑦。

子不姓汤⑧，我不姓李。

总之一味⑨，清苦到底。

【作者小识】

李贽（1527—1602），原姓林，名载贽，后改姓名，号卓吾，别号温陵居士，晋江（今属福建省泉州市）人，明思想家、文学家。曾任国子监博士、南京刑部员外部、云南姚安知府。思想上认定《六经》《论语》《孟子》等儒家经典并非"万世之至论"，"天下万物皆生于两，不生于一"，坚持"心外无物"。文学上反对复古，主张创作必须抒发己见，重视小说、戏曲，在当时颇有影响。曾评点《水浒传》。著有《李氏焚书》《续焚书》《藏书》《李温陵集》等。

【注释】

①茶夹：《茶经·四之器》介绍的"夹"，有两种。一是用小青竹制成、

长一尺二寸的"烤茶"用具；又一是"竹夹""以桃、柳、蒲葵木或柿心木为之，长一尺，银裹两头"，是夹茶用具。从铭文看，诗人整天都用着它，可能指的是竹夹。铭：镌刻在金石或竹木器物上的文字。作为一种文体，或以称功德，或以申鉴戒。

②朝夕惟汝：早晚陪伴身边的只有你。汝：代词"你"，指茶。本诗对茶运用拟人手法，以示关系亲密，情感真切。

③谁能及子：谁能比得上你。子：人称代词"你"。及：到，引申为够得上，比得上。

④"逐日""不辨"二句：整天把你（茶）当饭吃，不知喝下多少盅。"子饭"即"饭子"，"饭"用作动词"吃"。这里指喝茶。钟与"盅"通，杯类，有酒盅、茶盅。

⑤子酌：与上句同，即"酌子"，把你当酒来喝。

⑥几许：多少。

⑦"夙兴""我愿"二句：早晨起床，晚上睡下，整天都同你在一起。

⑧汤："汤"为姓氏之一，此指茶汤。

⑨一味：一样的滋味。

【助读】

这首四言诗是镌刻在茶夹子上的铭文。诗人运用拟人化修辞手法，把茶塑造成与自己朝夕相伴的挚友。夙兴夜寐，品饮不计其数，就因为自己与茶具有"清"与"苦"的共性。诗人由于坚持不同流俗的哲学与文学观点而命运坎坷，人格与遭际之清苦，自知人知。最后以"清苦到底"一语铿锵有力地宣示自己永不改变淡泊明志、宁静致远的高贵品格。

【明】德化窑白釉堆贴螭龙纹执壶

龙井茶①歌

（明）于若瀛

西湖之西开龙井②，烟霞③近接南山岭。

飞流密汩写幽壑，石磴纡曲片云冷④。

拄杖寻源到上方⑤，松枝半落澄潭静⑥，

铜瓶试取烹新茶，涛起龙团沸谷芽⑦。

中顶无须忧兽迹，湖州岂惧涸金沙⑧。

漫道白芽双井嫩，未必红泥方印嘉⑨。

世人品茶未尝见，但说天池与阳羡⑩。

喜知新茗煮新泉，团黄⑪分列浮瓯面。

二枪浪自附三篇，一串应输钱五万⑫。

【作者小识】

于若瀛（1552—1610），字文若，号子步。济宁（今山东省济宁市）人。万历进士。官至陕西巡抚，赠右副都御史。工诗，擅书。有《弗告堂》集。

【注释】

①龙井茶：历史名茶。产于浙江杭州西湖地区，以"色绿、香郁、味醇、形美"四绝著称。陆羽《茶经》记述："钱塘生天竺、灵隐二寺。"宋代将这一带所产列为贡茶。清乾隆皇帝六下江南，曾多次驾临西湖茶山，品茶题诗之余，还将狮峰湖公庙前的18株茶树封为"御茶"。20世纪初，浙江省

政府对龙井茶实施原产地域特别保护，仅允许西湖、钱塘、越州三地所产冠以"龙井茶"名称。

②龙井：在杭州市西南凤凰岭上有历史悠久的龙井寺。寺内有井，旧名龙泓，亦名龙泉。其水出自山岩，甘洌清凉，极宜烹茶。

③烟霞：指烟霞岭。在杭州南高峰下有烟霞洞。

④"飞流""石磴"二句：瀑水从幽深的岩谷中飞泻而下，山路弯曲，石阶直上云天，寒气逼人。"写"通"泻"。密泪：水急流貌。磴：石阶。片云：云层。

⑤上方：指山巅。

⑥澄潭静：潭水清澈平静。

⑦龙团：宋代顶级贡茶，比喻龙井茶。谷芽：喻龙井茶细如谷粒。

⑧"中顶""湖州"二句：龙井茶用不着像蒙顶茶那样担心野兽出没践踏，也不必像湖州紫笋茶那样害怕泉水干涸。中顶：指四川蒙山上清峰，蒙顶茶产地。湖州：指湖州治下长兴县，产紫笋名茶。金沙：指金沙泉，为优质烹茶用水。

⑨"漫道""未必"二句：且慢夸耀双井茶多么嫩美，有官印封盖过的未必都值得赞美。白芽双井：即双井茶。红泥方印：指北苑贡茶。旧时凡贡茶均须经专职官员检验合格，加盖"臣封"朱红官印后，方可进京交纳。嘉：嘉许、赞美。

⑩"世人""但说"二句：今天社会上人们还未曾见识过龙井茶，只是夸耀"天池"和"阳羡"两个品牌。天池：名茶，产于江苏苏州。阳羡：名茶，产于浙江长兴与江苏宜兴。

⑪团黄：唐代贡茶中极品名茶。产于蕲州（今湖北蕲春），茶芽极为细嫩，据《广群芳谱·茶谱》："图黄有一旗二枪之号，言一叶二芽也。"

⑫"二枪""一串"二句：团黄茶的声名只是平白无故地依附在《茶经》上而已，其实龙井茶一串就该价值五万。"二枪"指团黄茶。浪：随便。三篇：指《茶经》上、中、下三卷。输：付出，指茶的价格。五万：形容价格昂贵。

【助读】

这首歌行体茶诗前十句描述龙井茶产地的雄奇风光：云蒸霞蔚，幽壑飞流，深潭澄静；山间既无兽迹，又富水源，其自然环境极宜植茶。后八句对当时享有盛名的一些茶叶进行品评。认为名列《茶经》的或盖上"红泥官印"的贡茶，未必都名副其实。龙井茶同它们比起来，价值要高得多。诗人高瞻远瞩，以大气磅礴的情怀讴歌龙井茶的非凡与优势，前程无量。时至今日，龙井茶果然已驰名中外，成为中央政府款待国宾的精品。

【明】德化窑白釉暗花竹节炉

余姚瀑布茶①

（明）黄宗羲

檐溜松风方扫尽②，轻阴③正是采茶天。

相邀直上孤峰顶，出市④俱争谷雨前。

两筥东西分梗叶，一灯儿女共团圆⑤。

炒青已到更阑后，犹试新分瀑布泉⑥。

【作者小识】

黄宗羲（1610—1695），字太冲，号南雷，学者尊称梨洲先生，浙江余姚人，明末清初思想家、史学家。其父为"东林"名士。他秉承遗命，坚持反对宦官，和权贵斗争。清兵南下时，他招募义兵武装反抗，时称"世忠营"。明亡后，他屡拒清廷征召，隐居著述。学问渊博。对天文、算术、乐律、经史百家以及释道，无不研究。史学成就尤著。他敢于揭露封建帝王的罪恶，大胆提出"天下之大害者，君主而已矣"的论断，在当时有很大的进步意义。一生著述50余种，多达千卷。有《宋元学案》《明儒学案》《明夷待访录》《南雷文集》等。后人编有《黄梨洲文集》。黄氏爱茶，归隐浙东四明山区化安山之后，与当地瀑布茶结下了不解之缘，在其诗文中多次予以赞美。

【注释】

①余姚瀑布茶：名茶。产于浙江省余姚市四明山区的道士山。据《神异记》载："余姚人虞洪入山采茗，遇一道士，牵三青羊，引洪至瀑布山。曰：'子丹丘子也，闻子善具饮，常思见惠。山中有大茗，可以相给。子他日有瓯牺之余，乞相遗也。'洪因设奠祀之。后常令家人入山，获大茗焉。"此茶外形紧细，色泽绿润，香气新鲜，滋味甘醇。

②"檐溜"句：从屋檐滴下来的雨水，刚刚被松林的风吹干。

③轻阴：空中飘浮着薄云的微阴天气。

④出市：指茶叶上市。按传统时令，谷雨前为清明，这段时间采制的茶叶香高味浓，质量好，市价也高。"俱争"一作"都争"，义同。

⑤"两筥""一灯"二句：用两个竹簸箕把茶叶和茶梗严格分放，一家人齐动手，在灯下忙碌中感受大团圆的欢欣。筥：圆形的盛物竹器，古有"方曰筐、圆曰筥"之说。此种竹器农村常见，即竹簸箕一类。梗：指茶叶中的小枝、老叶。

⑥"炒青""犹试"二句：茶叶再经炒青，已经忙到将拂晓，还要把新茶试泡试饮一番。炒青：古代制茶法。更阑：五更将尽，拂晓时刻。分：分茶。古代一种烹茶技艺，明清流行。瀑布泉：指新制的瀑布茶。

【助读】

这是诗人写给家乡茶农的一首劳动颂歌。前四句描写谷雨到来之前家乡茶农紧抓雨后"轻阴"的好天气，争上茶山采摘茶叶，争先炒制上市的情景。后四句描述茶农全家夜以继日地忙碌制茶的场面，对于他们的辛劳寄予深切的同情。诗中"方""正是""直上""俱争""已到""犹试"这些动词副词的运用，生动地表现了茶农生活的快节奏。"一灯儿女共团圆"真实地勾画出小农经济社会中农民家庭的辛劳与欢乐。

武夷茶歌

（明）阮旻锡

建州团茶始丁谓，贡小龙团君谟制①。

元丰敕制密云龙②，品比小团更为贵。

元人特设御茶园，山民终岁修贡事③。

明兴茶贡永革除，玉食岂为遐方累④。

相传老人初献茶，死为山神享庙祀⑤。

景泰年间茶久荒，喊山岁犹供祭费⑥。

输官茶购自他山，郭公青螺除其弊⑦。

嗣后岩茶⑧亦渐生，山中借此少为利。

往年荐新苦黄冠，遍采春芽三日内⑨。

搜尽深山粟粒⑩空，官令禁绝民蒙惠。

种茶辛苦甚⑪种田，耘锄采摘与烘焙。

谷雨⑫期届处处忙，两旬⑬昼夜眠餐废。

道人仙山资为粮，春作秋成如望岁⑭。

凡茶之产视地利，溪北较厚溪南次⑮。

平洲浅渚土膏轻，幽谷高岸烟雨腻⑯。

凡茶之候视天时⑰，最喜天晴北风吹。

苦遭阴雨风南来，色香顿减淡无味。

近时制法重清漳，漳芽漳片标名异⑱。

如梅斯馥兰斯馨⑲，大抵焙得候香气。

鼎⑳中笼上炉火温，心闲手敏工夫细。

岩阿宋树㉑无多丛，雀舌吐红霜叶醉㉒。

终朝采采不盈掬㉓，漳人好事自珍秘㉔。

积雨山栖苦昼间，一宵茶话留千载。

重烹山茗沃枯肠，雨声杂沓松涛沸㉕。

【作者小识】

阮旻锡（1627—?），明末诗人。字畴生，号梦庵，福建同安人。父伯宗，袭千户之职。曾在郑成功"储贤馆"任职，参与策划军政大事。郑成功去世后，曾入武夷山天心永乐禅寺为茶僧，法号"超全"。平生爱茶、种茶、喝茶、写茶。晚年隐居于厦门"夕阳寮"。著有《夕阳寮诗稿》《轮山诗稿》《梦庵长短句》等。其作品为研究郑成功、南明史、台湾史的重要资料。

【注释】

① "建州""贡小"二句：丁谓、蔡襄曾先后任福建路转运使，领旨在建州督造贡茶。丁谓首创团茶，据张云叟《画墁录》："始创为凤团，后又为龙团。岁贡不过四十饼。"后来蔡襄上任，始创小龙团，称"龙团""凤饼"。君谟，即蔡襄。

② 元丰：宋神宗赵顼年号（1069—1078）。敕制：皇帝降旨制造。密云

龙：宋代极品贡茶，又称喜云龙，简称密云、云龙。

③"元人""山民"二句：宋代专为采制贡茶而开辟的御园，在建州凤凰山下，称"北苑"。元大德六年（1302），在武夷山九曲溪第四曲处创设"皇家焙茶局"，即"御茶园"，规模比北苑更大。无论朝廷要哪里造贡茶，哪里的老百姓一年到头都要为栽培与制造贡茶而奔忙。

④"明兴""玉食"二句：从字面上看这两句意思是朱元璋建立大明王朝后，宣布永远废除贡茶制度，为百姓减除了负累。但是，实际上洪武元年至嘉靖三十六年仍然沿袭前朝的贡茶制度，长达189年。洪武二十四年，朝廷诏颁全国产茶各地仍按岁贡进京，福建武夷贡茶列为上品，但不再制造大小龙团，而按新方法改制成芽茶，以探春、先春、次春、紫笋命名进贡。其客观效果是为炒青制茶工艺的普及创造了条件，从而使明代步入散茶撮泡独盛时期。

⑤"相传""死为"二句：历史传说，古时有个秀才赴京赶考时，病在武夷山途中，永乐禅寺的一位老人取出一种名叫"奇丹"的茶叶让他烹煎喝下，竟然很快病愈，考后居然高中状元。皇上闻知，便给"奇丹"茶树赏赐了大红袍，从此"奇丹"便成为珍贵的"大红袍"茶了。老人去世后，成了山神，人们建立了庙宇祀奉他。

⑥"景泰""喊山"二句：到了景泰年间，茶园已荒废多年，便发动老百姓"喊山"，活动的费用又要加在老百姓身上。景泰：代宗朱祁钰年号。喊山：当地茶农催发茶芽的一种民俗活动。

⑦"输官""郭公"二句：运送给官府的优质茶叶要到外地去购买充数，于是杜鹃山和君山产的茶便填补了武夷山名优茶的空缺。郭公：杜鹃的别称。引申为杜鹃山。青螺：指湖南洞庭湖上的君山。刘禹锡《望洞庭》："白银盘里一青螺。"

⑧岩茶：指武夷山茶。

⑨"往年""遍采"二句：往年集中人力采摘，必须在三天内踏遍茶山完成采摘茶芽任务，把老百姓折腾得够苦了。荐：聚集。黄冠：指老百姓。

⑩粟粒：指幼嫩的茶芽，小如米粒。

⑪甚：超过。

⑫谷雨：清明后一个节气，一般在阴历三月中下旬。

⑬两旬：二十天。十天为一旬。

⑭"道人""春作"二句：僧人和道人都把茶叶当作粮食一样，而茶农们整年劳作，就同期盼谷物丰收一般。望岁：期望丰收。

⑮"凡茶""溪北"二句：大体说来，茶叶生长好坏要看土壤是否适宜。建溪北面土壤肥厚，产量质量都比较高，建溪南面的土壤就差一些。

⑯"平洲""幽谷"二句：平地和河滩的土壤比较瘠薄；幽深的山谷和陡峭的山岭，又嫌烟雨太多。

⑰候：气候。天时：自然天象。

⑱"近时""漳州"二句：近年来漳州制茶的方法越来越受重视，漳州产的茶芽、茶片都在包装上标明。

⑲"如梅"句：像梅花香气浓郁，像兰花幽香远播。斯：虚词，无义，表示强调"馥"和"馨"的含义。

⑳鼎：焙茶的锅。

㉑岩阿宋树：生长在武夷山岩和大丘陵上的宋代老茶树。

㉒"雀舌"句：茶树吐出的嫩芽形如麻雀的小舌头，色如红透的霜叶。

㉓不盈掬：不满双手一捧。形容数量很少。

㉔珍秘：特别爱惜。秘：神秘。

㉕"雨声"句：形容屋外夜雨声时大时小，屋里茶汤沸腾犹如山间松涛翻滚。

【助读】

这首诗以形象化的语言向人们展示武夷山茶业从北宋初年至明朝末年的一部兴衰史。作者从宋真宗咸平元年丁谓出任福建路转运使，在建州督造贡茶写起，概括叙述此后将近六百五十年间建州和武夷山的茶事。从建州北苑创造名扬全国的极品贡茶大小龙团、密云龙等等辉煌业绩，到元代御焙从建州北苑迁至武夷山设立御茶园，再到明初御茶园荒废，以及在元、明两代朝

廷贡茶政策的若干变化，作者勾画了一条演
变的轨迹。特别可贵的是，作者在叙述中能
站在广大茶农一边，愤怒地控诉宋、元、明
三代封建王朝的恶行：他们为了满足自己的
"玉食"，迫使当地农民广种茶叶，限时赶
采，忍饥废眠，饱受折腾，尝尽苦辛。诗中
穿插"老人献茶""山神享祀"的情节，表
现了劳动人民鲜明的是非观念。这首诗的后

【明】宣德款青花云龙纹瓜棱执壶

半部分写到的关于武夷山制茶的知识和技艺，是当地茶农长期生产实践的总
结，为后人留下了宝贵的学习、借鉴资料。

清

三吴①

（清）金圣叹

三吴二月万株花，花里开门处处斜。

十五女儿全不解②，逢人轻易便留茶。

【作者小识】

金圣叹（1608—1661），原姓张，名采，字若采。后顶金人瑞名应试，又名喟，字圣叹。江苏长洲（今苏州市）人。明末秀才。入清后绝意仕进。为人狂放不羁，好衡文评书，以评点《水浒传》《西厢记》等著名。有《沉吟楼诗选》。

【注释】

①三吴：古地区名。史书上有多种解说。据《三国志》《晋书》有关记载，当以《水经注》的吴郡、吴兴、会稽为三吴。宋代税安礼《历代地理指掌图》以苏州、常州、湖州为三吴。明代周祈《名义考》以苏州为东吴，润州为中吴，湖州为西吴。

②不解：没能领会。

【助读】

一首小诗，意境清新，道出三吴民俗，无限风情。江南初春，姹紫嫣红。一个十五芳龄的女孩，尚未理解家乡民俗"吃茶"即为"女子受聘"的寓意，逢上客人便热情洋溢地款留"吃茶"。她的天真无邪，难免引起旁人窃笑，而让她倍感羞涩。

　　自宋至清，江南女子受聘许婚谓之"吃茶"。明人郎瑛《七修稿·吃茶》云："种茶下子，不可移植，移植则不复生也。故女子受聘，谓之'吃茶'。又聘以茶为礼，见其从一之义。"历代文学作品中多有以"吃茶"为女子婚嫁的描写。如《西湖佳话·断桥》："（秀英）已是十八岁了，尚未吃茶。"《红楼梦》第二十五回，凤姐、宝玉、黛玉、宝钗等在品味暹罗贡茶时，凤姐对黛玉开玩笑："你既吃了我们家的茶，怎么还不给我们家作媳妇儿？"可知茶被视为男女双方定亲之物。

北山啜茗

（清）杜　濬

雪罢寒星出，山泉夜煮冰。

高窗斟苦茗，远壑①见孤灯。

拾级②瓢常润，归房杖可凭③。

下方钟鼓发④，残月又东升。

【作者小识】

　　杜濬（1611—1687），原名诏先，字于皇，号茶村。黄冈（今属湖北）人。明清之际著名诗人。性格傲岸，敢于蔑视权贵。富有民族气节，家虽贫而不求仕，且劝告友人勿出仕清做"两截人"，耻居官绅之列。嗜茶。曾说："吾有绝粮，无绝茶。"其诗长于五律，风格浑厚，气势奔放。有《史雅堂集》。

【注释】

①远壑：远处的山谷。壑：坑谷、深沟。

②拾级：一级接一级地登上台阶。

③"归房"句：返回住处时扶着手杖下山。凭：靠着、依靠。

④"下方"句：山下报晓的更鼓晨钟响起来。

【助读】

这首诗前大半描述冬夜冒着雪后的严寒登山煮茶品饮的感受，凸显寒山夜景的幽寂。后三句描写拂晓时分扶杖而归所见所闻。此次啜茗，从"寒星出"登山到"残月又东升"归来，品饮半夜，足见其茶兴之浓，嗜好之深。但是，诗人之痴嗜并非仅为爽口爽身，而是有其更深层次的原因。他在《茶喜》诗小序中说："茶有四妙：曰湛、曰幽、曰灵、曰远；用以澡吾根器，美吾智意，改吾闻见，导吾杳冥。"《中国名家茶诗》编著者蔡镇楚、施兆鹏对这段话做了深刻的阐释，兹引录于后："'湛'是中国茶

【清】乾隆款画珐琅缠枝莲纹
开光山水人物图执壶

道所强调的饮茶的人的品行禀赋和德行心态之美，'幽'是中国茶道修行所达到的幽深宁静的理想境界，'灵'是中国茶道所追求的心灵感悟和人生目标，'远'是中国茶道赖以成立的哲学基础和审美理想。'根器'，佛教语，以木譬喻人性曰'根'，根能堪物曰'器'。这'澡吾根器，美吾智意，改吾闻见，导吾杳冥'四个方面，正是茶之'四妙'所能达到的一种人生目标和审美境界，说明饮茶可以澡身浴德，使我的身心纯洁清白，使我的智慧更加聪明美妙，使我的见识更加广博高远，使我的思维更加敏捷，而思维空间更加广阔。"

自大同至西口①

（清）顾炎武

骏骨来蕃种②，名茶出富阳③。

年年天马至，岁岁酪奴忙④。

蹴地秋云白⑤，临垆早酎香⑥。

和戎真利国，烽火罢边防⑦。

【作者小识】

顾炎武（1613—1682），初名绛，字忠清，清兵渡江后改名炎武，字宁人，号亭林。昆山（今江苏省昆山市）亭林镇人。少年时参加"复社"反宦官权贵斗争。明亡后，参加昆山、嘉定一带人民抗清起义。失败后不忘兴复。学问渊博，涉及诸多领域。在哲学上反对空谈，提倡"经世致用"；在文学上要求作品为"经术政理"服务。诗多伤时感事之作。著有《日知录》《天下郡国利病书》《音学五书》《亭林诗文集》等。

【注释】

①自大同至西口：当时茶马古道上的一段。大同在山西省北部，今为市。西口指山西和内蒙古交界长城的一处出口。

②骏骨：指良马、骏马。蕃种：少数民族地区的马种。蕃通"番"。古代汉人对外族的通称。《国礼·秋官》："九州之外，谓之蕃国。"

③富阳：当地名茶"富阳旗枪"品质近似杭州龙井茶。

④"年年""岁岁"二句：每年都有成批的优良马匹从西口进来，也都

有大量上等的茶叶输送出境。天马：即"骏骨"，神马。酪奴：茶的别称。

⑤"蹴地"句：马队齐刷刷地踏步入关，远望就像秋空里的白云。蹴：踩、踏。

⑥"临垆"句：临近酒店，飘来美酒的芳香。垆：酒店里安放酒瓮的土墩子，因此作酒店的代称。酎：经过两次以至多次复酿的醇酒。

⑦和戎：同边境上的少数民族和平友好相处。戎：古代中原人民对西北各民族的泛称。

【助读】

茶马古道源于古代中原与境外的茶马互市，即贩茶换马。兴于唐宋，盛于明清。这首诗通过描写清代初年中原与西北境外少数民族茶马互市的盛况，客观公正地肯定了这一"和戎"政策的优越性，认为坚持各民族之间和平共处，发展商贸，繁荣经济，实现共赢，乃是利国利民之举。

绿雪① （其一）

（清）施闰章

敬亭雀舌②枉争传，手制从过谷雨天③。

酌向素瓷浑不辨，乍疑花气扑山泉④。

【作者小识】

施闰章（1618—1683），字尚白，号愚山，又号曲蠖斋。宣城（今属安徽）人。顺治进士，授刑部主事，擢山东学政等职。康熙间应试博学鸿词，授翰林院侍讲，预修《明史》，转侍读。诗风淡素高雅，称"宣城体"，影响颇大。有《学余堂文集》《蠖斋诗话》等。

【注释】

①绿雪：名茶。指敬亭绿雪，产于安徽省宣城市敬亭山，因其色泽翠绿，白毫似雪而名。

②敬亭雀舌：即敬亭绿雪。因其形似雀舌，故称。

③"手制"句：谷雨过后几天亲自采制的，茶味更佳。此句后作者自注为"绿雪为自制敬亭茶名"，又注"过谷雨数日，茶香味乃全"。

④"酌向""乍疑"二句：品饮时面对洁白的瓷杯，完全分辨不出是我自制的"绿雪"，还是著名的"雀舌"，只疑是阵阵花香从山泉边扑面而来。

【助读】

诗人以家乡安徽宣城享有盛名的敬亭雀舌茶，同自己在谷雨过后几天采制的茶叶进行烹饮对比，以"枉争传"否定前者，以"浑不辨"肯定后者，而且予美其名为"绿雪"。当今"敬亭绿雪"其名已用于当地所有名茶，扬名四方，而原来的"敬亭雀舌"已不再闻说了。

【清】绿地粉彩缠枝莲蝠纹盘

雪水茶①

（清）杜 蚧

瓢勺生幽兴②，檐榴桃瀑泉③。

倚窗方乞火④，注瓮想经年⑤。

寒气消三夏⑥，香光照九边⑦。

旗枪如欲战⑧，莫使乱松烟。

茶诗里的中国韵

【作者小识】

杜蚧（1618—1694），字苍略，号些山，黄冈（今属湖北）人。著有《些山集》。

【注释】

①雪水茶：指在下雪天掬雪煮的茶，或用贮存的陈年雪水煮的茶。

②幽兴：清幽、高雅的意兴。明董纪诗《雪煮茶》："梅雪轩中雪煮茶，一时清致更无加。"

③"檐楹"句：雪水融化时，屋檐横木上的流水如同瀑布、山泉一般。楹：古代称房屋一列为一楹。桄：指屋檐上的横木。这句写的是回忆。

④乞火：取火煮茶。

⑤"注瓮"句：把这些雪水注进瓮里，已是陈年往事。

⑥"寒气"句：雪水茶的寒气可以消除夏日的燥热。三夏：指农历夏季的三个月。一说指第三个月，即大、小暑节气。

⑦"香光"句：雪水茶芳香的气味和色泽的光彩能够飘送到老远的地方去。九边：原指明代北方的九个重镇。此泛指周围广阔的地方。照：映照，引申作飘送、播散。

⑧"旗枪""莫使"二句：如果要斗茶，希望一定要恰当地用上这雪水。旗枪：茶叶一枪二旗的简称。松烟：指煮茶。

【助读】

这首诗前四句写在闲适中取出贮存的陈年雪水煮茶，尽得雅趣。后四句写煮成的雪水茶芳香四溢，极宜清暑，并认为可以参与斗茶。

古人煮茶十分重视用水。许多文人雅士认为雪水极佳。唐宋以降有关故事与诗篇不少。五代名士陶榖得党太尉家姬命其掬雪烹茶的故事，在元人李德

【清】康熙款淡黄地珐琅彩花卉纹碗

载、陈德和的小令中均有描述。白居易在《吟元郎中白须诗兼饮雪水茶，因题壁上》中写道："吟咏霜毛句，闲尝雪水茶。"陆游在《雪后煎茶》写道："雪液清甘涨井泉，自携茶灶自烹煎。"元代谢宗可的《雪煎茶》中有："夜扫寒英煮绿尘，松风入鼎更清新。"曹雪芹在《红楼梦》第四十一回《贾宝玉品茶栊翠庵》中，描写妙玉用梅花上的积雪来烹煮老君眉即君山银针茶。由此可知，古人以品味雪水茶为高雅情趣。

浣溪沙①

（清）纳兰性德

谁念西风独自凉，萧萧黄叶②闭疏窗，沉思往事立残阳。

被酒③莫惊春睡重，赌书④消得泼茶香，当时只道是寻常。

【作者小识】

纳兰性德（1655—1685），叶赫那拉氏，字容若，号楞伽山人。满洲正黄旗人。康熙进士。清代著名词人。著有《通志堂集》《侧帽集》《饮水词》等。

【注释】

①浣溪沙：词牌名。本篇原无标题。

②黄叶：落叶。

③被酒：醉酒。

④赌书：参阅李清照词《鹧鸪天》中关于李氏与夫君赵明诚借品茶行令以助学问的故事。消得：消受、享受。泼茶香：赵、李夫妇两人"赌书"时，一人说"中"，两人雀跃，乐得连茶杯都弄翻了，湿了衣裳，茶香满屋。

【助读】

全词抒写对于往事的深情回忆，上阕写眼前秋色，满目凄然，融情于景，情景交融。下阕借宋代著名词人李清照与其夫君金石学家赵明诚两人"赌书"的故事，抒写自己沉思往事的惆怅心情。的确，我们今天社会交往与家庭生活中许多看似平凡的事情，都可能成为将来美好的回忆。

【清】潮州红泥壶

御茶园歌①

（清）查慎行

宋茶贵建产②，上者北苑次壑源③。

研膏京挺制④一变，争新斗异不知凡几番。

白龙之团青凤髓⑤，辇载入洛重马奔⑥。

武夷粟粒芽⑦，其初植未繁。

何人著录始经进，前有丁谓后熊蕃⑧。

君谟士人亦为此⑨，余子碌碌⑩安足论？

宣和以来虽递驿⑪，场未官设民不烦。

元人专利及琐细，高兴父子希宠恩⑫。

大德三年⑬岁己亥，突于此地开茶园。

中连房廊三十舍，缭垣南北拓两门。

初春次春遍采摘⑭，一火二火长温麐⑮。

缄题岁额五千饼，鸡狗窜尽山边村。

携来诈马⑯筵，和入湩酪⑰供鲸吞。

岂知灵苗有真味，瓦铫⑱合煮青松根。

尔来历年有四百⑲，御园久废名犹存。

筥篮⑳四月走商贩，茶户几姓传儿孙？

我思蠛鱼桔柚任土贡㉑，微物亦可充天阍㉒。

朝廷玉食㉓自不乏，何用置局笼丘樊㉔。

茶兮尔㉕何如？乃以尔故灾黎元㉖。

追思兴㉗也实祸首，幸保要领归九原㉘。

山灵曷不请于帝㉙，按以女青鬼律笞其魂㉚。

传语后来者，毋以口腹媚至尊㉛。

【作者小识】

查慎行（1650—1727），原名嗣琏，字夏重，号初白，又号他山，浙江海宁人。康熙贴身文学侍从。诗学苏轼、陆游，风格清新隽永，善用白描手法。著有《敬业堂诗集》。

【注释】

①御茶园：简称"御园"，专供采制贡茶的茶园。武夷山御茶园始建于元大德六年（1302）。故址在卧龙潭南。明嘉靖间荒废。

②建产：建州出产。唐时建州辖境相当于今福建南平以上除沙溪中上游以外的闽江流域地区。古代著名的武夷山茶、北苑茶皆产于此，现为乌龙茶主要产地。

③北苑、壑源：两者都是宋代闽北著名的茶叶产地，又作为两地所产的茶叶名称，均为当时名重天下的贡茶。

④研膏、京挺：把茶叶精制成膏状或挺（块状），两者均为南唐（937—945）贡茶。

⑤白龙之团青凤髓：指贡茶龙团、凤饼。制作中把茶叶压成饼状再加印龙凤花纹。

⑥辇载入洛重马奔：运送贡茶的皇家车辆两马并驰奔向京都洛阳。

⑦粟粒芽：《武夷山记》："山产茶如粟粒者，初春芽茶也，品最贵。"

⑧丁谓：参阅本书选录的丁谓诗注。熊蕃：北宋学者，建阳人，曾奉旨往建州凤凰山麓北苑造茶，深以陆羽《茶经》未提北苑茶为憾，遂著《宣和北苑贡茶录》，专述北苑茶采焙入贡法式。

⑨君谟：蔡襄字，参阅本书选录的蔡襄诗注。这句诗意在对蔡氏取悦朝廷的行径表示不屑。

⑩碌碌：平庸。

⑪宣和：宋徽宗赵佶年号（1119—1125）。

⑫高兴：元代人，曾任浙江行省平章（主一省政务的长官），有一回路过武夷山发现武夷茶品质优良，便亲自监制几斤名为"石乳"，献给皇帝，获得赞赏，便立即命令作为"岁贡"。后其子高久住任邵武路总管，亲往武夷山督造贡茶，并于大德六年（1302），在武夷山九曲溪四曲之畔创设"御茶园"。高兴父子所作所为都在于向皇帝献媚邀宠。

⑬大德三年：大德是元成宗铁穆耳年号。"三年"即1299年。

⑭初春、次春：茶名。明洪武二十四年（1391）皇帝诏颁福建建宁（武夷山当时隶属于建宁府）所贡茶为上品。茶名有四：探春、先春、次春、紫笋。初春即先春。

⑮一火二火：当时焙制茶叶的工序。麝：香气。

⑯诈马：清代皇帝秋猎时搞的一种儿童竞技宴乐活动。让一群六七岁孩子骑马追逐，数里外竖立一大旗，谁先到谁受上奖，称为"诈马"。

⑰湩酪：乳酪。湩：乳汁。

⑱瓦铫：陶制的烹茶器具。铫：一种有柄有流的烹器，俗称吊子。

⑲四百：指茶饼四百块。

⑳筥篮：竹编的提篮。

㉑蟪鱼：珍珠和鱼。蟪为蚌的别名。蟪珠即珍珠。土贡：各地向朝廷进贡的土特产。

㉒天阍：指代宫廷。阍：皇宫大门。

㉓玉食：形容美味佳肴。

㉔丘樊：指山乡村落。丘：土丘；樊：篱落。全句意思是：何必还要设置焙茶局（御茶园）来折腾山村的老百姓呢。

㉕尔：你。

㉖黎元：老百姓。

㉗兴：指策划创设武夷山御茶园的罪魁祸首高兴。

㉘"幸保"句：像高兴这种媚上扰民的坏蛋最后还能保全身体平安地回老家。要领：要，古"腰"字；领：脖子。郑玄："全要领者，免于刑诛也。"九原：九州，诗中指高兴的家乡。

㉙山灵：山中的神灵。于：向。

㉚女青鬼律：道家符箓，有《女青鬼律》十卷。答：鞭打。

㉛毋：勿，不要。媚：献媚。至尊：封建皇帝。

【助读】

这首诗重点不在描写武夷山御茶园的秀美风光，而在于控诉北宋丁谓、熊蕃以及元代高兴父子的恶行。他们为了取悦君主，给自己谋利，挖空心思，利用武夷山出产的优质茶精制贡茶，直至在九曲溪的四曲之畔创设皇家焙茶

【清】白地红花卉开光荷花纹茶壶

局，称"御茶园"，专事纳贡，给当地广大人民群众造成沉重的负担和无尽的灾难。对此，诗人义愤填膺，向那些媚上害民的家伙发出强烈的诅咒，并希望后来人从中吸取深刻的教训。

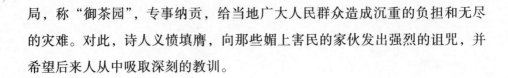

紫砂壶铭诗①

（清）郑 燮

嘴尖肚大耳偏高，才免饥寒便自豪。

量②小不堪容大物，两三寸水起波涛。

【作者小识】

郑燮（1693—1765），字克柔，号板桥，江苏兴化人。乾隆进士，历任山东范县、潍县知县。以书画闻名，擅画兰竹，书法以隶、楷、行三体相参，别成一格。平日与茶结缘，写过很多茶诗、茶联，雅俗共赏。其《竹枝词》中"郎若闲时来吃茶"一语双关，广为传诵。为"扬州八怪"之一，著有《板桥全集》。

【注释】

①紫砂壶铭：镌刻在紫砂壶上的铭文。紫砂壶是产于江苏宜兴的一种顶级茶壶。它的优越性在于具有独特的材质（紫砂泥）和烧制工艺，透气性能好，能够保留茶叶固有的芳香，而且造型古朴美观，融雕塑、绘画、书法、篆刻艺术于一体，具有高度的欣赏价值。当今它不仅是实用茶具，而且是高品位的艺术精品。

②量：容量。喻人度量。

【助读】

这首诗主旨不在于赞美紫砂壶的用途和价值，而在于借物喻人。作者抓住紫砂壶的若干造型特点，展开丰富的想象，有力地鞭挞了社会上一些知识浅薄、器量狭小，却偏要摆阔吹牛的无耻小人。

【清】邵元祥款紫砂壶

《红楼梦》茶诗三首①

（清）曹雪芹

其一②

一局输赢料不真③，香销茶尽尚逡巡④。

欲知目下兴衰兆，须问旁观冷眼人⑤。

其二⑥

古鼎新烹凤髓香⑦，那堪翠罋贮琼浆⑧。

莫言绮毂无风韵⑨，试看金娃对玉郎⑩。

其三⑪

绛芸轩里绝喧哗⑫，桂魄流光浸茜纱⑬。

苔锁石纹容睡鹤⑭，井飘桐露湿栖鸦⑮。

抱衾婢至舒金凤⑯，倚槛人归落翠花⑰。

静夜不眠因酒渴，沉烟重拨索烹茶⑱。

茶诗里的中国韵

【作者小识】

曹雪芹（约1715—1763或1764），名霑，字梦阮，号雪芹、芹圃、芹溪，满族人，祖籍河北丰润，后迁辽阳，入满洲正白旗，清小说家。自曾祖父起，三代承袭江宁织造，雍正五年（1727）在统治阶级内部斗争中，遭到牵连，被抄家后生活贫困。晚年栖居北京西郊，以十年心血创作长篇小说《红楼梦》（《石头记》），为后人留下一部反映中国封建社会末期社会生活的百科全书式的伟大现实主义作品。小说中涉及我国很多名茶，诸如云南普洱茶、安徽六安茶、湖南君山银针、浙江西湖龙井、福建"凤髓"，以及外国进口的暹罗茶等等，而且还写到吃年茶、奠晚茶、迎客茶和茶定等等吃茶民俗，甚至连泡茶用水、饮茶用具的选择也写得十分细致。据统计，全书多达270多处写到茶，因而有"一部《红楼梦》满纸茶叶香"之说。由此可知曹氏精于茶道，具有丰富的茶学知识。

【注释】

①茶诗三首：《红楼梦》中涉及茶的诗篇很多，这里仅选出三首。标题及后面的"其一"……标序均系编者所加。

②其一：这首诗是甲戌本第二回《贾夫人仙逝扬州城，冷子兴演说荣国府》的开头。

③"一局"句：一局棋谁输谁赢实难预料。

④"香销"句：香燃尽了，茶喝光了，将要输掉的一方还在努力挽回败局。逡巡：欲进不进，迟疑不决的样子，意为将要输掉的一方不甘心失败，仍然做着最后的挣扎。

⑤"欲知""须问"二句：要知道这盘棋最后谁输谁赢，只需请教在场冷眼旁观的人。

⑥其二：这首诗是《红楼梦》甲戌本第八回《贾宝玉奇缘识金锁，薛宝钗巧合认通灵》的开头。

⑦"古鼎"句：古老的茶炉里烹煎着名贵的"凤髓"茶，芳香四溢。凤髓：宋代著名贡茶，产于建安。

⑧"那堪"句：怎么能用古老的翠色青铜酒杯来贮藏当今鲜香的顶级贡茶？斝：商周时代酒器，青铜制，圆口，三足，用以温酒。琼浆：喻"凤髓"茶汤。

⑨"莫言"句：不要说身穿绮罗的女子没有风韵。绮縠：绮罗。縠为绉纱一类的丝织品。这里借代薛宝钗。

⑩"试看"句紧承上句，意为：你看"金娃"配上"玉郎"，她就倍有情致了。金娃：指佩带"金锁"的薛宝钗；玉郎：指佩带"通灵宝玉"的贾宝玉。

⑪其三：这首诗是《红楼梦》第二十三回贾宝玉创作的《四时即事》第二首，即《秋夜即事》。

⑫绛芸轩：贾宝玉原来的住所。进入怡红院后，作品中仍有多次以"绛芸轩"称其卧室（如第三十六、五十九回）。绝：隔断。

⑬"桂魄"句：月光透过红色的窗纱。传说月宫里有桂树。桂魄：月光。茜：茜草，其根可作大红色染料，因以指大红色。

⑭"苔锁"句：青苔布满的石上可以让仙鹤沉睡。

⑮"井飘"句：水井里升腾的水汽在桐树上结成露珠，沾湿了栖宿的乌鸦。

⑯衾：被子。舒金凤：摊开被子，显现绣在面上的凤凰图案。

⑰倚槛人：倚着栏杆的人。指陪伴贾宝玉的侍婢。落翠花：卸下绿色的玉石首饰。

⑱"沉烟"句：拨旺青烟低沉的炉火，向侍婢索要烹煮的茶汤。

【助读】

其一，《红楼梦》第二回通过古董商冷子兴的"演说"，概括地介绍了贾府的世系、成员和史、王、薛等亲戚，及主人公贾宝玉"乖僻邪谬""古今不肖无双"的性格以及与其严父贾政的矛盾。从贾府的盛况中透露出衰象，预示着一个封建官僚家族走向崩溃的必然性。这首诗以两人对弈比喻当时封建势力与新生力量的较量，封建势力尽管嚣张，仍在挣扎；但其衰败的凶

兆，已显露无遗，让局外人看得十分清楚。从
这首诗"香销茶尽"的描写中，我们看到古人
下棋有焚香、品茗的习惯。品茶可以提神清脑，
让人保持长久的兴奋状态。

其二，在旧时代，封建家长为了维护他们
包办儿女婚姻的宗法权力，制造了"婚姻前定"
的"天命"论来欺骗青年男女。贾宝玉身上的
"通灵宝玉"，薛宝钗身上的"金锁"都是封建

【清】白地矾红彩题诗盖碗

宿命姻缘的象征物。按照他们的"天命"论，宝玉只能娶宝钗，而不能娶黛
玉。这回故事第一次安排宝玉、宝钗、黛玉三人相聚一处，对他们不同的性
格、心理展开细致的描写。这首诗前两句以比喻描写新旧事物的矛盾，不可
相容。后两句借宝玉与宝钗两人身上的饰物叙写封建家长的希望，他们认为
只有宝钗能够"锁"住宝玉，让他成为这个封建没落家族的继承人。

其三，《四时即事》中三首都写到茶。这首诗前四句写宝玉住处绛芸轩
秋夜月色溶溶，睡鹤栖鸦，静谧宜人。后四句写宝玉养尊处优，侍婢娇丽，
醉酒后获得无微不至的照料，及时喝上可口的茶汤。《夏夜即事》《冬夜即
事》分别写道"倦绣佳人幽梦长，金笼鹦鹉唤茶汤""却喜侍儿知试茗，扫
将新雪及时烹"。由此可知，作者塑造的贵家公子贾宝玉多么爱茶、嗜茶，
生活中离不开茶，而且他的侍婢们谙熟茶艺，善用雪水烹茶。

试茶

（清）袁　枚

闽人种茶当种田①，郄车而载盈万千②。

我来竟入茶世界，意颇狎视心岂然③。

道人作色夸茶好④，磁壶袖出弹丸小⑤。

一杯啜尽一杯添，笑杀饮人如饮鸟⑥。

云此茶种石缝生，金蕾珠蘽殊其名⑦。

雨淋日炙俱不到，几茎仙草含虚清⑧。

采之有时焙有诀，烹之有方饮有节⑨。

譬如曲蘖本寻常⑩，化入之酒不轻设⑪。

我震其名愈加意，细咽欲寻味外味。

杯中已竭香未消，舌上徐停甘果至⑫。

叹息人间至味存⑬，但教卤莽便失真⑭。

卢仝七碗笼头吃，不是茶中解事人⑮。

【作者小识】

袁枚（1716—1798），字子才，号简斋，晚年自号随园老人。钱塘（今浙江杭州）人。乾隆进士，授翰林院庶吉士。后出知溧水、江浦等县。四十岁辞官，定居江宁（今属南京），专事诗文著述。为乾隆、嘉庆年间重要诗人之一，著有《小仓山房诗文集》《随园诗话》《子不语》等。

【注释】

① "闽人"句：茶为福建主要经济作物之一。农民把种茶视同种田，精于种植。

② "郗车"句：用空车去装载茶叶者，成千上万。郗车：空车。

③ "意颇"句：心里想深入其境，陶醉其中。狎：亲近。卣：古代酒器。卣然，引申作陶醉。

④道人：道士。诗中指武夷山上的道教信徒。例如道士白玉蟾自称"琼

山道人"。作色：改变脸色。这里指表情变得庄重、严肃。

⑤弹丸：弹弓使用的泥丸、石丸或铁丸。比喻茶壶的体积极小。

⑥饮鸟：小鸟饮水，其量极少。

⑦金蕾珠蘖：金子般的蓓蕾，珍珠般的嫩芽，喻极为珍贵。蘖：树木的嫩芽。

⑧虚清：大自然的灵气。虚：太虚，大自然。

⑨节：节制、限度。"饮有节"指饮用要有节制，不可滥饮。

⑩曲蘖：酒母。《书·说命下》："若作酒醴，尔惟曲蘖。"

⑪"化入"句：酿酒时加入酒母要有一定的限量。轻设：随便地加入。

⑫"舌上"句：让茶汤慢慢地停在舌尖上，甘甜的滋味果然就来了。

⑬至味：最美的滋味。

⑭卤莽：亦作"鲁莽"。行为粗率。失真：失去真味。

⑮解事：懂得茶事，指品茶。

【助读】

诗人首先热情地以"茶世界"概括福建武夷山茶业的繁荣景象。接着描述道人独特的饮茶方式，以及道人对于武夷岩茶独特的生长环境与制作、烹饮技艺的介绍，最后写亲自品饮的深刻感受。诗中特别强调武夷茶的优质在于"采之有时焙有诀"，茶味妙在"烹之有方饮有节"，认为品尝好茶必须细嚼慢咽，寻求其味外之味，方知其真味所在。同时对于古人大碗喝茶不得真味的粗莽行为，予以大胆的否定。

袁枚《随园食单》摘录：余向不喜武夷茶，嫌其浓如饮苦药。然丙午秋，余游武夷，到曼亭峰天游寺诸处，僧道争以茶献。杯小如胡桃，壶小如香橼，每斟无一两。上口不忍遽咽，先嗅其香，再试其味。徐徐咀嚼而体贴之，果然清芬扑鼻，舌有余甘。一杯之后，再试一二杯，令人释躁平矜，怡情悦性。始觉龙井虽清而味薄矣，阳羡虽佳而韵逊矣。颇有玉与水晶品格不同之故。故武夷享有天下盛名，真乃不忝。

咏武夷茶①

（清）陆廷灿

桑苎家传旧有经②，弹琴喜傍武夷君③。

轻涛松下烹溪月，含露梅边煮岭云④。

醒睡功资宵判牒，清神雅助昼论文⑤。

春雷催茁仙岩笋⑥，雀舌龙团取次分⑦。

【作者小识】

陆廷灿（1720年前后在世），字秋昭，号幔亭，江苏嘉定人。茶圣陆羽后代。录为贡生。官崇安（今福建省武夷山市）知县、候补主事。著有《续茶经》。此书草创于崇安任上，定稿于归田以后。雍正十二年（1734）问世。其目录完全与陆羽《茶经》相同。对唐以后的茶事资料收罗宏富，并进行考辨。虽名为"续"，实际上是一部完全独立的著述。《四库全书总目》称此书"订定补辑，颇切实用，而征引繁富"。还有《南村随笔》《艺菊志》等著作。

【注释】

①武夷茶：武夷山茶业历史悠久，影响深远。唐徐夤诗《谢尚书惠蜡面茶》中就有关于进贡蜡面茶的记述。宋代武夷山茶业日趋繁盛，其中龙凤茶列为极品贡茶。元大德六年（1302）更在武夷山设"御茶园"监制贡茶。明初罢贡茶龙团，改制散茶，逐渐外销，享誉西方。欧美甚至把Bohea（武夷）作为中国茶的总称。瑞典权威植物学家林奈在其《植物种类》一书中，把"武夷变种"作为中国茶树的代表。武夷山现为联合国教科文组织确定的

世界文化与自然遗产保护地区。武夷茶为中国十大名茶之一。

②桑苎：唐代茶圣陆羽自称"桑苎翁"。家传：家族传承。作者称自己是陆羽的后代，《茶经》乃其传家之宝。经：《茶经》。

③"弹琴"句：我总喜欢到武夷山上陪在武夷山神的身边弹琴。武夷君：传说中居住在武夷山上的神。

④"轻涛""含露"二句：在轻柔的松涛声中，用圆月似的茶饼烹煮清溪一样的茶汤；在挂着晶莹的露珠的梅树下，烹煮那绿云般的新芽。溪：清溪，喻茶汤；月：喻圆形茶饼。绿云：指满山遍野的新茶像绿色的彩云。

⑤"醒睡""清神"二句：头脑清醒，有益我夜里处理公文；提振精神可助我白天写作诗文。功：功效。资：帮助。牒：官府文书。雅：高尚美好的兴致。

⑥仙岩笋：指武夷山上的茶芽。

⑦取次分：品评之后分出等级。

【助读】

作者在这首诗中描述了自己在崇安知县任上亲赴武夷山流连山水和品茶评茶的情景，同时热情地赞美武夷茶具有振奋精神，助益其夜以继日地处理文案、写作诗文的神功。作为茶圣陆羽的后人，诗人继承先祖的学术研究，撰写《续茶经》补上其先祖在《茶经》中未列入的武夷名茶，可以说是中国茶文化史上的一则佳话。

【清】乾隆仿古款粉彩鸡缸杯

【卖花声】焙茶①

（清）蔡廷弼

三板②小桥斜，几棱桑麻③，旗枪半展采新茶④。

十五溪娘纤手焙⑤，似蟹扒沙⑥。

人影隔窗纱，两鬓堆鸦⑦，碧螺山下是侬家⑧。

吟渴书生思斗盏⑨，雨脚云花⑩。

【作者小识】

蔡廷弼（生卒年不详），字调夫，号古香。浙江德清人。曾任兰溪县训导。有《百末词集》，一名《太虚斋词》。

【注释】

①卖花声：词牌名。焙茶：本篇标题。加工散茶有炒青、蒸青、晒青三种方法。碧螺春茶叶经拣剔后，焙制过程含杀青、揉捻、搓团、干燥几道工序，全靠手工操作。

②三板：形容木桥短小。

③几棱桑麻：几块地里种着蚕桑、苎麻。棱：田间土垄，作为约计田亩的单位。唐陆龟蒙诗《奉酬袭美苦雨见寄》："我本曾无一棱田。"

④"旗枪"句：新茶叶展如旗、芽尖如枪，可以采摘了。

⑤十五溪娘：年方十五岁的农村姑娘。

⑥似蟹扒沙：形容姑娘们焙茶时手指的灵活动作。

⑦两鬓堆鸦：焙茶姑娘两鬓的秀发，乌黑如鸦。

⑧"碧螺山下"句：我的家在著名的茶乡碧螺山下。碧螺山在江苏苏州洞庭东。侬：我。

⑨"吟渴"句：正在吟哦诗句的书生们，瞥见焙茶姑娘的身影，闻到茶的清香，顿感口渴，想喝大杯的茶。斗盏：此指斗大的茶盏，或谓大茶杯。

⑩雨脚云花：指茶盏中茶叶沉落游移，升腾的热气如云如花。

【助读】

词人描绘了一幅春天里江南茶乡碧螺山下美丽的风情画。上阕描写桑田、茶山、清溪、小桥，突出焙茶少女们"似蟹扒沙"般的劳动场景。下阕描写透过窗纱所见焙茶少女的秀美形象，不禁让正在吟哦诗句的书生们心旌飘动、顿感口渴，企望大盏喝茶并且欣赏茶盏中的"雨脚云花"。

茶

（清）高　鹗

瓦铫煮春雪，淡香生古瓷①。

晴窗分乳后，寒夜客来时②。

漱齿浓消酒，浇胸清入诗③。

樵青④与孤鹤，风味尔偏宜⑤。

【作者小识】

高鹗（约1738—约1815），字兰墅，别署红楼外史。汉军镶黄旗人。乾隆进士。官翰林院侍读。现代文学研究者一般认为小说《红楼梦》后四十回为高鹗所续，且对前八十回亦颇多改动。撰有《史治纲要》。亦能诗词，有《高兰墅集》《月小山房遗稿》。

【注释】

①"瓦铫""淡香"二句——用陶制的铫子烹煮新芽，汤白如雪；斟入古老的茶瓯，飘出淡淡的清香。铫：一种带柄有流的烹煮东西用的器具。

②"晴窗""寒夜"二句：天气晴朗的日子，在窗前煮茶鉴别品味，夜里就把它当作美酒款待客人。上句化用陆游《临安春雨初霁》"晴窗细乳戏分茶"诗意，分乳即分茶；下句化用杜耒《寒夜》"寒夜客来茶当酒"诗意。

③"漱齿""浇胸"二句：茶汤可以漱齿保牙，可以解酒提神，可以荡涤胸襟，激发诗兴。上句运用《东城杂记》与《蛮瓯志》两个典故：苏轼食后以浓茶漱口，去烦洁齿保养脾胃的经验和白居易以六班茶帮助刘禹锡醒酒的故事；下句化用曹邺《故人寄茶》中"……六腑睡神去，数朝诗思清"两句诗，来描述茶作为瑞草魁的神奇功效。

④樵青：唐人张志和父母去世后不再当官，肃宗赐予男女奴婢各一。张将其配为夫妇并取名：男为渔童，女为樵青。此后人们便以樵青作为女婢的通用名。孤鹤：闲云野鹤，借指士大夫阶层逍遥自在的闲人。

⑤"风味"句：紧承上句，不论平民百姓还是士大夫阶层都要饮茶，只是人们偏好的风味不同而已。

【助读】

本诗前四句描述使用陶瓷茶具烹茶斟茶，色香味俱佳，可当美酒款待客人。后四句叙写茶的多种功用，堪称瑞草之魁，全社会不论何人，皆可各取所需。全诗突出的艺术特色是作者善于化用古人诗句和历史典故，让读者展开联想，获得深刻的启示。

【清】绿地粉彩缠枝莲蝠纹单柄杯

咏茶诗

（清）蒋周南

丛丛佳茗被岩阿①，细雨抽芽簇实柯②。

谁信芳根枯北苑③，别饶灵草产东和④。

上春分焙工微拙⑤，小市盈筐贩去多⑥。

列肆武夷山下卖⑦，楚才晋用怅如何⑧。

【作者小识】

蒋周南（1790年前后在世），河南睢州（今睢县）人。拔贡。乾隆五十五年任政和知县。

【注释】

①"丛丛"句：一丛又一丛好茶树覆盖着一座座山丘。岩：山崖。阿（ē）：大的丘陵。

②"细雨"句：一阵蒙蒙小雨过后，茶叶纷纷抽芽，缀满枝条。簇：聚集。柯：枝条。

③"谁信"句：谁能料想得到今天北苑已不再制造贡茶，以至于茶树枯萎。北苑：在建安凤凰山下，宋元为贡茶产地。明嘉靖三十六年御茶改由延平（今南平市）制造，北苑茶园荒废。枯：指茶树枯萎。

④"别饶"句：另择富饶的地方政和（属延平市）种植贡茶。灵草：茶的雅称。东和：政和县旧称。

⑤上春：泛指初春。工微拙：只作初步加工。

⑥小市：乡村内小范围交易。

⑦列肆：商铺成排。

⑧楚才晋用：出自"楚虽有材，晋实用之"，借《左传》中的故事类比：政和出产的好茶叶，经茶贩转销以后，就变成武夷山一带的特优产品了。

怅：怅惘、懊恼。

【助读】

政和县原名关肃镇，又名东和。北宋咸平三年（1000）升镇为县，名关棣县，产茶历史悠久。唐末即已盛产银针，宋徽宗政和五年（1115）当地因进贡银针，"喜动龙颜，获赐年号，遂改县名关棣为政和"。明万历间当地发现大白茶，便广为种植，称"仙岩茶"。从此产量渐增，清代进入鼎盛。到乾隆五十五年（1790）蒋周南任知县时，由于当地未设茶行、茶庄，产品未作深加工，茶季一到，只能让外地茶贩来此上门收购，再雇佣劳力源源运往崇安县一带茶市发售，大获其利。人们只知道这些好茶来自崇安，可不知道它产于政和。蒋周南时为知县，面对此种情况，不禁联想起历史上"楚材晋用"的故事，颇生感慨。

经过多少年的实践探索，政和人不断地增强市场意识，不断地提高茶叶产品质量，终于用汗水和智慧创造了许多品牌，其中有驰誉海内外的"政和工夫"。

过扬州①

（清）龚自珍

春灯如雪浸兰舟②，不载江南半点愁。

谁信寻春此狂客③，一茶一偈到扬州④。

茶诗里的中国韵

【作者小识】

龚自珍（1792—1841），字璱人，更名易简，字伯定，又更名巩祚，号定庵，又名羽琌山民。浙江仁和（今杭州）人。道光九年（1829）进士。曾任内阁中书、宗人府主事、礼部主事等职。道光十九年辞官南归，两年后卒于丹阳云阳书院。论学主公羊学派，讲求经世致用，主张革新，与同时代的魏源齐名，为近代思想界先驱者。其诗想象丰富，语言瑰丽，对后世影响较大。有《龚自珍全集》。

【注释】

①扬州：在江苏省中部、长江北岸，京杭大运河经此，为中国历史文化名城，自古系繁华之地。

②兰舟：装饰美丽的船只。

③狂客：放荡不羁的人。唐代诗人贺知章自号"四明狂客"。此为作者自况。

④偈："偈陀"的简称，意为"颂"，即佛经中的唱词。

【助读】

道光十九年（1839），即鸦片战争爆发前一年，岁次己亥。作者于此年春季自京师辞官南归杭州，后又北上迎接眷属，于南北往返途中写成七绝315首，题为《己亥杂诗》。诗中或直抒胸臆，或回忆旧事，无情地揭露了清政府的腐败无能，造成"万马齐喑"民不聊生的政治社会局面，同时热切地期盼仁人志士们站出来挽救风雨飘摇的国运，这首绝句乃自京返杭路过扬州时所作。前两句写景，扬州"春灯如雪"映照着运河上美丽的船只，船上的人照常寻欢作乐，没有半点愁绪。诗中以极为简练的语言，活画出国难临头之前国人的精神麻木状态。三、四句描绘诗人的自我形象：以当年自称"四明狂客"的诗人贺知

【清】青花描金山水楼阁图盖壶

章自况，在船上一边品茶，一边诵读佛经中的偈语，借以消磨旅途上的时光。为什么诗人不借酒浇愁？这便是诗人有别于常人之处——他要借助灵芽的威力提神清脑；他要从佛家偈语中获取哲理的启示，振奋精神。

采茶曲

（清）黄炳堃

正月采茶未有茶，村姑一队颜如花。

秋千戏罢买春酒，醉倒胡床①抱琵琶。

二月采茶茶叶尖，未堪劳动玉纤纤。

东风骀荡②春如海，怕有余寒不卷帘。

三月采茶茶叶香，清明过了雨前③忙。

大姑小姑入山去，不怕山高村路长。

四月采茶茶色深，色深味厚耐思寻。

千枝万叶都同样，难得个人不变心。

五月采茶茶叶新，新茶远不及头春。

后茶那比前茶好，买茶须问采茶人。

六月采茶茶叶粗，采茶大费拣工夫。

问他浓淡茶中味，可似檀郎④心事无。

七月采茶茶二春，秋风时节负芳辰⑤。

采茶争⑥似饮茶易，莫忘采茶人苦辛。

八月采茶茶味淡，每于淡处见真情。

浓时领取淡中趣，始识侬⑦心如许清。

九月采茶茶叶疏，眼前风景忆当初。

秋娘莫便伤憔悴，多少春花总不如。

十月采茶茶更稀，老茶每与嫩茶肥。

织缣不如织素好⑧，检点女儿箱内衣。

冬月采茶茶叶凋，朔风⑨昨夜又今朝。

为谁早起采茶去，负却兰房寒月宵。

腊月采茶茶半枯，谁言茶有傲霜株。

采茶尚识来时路，何况春风无岁无⑩。

【作者小识】

黄炳堃（1832—1904），字笛楼，别号迂道人。广东新会邑城人。清末岭南派琴家。对诗、古文辞、金石亦精通。曾任云南景东知县、腾越同知。著有《希古堂文存》十卷。

【注释】

①胡床：亦称"交床""交椅""绳床"，一种可以折叠的轻便坐具。

②骀荡：舒缓荡漾。

③雨前：谷雨节气到来之前。

④檀郎：晋代美男子潘岳，小名檀奴。因以"檀郎"或"檀奴"作为美男子的代称，也作为夫婿或所爱慕的男子的美称。

⑤芳辰：美好的时光。此指青春年华。

⑥争：怎么。

⑦侬：我。此为少女自称。李白《秋浦歌》："寄言向江水，汝意忆

侬不？"

⑧缣：双丝的淡黄色绢。素：白色生绢。

⑨朔风：北风。

⑩无岁无：每年都会有。

【助读】

诗人曾任云南地方官，熟悉当地风土人情。这首诗是描述云南普洱茶文化和习俗的佳作。诗人采用民歌形式，描述了普洱茶一年四季的生长过程及其特点，以及"清明过了雨前忙，大姑小姑进山去"的热烈劳动场景和采茶人"不怕山高村路长""负却兰房寒月宵"不畏艰险的高贵品格；写出了采茶人、拣茶人、贩茶人、品茶人的不同情感和心态；同时融进了采茶女的爱情纠葛，其格调既华丽轻柔，又淳朴坚贞，人物形象鲜灵，跃然纸上。

工夫茶诗①

（清）王步蟾

工夫茶转费工夫，啜②茗真疑嗜好殊。

犹自沾沾夸器具，若琛杯配孟公壶③。

【作者小识】

王步蟾（1853—1904），字金波，号桂庭。福建厦门人。幼聪颖，人惊为神童。应县府试，咸列前第。光绪举人。精研经史，曾任闽清教谕。后辞归，掌教禾山、紫阳书院。性刚直。日人欲租虎头山为租界，他同当地人民一起坚决抗争。有《小雪堂诗钞》。

【注释】

①工夫茶：亦称"条红茶""全发酵茶"。源于福建崇安（今武夷山市）正山小种。先有星村小种红茶，继而产生工夫红茶。其制作工艺繁复，很费工夫，操作大有学问，品饮方式与茶具选择都十分考究。主产于福建、安徽、江西、云南、湖南、四川、贵州、浙江、江苏、广东、台湾等地，系中国传统名茶，在世界茶叶市场上占有重要地位。

②啜：用嘴唇慢饮。

③若琛杯：又名若琛瓯，为品饮工夫茶的高级茶具。若琛，江西人，善制瓷，所制茶杯仅半个乒乓球大，小巧玲珑，胎薄如纸，莹洁如玉。孟公壶：一种宜兴紫砂茶壶，又叫孟臣罐，为一位叫惠孟臣的制瓷大师制造，仅柿子般大，造型典雅美观。

【助读】

诗人首先赞叹工夫茶制作的精细工艺与其嗜好者追求之超凡脱俗，接着便为自己拥有与之相匹配的精美茶具——若琛杯与孟公壶而十分得意。如果说一套上好的茶具称得上艺术品，那么上好的茶叶特别是经过精细加工的"工夫茶"就更是艺术品了。这样，品茶也就自然成为一种高雅的艺术享受了。

榕城茶市歌①

（清）翁时农

头春已过二春来②，榕城四月茶市开。

陆行负担③水转运，番船互市顿南台④。

千箱万箱日纷至，胥吏⑤当关催茶税。

半充公费半私抽，加重征商总非计。

前年粤客来闽疆，不惜殚⑥财营茶商。

驵伶恃强最奸黠⑦，火轮横海通西洋⑧。

西洋物产安足宝？流毒中原只烟草⑨。

洋税暂能国帑⑩盈，坐耗民脂⑪悔不早。

建溪之水流延津⑫，武夷九曲山嶙峋⑬。

奔赴灵气钟吾闽⑭，奇种遂为天下珍。

乌龙间投徒饰色，名花虽馥失其真⑮。

天生特勒泰西种，销售唯视泰西人⑯。

此亏成本彼抑价，一语不合夷人嗔⑰。

独不闻，夷人赖茶如粟米⑱，一日无茶夷人死。

【作者小识】

翁时农（咸丰年间前后在世），字萃老，福建福州南台人。著有《正始堂诗钞》。

【注释】

①榕城茶市：相传旧时设在福州仓前山泛船浦、海关埕一带。榕城：福州的别称。

②头春、二春：春茶俗称头春。立夏后采的夏茶俗称二春。

③负担：背上驮的、肩上挑的。

④番船：旧时指外国人的船。南台：指旧时福州台江码头。

⑤胥吏：官府里办理文书的小吏。

⑥殚：竭尽。

⑦驵侩：牙商、市侩。奸黠：奸诈狡猾。

⑧火轮：旧称轮船。

⑨烟草：指鸦片。

⑩国帑：国库所藏的金帛。

⑪民脂：人民群众用血汗换来的财富。

⑫延津：延平津，含今南平市辖区。

⑬嶙峋：形容山峦高耸层叠貌。

⑭灵气：灵秀之气。钟：集中。

⑮"乌龙""名花"二句：在乌龙茶焙制中加入香花，只是让茶色鲜丽，但是花香反而让名茶失去真味。

⑯"天生""销售"二句：意思是官府特别命令为卖给西方人而种，可是售出的价钱要由西方人来定。勒：命令。视：看，诗中指看西方人的出价来定。泰西：犹言极西的地方，旧时指西方国家。

⑰夷人：旧时对外族或外国人的鄙称。嗔：怒。

⑱赖：依赖。诗中为嗜好之意。粟米：泛指粮食。

【助读】

福州对外茶叶贸易历史悠久。1666年起荷兰东印度公司将中国茶叶直接输入欧洲。1684年福州设立闽海关，为全国首个设立海关城市。1884年"五口通商"后，福州与汉口、九江并列为中国三大茶市，茶叶年出口量达400万磅，占全国茶叶出口总量35%，成为驰名中外的"世界茶港"、海上丝绸之路茶叶外销的重要输出港和转运港。

【清】青花山水楼阁花口盘

这首《榕城茶市歌》记述了清末福州茶市上西方列强大肆掠夺福建名茶，官僚从中征取捐税，市侩乘机盘剥茶农，造成茶叶生产、输出越多，广大人民群众遭灾越重的悲惨状况，从而愤怒地控诉了侵略者、清政府和不法商人的罪行。

茶之源

最早的茶字

在古代史料中，茶的名称很多。在公元前2世纪，西汉司马相如的《凡将篇》中提到的"荈诧"就是茶；西汉末年，在扬雄的《方言》中，称茶为"蔎"；在《神农本草经》（约成书于汉朝）中，称之为"荼草"或"选"；东汉的《桐君录》（撰人不详）中谓之"瓜芦木"；南朝宋山谦之的《吴兴记》中称为"荈"；东晋裴渊的《广州记》中称之为"皋芦"；此外，还有"诧""姹""茗""槚"等称谓，均认为是茶之异名同义字。唐陆羽在《茶经》中，也提到"其名，一曰茶，二曰槚，三曰蔎，四曰茗，五曰荈"。总之，在陆羽撰写《茶经》前，对茶的提法不下十余种，其中用得最多、最普遍的是荼。由于茶事的发展，指茶的"荼"字使用越来越多，有了区别的必要，于是从一字多义的"荼"字中，衍生出"茶"字。陆羽在写《茶经》（公元758年左右）时，将"荼"字减少一画，改写为"茶"。从此，在古今茶学书中，茶字的形、音、义也就固定下来了。

在中国茶学史上，一般认为在唐代中期（约公元8世纪）以前，"茶"写成"荼"。据查，荼字最早见之于《诗经》，在《诗·邶风·谷风》中记有"谁谓荼苦？其甘如荠"。但对《诗经》中的荼，有人认为指的是茶，也有人认为指的是"苦菜"，至今看法不一，难以统一。开始以荼字明确表示有茶字意义的，乃是我国最早的一部字书——《尔雅》（约公元前2世纪秦汉间成书），其中记有"槚，苦荼"。东晋郭璞在《尔雅注》中认为这指的就是常见的普通茶树，它"树小如栀子。冬生（意为常绿）叶，可煮作羹饮。今呼

265

茶诗里的中国韵

早采者为茶，晚取者为茗"。东汉许慎的《说文解字》也说："茶，苦茶也。"北宋徐铉等在同书的注中亦认为"此即今之茶字"。而将"茶"字改写成"茶"字的，按南宋魏了翁在《邛州先茶记》所述，乃是受了唐代陆羽《茶经》和卢仝《茶歌》的影响所致。明代杨慎的《丹铅杂录》和清代顾炎武的《唐韵正》也持相同看法。但这种说法，显然有悖于陆羽所撰《茶经》的说法。陆羽提出：茶字，"其字，或从草，或从木，或草木并。"接着，陆羽在注中指出："从草，当作茶，其字出《开元文字音义》；从木，当作搽，其字出《本草》；草木并，作茶，其字出《尔雅》。"由此表示，茶字出自唐玄宗（712—755）撰的《开元文字音义》。不过从今人看来，一个新文字刚出现之际，免不了有一个新老交替使用的时期。有鉴于此，清代学者顾炎武考证后认为，茶字的形、音、义的确立，应在中唐以后。他在《唐韵正》中写道："愚游泰山岱岳，观览唐碑题名，见大历十四年（779）刻茶药字，贞元十四年（798）刻茶宴字，皆作茶……其时字体尚未变。至会昌元年（841）柳公权书《玄秘塔碑铭》、大中九年（855）裴休书《圭峰禅师碑》茶毗字，俱减此一画，则此字变于中唐以下也。"而陆羽在撰写世界上第一部茶著《茶经》时，在流传着茶的众多称呼的情况下，统一改写成茶字，这不能不说是陆羽的一个重大贡献。从此，茶字的字形、字音和字义一直沿用至今。

通过茶字的演变与确立，它从一个侧面告诉人们，"茶"字的形、音、义，最早是由中国确立的，至今已成了世界各国人民对茶的称谓，只是按各国语种变其字形而已；它还告诉人们，茶出自中国，源于中国，中国是茶的原产地。

还值得一提的是，自唐以来，特别是现代，茶是普遍的称呼，较文雅点的才称其为"茗"，但在本草文献，如《新修本草》《千金翼方·本草篇》《本草纲目》《植物名实图考·长编》等，以及诗词、书画中却多以茗为正名。可见，茗是茶之主要异名，常为文人学士所引用。

六 朝 之 前

中国是茶树的原产地。然而，中国在茶业上对人类的贡献，主要在于最早发现了茶这种植物，最先利用了茶这种植物，并把它发展成为我国乃至整个世界的一种灿烂独特的茶文化。

六朝以前的茶史资料表明，中国茶业最初兴起于巴蜀。清初学者顾炎武在其《日知录》中考说："自秦人取蜀而后，始有茗饮之事。"指出各地对茶的饮用，是在秦国吞并巴、蜀以后才慢慢传播开来的。也就是说，中国和世界的茶叶文化，最初是在巴蜀发展为业的。顾炎武的这一结论，统一了中国历代关于茶事起源上的种种说法，也为现在绝大多数学者所接受。因此，常称"巴蜀是中国茶业或茶叶文化的摇篮"。

先秦时，中国茶的饮用和生产，主要流传于巴蜀一带。秦汉统一全国后，茶业随巴蜀与各地经济、文化交流的增强，尤其是茶的加工、种植，首先向东部和南部渐次传播开来。如湖南茶陵的命名，就很能说明问题。茶陵是西汉时设置的县份，唐以前写作"荼陵"。《路史》《衡州图经》载"荼陵者，所谓山谷生荼茗也"，也就是以其地出茶而命名的。茶陵是湖南邻近江西、广东边界的一个县，这表明秦汉统一不久，茶的生产和饮用，就由巴蜀传到了湘、粤、赣毗邻地区。但中国茶叶生产和技术的优势，还是在巴蜀。

关于巴蜀茶业在我国早期茶业史上的突出地位，直到西汉成帝时的王褒《僮约》中，才始见诸记载。《僮约》有"脍鱼炰鳖，烹茶尽具""武阳买茶，杨氏担荷"两句。前一句反映成都一带，西汉时不但饮茶已成风尚，而且在富家，饮茶还出现了专门的用具。其后一句，则反映成都附近，由于茶的消费和贸易需要，茶叶已经商品化，还出现了如"武阳"一类的茶叶市场。

在汉以后的三国、西晋阶段，随荆楚茶业和茶叶文化在全国传播的日益发展，也由于地理上的有利条件，长江中游或华中地区，在中国茶文化传播上的地位，慢慢取代巴蜀而明显重要起来。

《华阳国志》是记述汉中、巴蜀和南中等历史、地理情况的一部专著。其中关于各地出产茶叶的资料，主要有这样几条：涪陵郡，"惟出茶、漆"；什邡县，"山出好茶"；南安、武阳，"皆出名茶"；平夷县，"山出茶、蜜"。常璩是蜀郡江原（今四川崇庆）人，西晋末年曾任成汉官吏，东晋时迁居建康（今南京），其在写《华阳国志》前，当看过《荆州土地记》或听到过武陵茶的评价，所以常璩在书中用"出茶""出好茶""出名茶"三级来区分各地出产茶叶的等级，但唯独不提这些地方的茶叶何者最好，这或许其时荆州制茶已超过巴蜀或与巴蜀已不相伯仲的关系。因此，从现存的茶叶史料来看，在三国和西晋时，由于荆汉地区茶业的明显发展，巴蜀独冠我国茶坛的优势，似已不复存在。

北魏、六朝时期虽有少数关于茶的记载，也出土有青瓷茶碗、茶托等茶器，但对于茶文化的整体发展仍不清晰，真正将茶与器有系统地梳理，并能与诗书画以及出土实物结合的，应始于唐代陆羽（约733—803）《茶经》。浙江曾出土东汉时期带有"茶"字款识的茶罐，该茶罐出土于浙江省湖州市罗家村窑石墩砖墓室，罐肩上刻有"茶"字，现藏湖州市博物馆。

【东汉】越窑青瓷带有"茶"字瓷罍

汉景帝（刘启，前188年—前141年）阳陵出土的茶叶，被吉尼斯世界纪录确定为世界最早的茶叶实物，这也标志茶叶开始进入饮用阶段。

汉景帝（刘启，前188年—前141年）阳陵出土茶叶样品

隋唐茶文化

　　隋的历史不长，茶的记载也不多，但由于隋统一了全国并修凿了一条沟通南北的运河，这对于促进隋之后唐代经济、文化以及茶业的发展，还是有其不可忽略的积极意义的。众所周知，唐代尤其是唐代中期，中国茶业有一个很大发展的时期。如封演在其《封氏闻见记》（8世纪末）中所说："古人亦饮茶耳，但不如今人溺之甚；穷日尽夜，殆成风俗，始自中地，流于塞外。"这就是说，茶叶从唐朝中期起，便是南人好饮的一种饮料，从南方传到中原，由中原传到边疆少数民族地区，一下变成了中国的举国之饮。所以我国史籍有茶"兴于唐"或"盛于唐"之说。正是在唐代，茶始有字，茶始作书，茶始销边，茶始收税，一句话，直到这时，茶才真正形成为一种独立和全国性的文化与事业。

　　根据《封氏闻见记》的记载，所谓"茶兴于唐"，具体来说是兴盛于唐代中期。这一点，也和《全唐诗》《全唐文》等唐代各种史籍的记述相一致。在初唐的文献中，很少有茶和茶事的记载。至唐代中期和晚期以后，对茶的论述和吟哦，就骤然增多了起来。

　　人们都很熟悉唐代大诗人白居易的名作《琵琶行》，对于嗜茶者和广大茶叶工作者来说，对其中"老大嫁作商人妇，商人重利轻别离；前月浮梁买茶去，去来江口守空船"的茶事诗句，往往印象特别深刻。浮梁是现在江西的景德镇，江口是指九江的长江口，茶商把妻子一人留在九江船上，自己带着伙计到景德镇去收购茶叶，这里虽未明确指出，但在字里行间可以看出，浮梁是当时东南的一个茶叶集散地，每年新茶上市，茶商竞争是多么的激烈。

唐代茶业的长足发展，也极大地促进了自身的建设。在隋代或唐代初期以前，茶叶最多只能说是一种地区性的生产或文化。至唐代中期以后，随着茶业的发展，茶就成为一种全国性的社会经济、社会文化和一门独立的学问了。

至唐代中期以后，应茶业发展和社会上对茶的知识的需要，出现了陆羽《茶经》等一批茶叶专著，使茶在成为全国性生产和经济的同时，也以独立的崭新的一种学科和文化，展示于世，彪炳千古。

晚唐诗人皮日休在其《茶中杂咏·序》中说："季疵以前，称茗饮者，以浑以烹之，与夫瀹蔬而啜者无异也。季疵始为经三卷，由是分其源，制其具，教其造，设其器，命其煮，……以为之备矣。"即是说，在陆羽之前，我国对茶文化的源流、制茶方法、茶具设置、烹饮艺术，都不够重视，饮茶还如同煮菜喝汤一样；在《茶经》面世以后，对茶叶文化、茶叶生产、茶具和品饮艺术，开始重视和日益讲究起来。这也就是说，在唐代中期，随着我国茶业和茶学的发展，茶叶文化本身，也有了一个很大发展。

唐著名诗人元稹，曾写有一首一至七字《茶》诗，其云："茶，香叶、嫩芽；慕诗客，爱僧家；碾雕白玉，罗织红纱；铫煎黄蕊色，碗转麹尘花；夜后邀陪明月，晨前命对朝霞；洗尽古今人不倦，将知醉后岂堪夸。"在这首茶诗的内容中，除对茶的特点、加工、烹煮、饮用、功效作了全面概括以外，还特别提到爱慕茶叶的"诗客"和"僧家"。应该指出，唐代上至帝王将相，下至乡间庶民，茶叶之所以成为"比屋之饮"，的确与其时社会上的达官名士、高僧仙道在诗文中的赞颂、倡导是分不开的。

日本茶道的要义，是所谓"和、清、敬、寂"四字。其实，在唐人的诗文中，很多也是推崇、追求这样几点。如白居易作诗吟："况兹孟夏月，清和好时节。微风吹夹衣，不寒复不热。移榻树阴下，竟日何所谓。或饮一瓯茶，或吟两句诗。内无忧患迫，外无职役羁。此日不自适，何时是适时！"孟浩然的《清明即事》诗句："帝里重清明，人心自愁思。……空堂坐相忆，酌茗聊代醉。"刘得仁的《慈恩寺塔下避暑》诗:"古松凌巨塔,修竹映空廊。竟日闻虚籁,深山只此凉。僧真生我敬,水淡发茶香。坐久东楼望,钟声振夕阳。"把上述茶的有关诗情画意提炼出来,所重复和追求的,也就是"和清敬寂"这样一类意念。这一点,唐人斐汶《茶述》中概括得尤为简要,其称:茶叶"其性精清,其味浩洁,其用涤烦,其功致和,参百品而不混,越众饮而独高",这表明其对茶叶特性或茶道的认识,已达到了一个颇为精深的程度。

"煮茶"与"煎茶"是唐代的主要煮饮方式,盛行于文人、僧道之间,陆羽在《茶经·五之煮》中以一卷专论茶的煎煮操作方式。唐代煎煮茶法多以饼茶研碾成粉末后为之。饼茶的制法,是将茶叶经过"采之、蒸之、捣之、拍之、焙之、穿之、封之"而成。饮用方式根据《茶经·四之器》和《五之煮》二章描述,操作顺序约略如下:一、炙烤饼茶;二、研碾茶末;三、罗筛茶末;四、茶鍑或茶铛煮水;五、投茶末入茶鍑或茶铛;六、以茶匙或箸搅拌茶末;七、培育汤花(育华,打出茶沫);八、酌茶于碗,即可饮用。陆羽《茶经》中列举二十五项茶器,在煮饮过程中互相配合,形成煎茶、品茶之道。

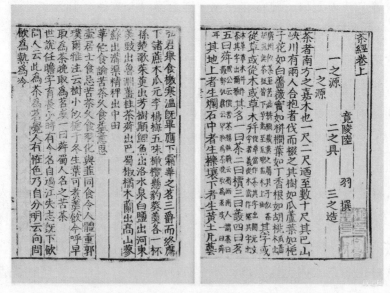

【唐】陆羽《茶经》　无锡华程刊百川学海本

宋代茶文化

宋朝茶业的发展，突出反映在建茶的崛起、茶类生产的转制和城镇茶馆在各地风靡三个方面。在这三者中间，关于茶类生产的转制，即从传统的紧压茶类，逐步改为生产末茶、散茶，对我国后世茶业的发展，尤有深远的影响。

宋朝茶业重心的南移，主要表现在贡焙从顾渚（今属浙江）改置建安（今属福建）和闽南、岭南茶业的兴起这两点上。

以建茶为贡，并非始自宋代，最早是五代闽和南唐时就开始的。据吴任臣《十国春秋·闽康宗本纪》记载，通文二年（937），"国人贡建州茶膏，制以异味，胶以金缕，名曰耐重儿，凡八枚"，这是建茶入贡的最早记载。

宋朝建安在全国茶叶生产技术上的重要地位，还可以从茶书上得到反映。据统计，从现存的文献中，可查到的宋代的茶书目录共25种，其中属于建安地方性的茶书，就有丁谓《北苑茶录》（佚）三卷，周绛《补茶经》（佚）一卷，刘异《北苑拾遗》（佚）一卷，蔡襄《茶录》二卷，宋子安《东溪试茶录》一卷，黄儒《品茶要录》一卷，吕惠卿《建安茶记》（佚）一卷，赵佶《大观茶论》，熊蕃《宣和北苑贡茶录》一卷，曾伉《茶苑总录》（佚）十二卷，《北苑煎茶法》（佚）一卷，赵汝砺《北苑别录》，章炳文《壑源茶录》（佚）一卷，《茶苑杂录》（佚）一卷，共14种。其中有些茶书，如《大观茶论》严格说不属地方性茶书，但其内容以建茶为主，所以不妨也列作建茶著作一类。茶书是茶叶科技和文化的集中反映，以上论述建安茶的地方性茶书占了宋代整个茶书的一半以上，从而不难看出建安在当时茶叶生产技术上所享有的突出地位。

宋元茶叶生产发展的另一特点，是这一时期茶类生产由团饼为主趋向以散茶为主的转变。宋朝茶类生产的变革，首先是适应社会上多数饮茶者的需要。加入饮茶行列的劳动者，不仅要求茶叶价格低廉，而且希望煮饮方便，于是，在过去团、饼工艺的基础上，蒸而不碎，碎而不拍，蒸青和蒸青末茶，逐步应运发展了起来。在宋时的一些文献中，团、饼一类的紧压茶，称为"片茶"，对蒸而不碎、碎而不拍的蒸青和末茶，称为"散茶"。

宋代喫茶主要以点茶法为之。饼茶或草茶一般皆须研碾成茶末后，入盏注汤点啜，一改唐晚期前直接将茶末置于茶镬或茶铛中的煎煮方式。宋代饼茶如北苑所制官焙饼茶或一般饼茶，主要均以茶碾研碾成末，草茶则以茶磨搓之。福建、两浙散茶，如双井、日铸等散茶，则多以茶磨研碾成末后点茶饮用。另外宋代享有盛名的斗茶，起源于五代的"茗战"，其冲点方式亦与点茶相同，主要由斗茶人为之，只是更讲究点茶技巧及点茶过程中所衍生茶汤沫花的变化，来决定斗试胜负。

斗茶进行时，必须注意节制注汤，使茶末与汤融合，再以茶匙或茶筅击拂搅匀调成浓稠的融胶乳状，使之产生泡沫汤花。茶筅的操作有轻重缓急，茶末如未碾细、精筛，则粒子粗，若击拂不力，搅拌不匀，皆容易造成茶末粒子下沉，或分散四周。茶末搅匀，泡沫汤花浮面紧贴盏沿（碗壁四周），使之不退者称为"咬盏"。斗茶时不能出现茶沫汤花和茶汤分开的现象，如汤花或茶沫与汤分离，或不咬盏沿即成"云脚散""水脚散"，于碗壁内沿、汤、沫之间上会出现一圈没有沫花的汤水痕。这种茶沫汤花不再咬住盏沿，或茶沫自碗面退散，便为输家。

宋人祝穆《方舆胜览》中谈到斗茶"茶色白，入黑盏其痕易验"，宋诗论及水痕云"水脚一线争谁先""云迭乱花争一水"及"闽中斗茶争一水"等，皆描述泡沫汤花不咬盏现象。为容易辨别白色汤花是否咬盏不散，黑釉茶盏如福建建窑兔毫盏、吉州窑木叶纹、剪纸贴花茶盏等曾风靡于世。然而一般以草茶茶末点啜者则多使用白瓷、青瓷、青白瓷（影青瓷）甚至银器、石器等茶盏，宋代茶诗中经常提起的"冰瓷雪碗"即沿袭唐代陆羽《茶经》青瓷类冰、白瓷类雪的传统。

另外宋诗人梅尧臣《依韵和杜相公谢蔡君谟寄茶》诗："小石冷泉留早味，紫泥新品泛春华。"欧阳修《和梅公仪尝茶》诗："喜共紫瓯吟且酌，羡君潇洒有余清。"两诗中提到的"紫泥""紫瓯"当是紫砂茶具最早的文字记述。

【宋】刘松年　撵茶图　台北故宫博物院藏

元 代 茶 文 化

元代由于受蒙古人统治，饮茶文化表现虽不十分出色，但在茶史与茶器史的研究上堪称具有过渡时期的特征，也就是一般仍以饮用末茶为主，而叶茶汤泡尚不构成主流。元代北方宫廷继续保留了宋制的官焙茶园，只是御茶园改以武夷四曲附近的御茶园为重，因此末茶点茶饮法在元代所占分量依然重要。由多数出土的元代壁画所见，点茶及茶器仍袭宋制。如《侍女备

【元】山西省屯留县康庄村元墓
侍女备茶图

茶图》则见右面侍女手持茶瓶倒汤入盏，左边侍女则右持茶筅，左手把盏正在击拂打茶，一旁还有研茶的茶磨。

　　元人有关茶史论著不多，但在其刊印的农书中，一改宋代农书不谈茶种植的情况，对茶树栽培、茶叶特别是散茶采制，都作了较为详细的记载。如王祯《农书》中，除和《四时纂要》一样对茶树栽培有系统介绍外，对《四时纂要》没有的茶名、茶叶历史、茶叶采摘、散茶和团茶制造、茶叶贮存以及如何选水、烹煮、饮用等等，也都作了全面的叙述，其所写基本上也涵盖一般茶书的内容范围。这也是元代与其他朝代在茶学上表现所不同的一点。

　　元代传世器中被视为茶器者至今仍然不多，但随着出土文物日益渐多，元代茶器的特征愈明显。例如元代龙泉窑青瓷斗笠型茶盏明显沿袭南宋造型。而有宋一代流行的黑釉茶盏，到了元代依然普遍使用，从西安韩森寨元墓出土黑釉、酱釉茶盏、茶托可见一斑。另外北京市旧鼓楼大街出土整组的青花花卉纹茶盏、茶托，究竟为末茶或叶茶用器殊难分辨，但茶盖撇口，口径10厘米，弧壁，矮圈足，与宋代饮用末茶茶盏的上宽下窄斗笠型茶盏或束口型的建盏差异较大，然却与明代早期用来啜饮芽茶的茶钟造型相近。此类茶盏造型或可能作为叶茶茶钟，而其高撇足的茶托造型却又与宋代相近。

【元】青花花卉纹茶盏及茶托

　　元代末茶茶器不脱宋代范畴，而芽茶茶器则混沌不明。台北故宫博物院所藏元代画家赵原《陆羽烹茶图》中所呈现的饮茶方式或为芽茶泡茶法，然除了草堂的茶器鼎式、茶炉及炉上类似茶鍑的烧水器外，别无他器，亦难判断到底为何。总而言之，元代为宋代末茶点茶至明代叶茶泡茶的过渡期，虽然《农书》上记载南方早有"汤泡去熏，以汤煎饮"的泡茶法，但显然饮用末茶点茶仍占元代的主流位置。

明代茶文化

  饮茶习俗发展至明代，出现了饮茶史上的一大变革。明洪武二十四年（1391），明太祖朱元璋体恤民情，认为采照龙团凤饼等一类紧压茶太"重劳民力"，下令"罢造龙团"，改茶制为叶茶（散茶），唯令芽茶进贡，从此改变了饮用末茶的习惯，也结束了自唐朝以来，团茶、末茶居领先地位的历史。这一改革，从统治阶级的本意来说，是通过轻徭薄赋等一些体恤民力的措施，把社会生产恢复和发展起来，以稳定新建立起来的政权。但是，在客观上，对进一步破除团茶、饼茶的传统束缚，促进芽茶和叶茶的蓬勃发展，起到了积极的推动作用

  明代叶茶的全面发展，首先表现在各地名茶的繁多上。宋代散茶在江浙和沿江一带发展很快，明代黄一正的《事物绀珠》（1591）中所辑录的"今茶名"就有（雅州）雷鸣茶、仙人掌茶、虎丘茶、天池茶、罗岕茶、阳羡茶、六安茶、日铸茶等97种之多。

  明代叶茶的突出发展，还表现在制茶技术的革新上。元代散茶的采制，如王祯《农书》所述，虽其工艺流程已颇系统、完整，但介绍的只有蒸青一种，而且从高档茶的要求来看，不免粗略。至明以后，在制茶上普遍改蒸青为炒青，这对芽茶和叶茶的普遍推广，提供了一个极为有利的条件。同时，也使炒青等一类制茶工艺，达到了炉火纯青的程度。

  明代叶茶的独兴于时，还表现在促进和推动了其他茶类的发展上。除绿茶外，明代在黑茶、花茶、青茶和红茶等方面，也应时得到了全面的发展。

如黑茶，据文献记载，四川在洪武初年便有生产，后来随茶马交易的不断扩大，至万历年间，湖南许多地区也开始改产黑茶，至清朝后期，黑茶更形成、发展为湖南安化的一种特产。花茶源于北宋龙凤团茶掺加龙脑等加工工艺，至迟在南宋前期，就发明了用茉莉等鲜花窨茶的技术，但花茶的较大发展，还是兴之于明代。据朱权《茶谱》（1440 年前后）钱楼年《茶谱》（1539）等茶书记载，明朝常用窨茶的鲜花除茉莉外，更扩展到木樨、玫瑰、蔷薇、兰蕙、栀子、木香、梅花和莲花等十数种。

古代茶学自陆羽撰写《茶经》起，经唐宋两代的发展，至明中后期，茶书达到了一个高峰。据万国鼎《茶书总目提要》中介绍，中国古茶书的撰刊情况是：唐代 7 种，两宋 25 种，元代未见有专门的茶书，明代 55 种，清代 11 种，总计 98 种。当然，万氏所举的"茶书总目"，不能说十分完全（据统计，还有近 30 种茶书未列进总目），茶书愈多的朝代，一般遗漏也多，但本书还是较能正确反映我国传统茶学发展情况的。

明代茶器随着饮茶方式改变也产生变化。旧时饮用末茶器所需茶器如茶臼、茶碾、茶磨、茶箩、茶筅、茶勺以及为呈现茶沫汤花的黑釉茶盏等，皆因叶茶改变了冲泡方式，不须研磨打茶，随着末茶的废置而消逝。新兴泡茶器皿如茶壶与茶盅，特别是宜兴紫砂或朱泥茶壶，以及白瓷茶盅（茶杯），在明代中期以后成为茶器新贵，也是文人、茶人争相收藏对象。明代以后的泡茶法，茶壶开始居主要地位。

清代茶文化

清代饮茶习尚与明代大致相同。清宫饮茶除保留有满族居塞外时饮奶茶的习俗，以及祭祀茶礼等特别的奉茶方式外，汉化后的清宫饮用产于浙江、江苏、安徽、福建、四川及云南等各地高质量贡茶，因此一般宫廷饮茶方式与民间并无多大差异，茶的品种或茶器形制亦与明代差别不大。清代康熙、雍正、乾隆三代国势强盛，财力雄厚，景德镇官窑或宜兴制作繁荣，在烧造、釉色与装饰技法上有突破性进展，成就了清盛世茶器在多样材质、多变造型、丰富色釉、绘画技法以及精致胎釉等多项器物特征都达历史高峰；而

【清】吕焕成 蕉荫品茗图

康、雍、乾三位君王对茶的喜好，也是造就清三代茶器之精与茶风之盛的主因。

根据清宫档案的记载，宫廷饮茶，康熙年间有福建武夷山产的岩顶新芽、江西林岕雨前芽茶，以及云南普洱茶与女儿茶等；雍正年间常见的贡茶有武夷莲心茶、岕茶、小种茶、郑宅茶、金兰茶、六安茶、雨前茶、珠兰茶、松萝茶、银针茶、花香茶、工夫茶等，种类已多于康熙年间；到了乾隆

时期，各地贡茶相继入朝，较之雍正年间又增多不少，品类达七十余种。其中乾隆皇帝个人偏好品尝的有雨前龙井茶、顾渚茶、武夷茶、郑宅茶及三清茶等等。乾隆皇帝在位六十年，不仅嗜茶更雅好文人品茶。自乾隆十六年（1751）第一次南巡受到江南人文景观影响之后，即在各处行宫园囿内设置专为品茗所用的茶舍，更作有逾千首品茶诗文。《清高宗御制诗文全集》中的茶诗可以证明乾隆皇帝对品茶极为讲究，除封北京西郊的"玉泉山水"为天下第一泉外，他认为最适合煮茶者次为雪水及荷露，并于御制诗文中称其为仙浆、仙液。

清宫常用之贡茶，除云南普洱茶为团茶外，大多为条状散茶，因此作为冲泡叶茶的茶壶、茶盅与盖碗，以及保存贮藏茶叶的茶罐，成为清代茶器的一大特色。

茶之出

碧螺春

茶中珍品碧螺春以"形美、色艳、香高、味醇"而闻名中外，深受消费者喜爱，并多次获得国内外奖励。碧螺春产于我国著名风景旅游胜地江苏省苏州市的吴县洞庭山。洞庭山是我国古老茶区之一，素以生产名茶而称著全国。唐朝杨华在其所著《膳夫经手录》中说："茶，古不闻食之，近晋、宋以降吴人采其叶煮，是为茗粥，至开元、天宝年间，稍稍有茶，至德、大历遂多，建中以后盛矣。"可见江浙一带在晋和南朝刘宋时已经种茶、吃茶。茶圣陆羽在《茶经》有关茶叶产地中提到"苏州长洲县生洞庭山"。到了清康熙至雍正年间（约1662—1735）洞庭茶就演化成碧螺春，成书于雍正十二年（1734）的《续茶经》（陆延灿著）中引录《随见录》说："洞庭山有茶，微似岕而细，味甚甘香，俗呼为'吓煞人'，产碧螺峰者尤佳，名碧螺春。"而清乾隆年间出版的《柳南续笔》（王应奎）写得更具体，认为是清康熙皇帝于1699年题的名："洞庭东山碧螺峰石壁，产野茶数株，每岁土人持竹筐采归，以供日用，历数十年如是，未见其异也，康熙某年，按候以采而其叶较多，筐不胜贮，因置怀间，茶得热气异香忽发，采茶者呼吓煞人香。吓煞人者，吴中方言也，遂以名是茶云。自是以后，每值采茶，土人男女长幼，务必沐浴更衣，尽室而往，贮不用筐，悉置怀间，而土人朱元正独精制法，出自其家，尤称妙品，每斤价值三两。己卯岁（1699），车驾幸太湖，宋公购此茶以进。上以其名不雅，题之曰碧螺春。自是地方大吏，岁必采办。"

碧螺春茶产在太湖之滨洞庭东西山。洞庭东山是一个宛如巨舟伸进太湖的半岛；与东山相对，相隔几公里的西山，是一个屹立在湖中的岛屿，相传是吴王夫差和西施的避暑胜地。这里气候温和，冬暖夏凉，水气升腾，空气新鲜，云雾弥漫，泉水长流，非常适宜于茶树果树和林木生长，环境条件可谓得天独厚。

茶诗里的中国韵

洞庭山茶树经当地农民不断选育，形成一特殊群体品种，它是一种高大灌木，树姿半披展或直立，发芽早，芽叶绿或淡绿，茸毛多，嫩梢较长且重，单株产量高，抗逆性强，耐采摘。洞庭山也是我国著名的茶果间作地区，茶树套种在枇杷、杨梅、柑橘、板栗、桃、梅、李等果园之中，不仅能起到以短养长、调剂劳力、充分利用土地资源、提高经济效益的作用，而且茶树在果树的覆盖下，发芽早，芽叶的持嫩性也好，茶园中天敌种类多，很少发生严重的病虫害。芽叶中的氨基酸、儿茶素、咖啡碱、水浸出物等含量较多，香气幽雅清高。

洞庭碧螺春在其三百多年历史中，素以"条索纤细，卷曲成螺，茸毛披覆，银绿隐翠，清香文雅，浓郁甘醇，鲜爽生津，回味绵长"的独特风格而载誉中外。

碧螺春采制技艺高超。采摘有三大特点：一是采得早，二是采得嫩，三是拣得净。每年春分采到谷雨结束，以春分到清明前的茶品质最名贵。洞庭山茶农一般在清晨、上午采茶，通常采一芽一叶初展，一级碧螺春芽长1.5—2.0厘米，百芽重为3.3—3.5克，每500克高档碧螺春（干茶）就需6万多个叶。盛放鲜叶的工具是竹制的"钩篮"，一篮盛放鲜叶1千克左右。采回鲜叶后摊放在室内桌上，再用干净湿毛巾盖在上面，保持芽叶的新鲜。采回后的鲜叶还要进行拣剔，通过"只只芽头过堂"，拣去鱼叶、老叶、嫩籽、杂质及"抢标"（秋冬气温回暖时，提早萌发的越冬芽）达到芽叶长短大小整齐，均匀一致，拣剔好的鲜叶要放在洁净处薄薄摊放。洞庭茶农一般下午拣茶，拣剔摊放过程也是轻萎凋的过程，有利于香气的形成，黄昏及晚上是当地炒制茶叶时间，不炒制隔夜茶。

碧螺春炒制工序分杀青、揉捻、搓团、干燥四步，其特点是"手不离茶，茶不离锅，炒中带揉，连续操作，起锅即成"。全过程35—40分钟，制茶灶使用直径60厘米的平锅，燃料为松枝及茅草。

杀青：当锅温达到180—200℃时，投叶500克，用双手或单手及时翻抖，先抛后闷，做到捞净、抖散、杀匀、杀透，无红梗红叶，无烟焦叶，历时3—4分钟。

揉捻：当锅温降到70—80℃时，用双手或单手将杀好青的"热坯"捏在手掌中，沿锅壁顺一个方向揉转，使茶叶在手掌和锅壁间进行公转与自转，边揉转茶叶边从手边散落，开始时揉3—4转即抖散一次，以后逐渐增加旋转次数，减少抖散次数，揉时手握茶叶掌握松紧适度及轻—重—轻顺序。当茶叶达七成干、条索基本紧结时即成，时间约12—15分钟左右。

搓团：搓团是茸毛显露与条索紧细卷曲的关键工序，系碧螺春所首创。当锅温降至60—65℃时，将热坯用双手控制在掌心中团转，用力要均匀并"轻—重—轻"地交替，火温按低—高—低交替控制，边团边解散，每团3—5转解散一次，搓至条索卷曲，茸毛显露，茶胚过八成干时即可，历时12—15分钟。

干燥：干燥是使搓团显毫后的茶叶继续蒸发水分。锅温保持50—60℃，将搓团后茶叶用手轻轻翻动或轻团。直到有轻微触手感，茶叶有九成干时起锅。再将茶叶薄摊在桑皮纸上，连纸放在锅中利用余热烘至足干，历时6—7分钟，茶叶含水量达6%—7%即好。

西湖龙井

西湖龙井茶以其独特的品质风韵，精湛的制作工艺而享誉国内外市场，它素以"色绿、香郁、味甘、形美"四绝誉满全球。其扁平、绿翠、挺秀的外形是难得的工艺珍品。用玻璃杯泡龙井茶，只见杯中浮起朵朵形如莲心的茶芽，两叶左右相映，好比出水芙蓉，栩栩如生，使人见了心旷神怡，爱不释手。龙井茶与虎跑水是杭州"双绝"。虎跑水泡龙井茶是人们"一漱如饮甘露液"终生难忘的佳茗。

据历史记载：秦始皇二十五年（前235年）改余杭地为钱塘县，县设灵隐天竺。吴越东晋时先后创建天竺看经院、云林寺（灵隐寺）和下天竺缙经院。我国第一部茶的专著——唐朝陆羽的《茶经》中记载"钱塘生天竺，灵隐两寺"产茶。唐、宋时西湖群山生产的"宝云茶""香林茶""白云茶"等都已成为贡茶。自北宋熙宁十一年（1078），上天竺辨才和尚与众僧来到狮子峰下落晖坪的寿圣院（称老龙井），所产茶叶统称龙井茶。清朝乾隆皇帝六次下江南，曾四次到天竺、云栖、龙井等地观察茶叶采制情景，品尝龙井茶，赞不绝口。随即将狮峰山下胡公庙前"十八棵茶树"敕封为"御茶"，由此兴起官民朝贡御茶之风，使龙井茶更加身价百倍，名扬天下。自《茶经》之后，无数历史名人和中外人士都曾到这里品尝茶叶，赞赏茶叶，留下了许多脍炙人口的诗文。宋诗人苏东坡的《白云茶》赞道："白云峰下两旗新，腻绿长鲜谷雨春""欲把西湖比西子""从来佳茗似佳人"。元诗人虞集在《游龙井》诗中写道："坐我簷葡中，余香不闻嗅。但见瓢中清，翠影落碧岫。烹煎黄金芽，不取谷雨后。同来二三子，三咽不忍嗽"。明屠隆《龙井茶》中赞美龙井茶为"一漱如饮甘露液""采取龙井茶，还烹龙井水，一杯入口宿醒解，耳畔飒飒来松风"。清陆项云赞道："龙井茶真者，饮而不洌，啜久淡然，似乎无味，饮过之后觉有一种太和之气，弥沦于齿颊之间，此无味之味，乃至味也，有益于人不浅。"

西湖龙井茶产于风景秀美的杭州西子湖畔的西湖乡境内，依山傍水，气候宜人。它东依西湖，南濒钱塘江，西北为群山环抱，"势若骏马奔平川"。茶园就点缀在秀丽的名山、深谷、溪旁。西湖群山之美，在于云雨雾晴之中的"片片茶园绿如茵。层层茶山接云天"，湖光山色与茶园紧相连，名泉、名茶、名胜古迹遍及茶乡。

素有"天堂瑰宝"之称的西湖龙井茶，外形光洁、匀称、挺秀、整齐和谐，使人有赏心悦目的感受，格外受到消费者的青睐。它色泽绿翠，或黄绿呈炒米色，贵在色形互补，形美能透色，色绿衬形象，称得上"绿无痕，醒目又醉人"；它香气鲜嫩，馥郁，清高持久，沁人肺腑，贵在雅而不俗，清幽而不厌其薄，似花香浓而不浊，如芝兰醇幽有余；它味鲜醇甘爽，饮后清淡而无涩感，回味留韵，有新鲜橄榄的回味，适宜老少、妇幼的口味。泡上一杯龙井茶定能得到"乳粥琼糜露脚回，色香味触映杯来"的雅趣。龙井茶的优异品质是大自然的造化和世代茶农精心制作的智慧结晶。龙井茶园处在"水光潋滟晴方好，山色空蒙雨亦奇"和"不雨山长润，无云水自阴"的天然名山胜景之中。园地山势，自西北向东南倾斜。一支山头一个坞，座座山峰向钱（塘）江，西北面有三大高峰即天竺峰、南高峰、北高峰，形成天然屏障，挡住了西北寒流。其蜿蜒直下的山脉，由高向低伸向钱塘江和西子湖，形成一条山谷地带，起到了管道作用。夏秋受钱塘江季风影响，朝暮云雾缭绕，滋润着茶园，具有明显的昼夜温差而形成一个独特的山区小气候，极有利于茶树生长发育。同时云雾及密林阻挡了阳光的直射而形成漫射光，更有利于茶叶含氮物质、氨基酸、蛋白质、芳香物质的积累，并使细胞糖类不易缩合形成纤维素而老化，提高了茶叶的持嫩性。茶园土壤深厚、肥沃，质地疏松，多为酸性壤土或黄泥沙土，有机质含量在1.5%—2.5%，特别是狮峰一带，土壤中含磷量较多，有利于根系发育及品质成分的形成，香气特别高，历来成为西湖龙井茶中的极品。优异的自然环境为茶树生长及其生理、生化过程的物质代谢、为优异芽叶素质的形成奠定了基础。

西湖龙井茶采摘细嫩，炒制精细。鲜叶，以"嫩、匀、鲜、净"为特征，标准是：春茶为一芽的标准开采，采一芽一叶或一芽二叶初展；夏秋茶以一芽一、二叶开采，前期采"小三档"，后期采一芽二、三叶。西湖龙井茶的初制工艺，依次为：鲜叶摊放、青锅（杀青、初步整形）、揉捻（特、高、中级不经揉捻）、回潮、二青叶分筛与簸片末、辉锅、干茶分筛、挺长头、归堆、贮藏及收灰共十道工序。其中青锅和辉锅是整个工艺流程的重点与关键，其他几道工序也必须相互配合协调进行。要学会炒制龙井茶，除了懂得和掌握十道工序，其关键：一是掌握与控制好炒茶过程中的锅温、火力。二是学会炒制的手法和手势。它的造型手艺为"抖（透）、搭、捺、拓（抹）、甩、扣、挺、抓、压、磨"等手法，俗称十大手法。因其鲜叶嫩老程度不同，其手法和手势各有侧重和变化。同时炒制扁茶，芽叶越嫩，易成条而不易扁平；茶叶越老，易扁平而不易成条。因此，龙井特级、高级茶是以搭为主，俗称搭手炒，中低级茶以抓为主，俗称抓手炒。同时，炒制各级茶叶必须掌握以下几条原则：①炒制龙井茶要手不离茶，茶不离锅，其手法与手势随茶的色、形和锅温的变化而变；②投叶量，从嫩到老，从少到多，随茶叶嫩老程度和炒手的大小而定；③手法和用力程度是随茶叶嫩老程度和含水量的减少而逐步加重；④鲜叶摊放是前提，抛青锅是基础，辉锅是重点；⑤看茶做茶，十道工序和"十大手法"要灵活运用，协调配合。

安吉白片

安吉白片，外形条索挺直扁平，似兰花，色绿翠，白毫显露；冲泡后，汤色清澈明亮，清香四溢，叶底芽叶肥壮，嫩绿，明亮，朵朵可辨；饮后，鲜甜爽口，生津止渴，唇齿留香，沁人心脾；回味无穷，风格独特。

安吉产茶历史悠久，据考查，公元780年，唐代茶圣陆羽所著《茶经》载："茶者，南方之佳木也。""浙西，以湖州上……生安吉、武康二县山谷，与金洲、梁洲同。"安吉位于天目山北麓，境内海拔千米以上，山峰七十八座，崇山峻岭，蜿蜒起伏，白片茶主产于山河乡银坑、大溪一带。山河乡盛产竹木，山峦叠起、沟壑纵横、翠竹连绵、植被繁茂。据考查，乾隆年间，安徽农民迁至当地谋生，砍去丛竹杂木，放火烧垦，种植玉米杂粮，而将野生茶树留养起来，发展成为采制安吉白片茶的茶园。这些茶园均散布于东南向山坡，以背靠战场山的滴水石为天然屏障，冬季寒风受阻，茶树冻害甚微；茶园又面对蜿蜒的岗峦，日照时间短，早晚云雾弥漫，昼夜温差大，相对湿度高。又因其地处高山深谷，历来每年只采春茶，很少采夏茶，不采秋茶，也不复修剪，茶蓬留养良好，叶面积指数高，叶片肉质厚实，顶端优势强，使春茶的第一轮新芽甚为肥壮柔嫩。得天独厚的自然生态环境，以及别致的生产管理，不仅有利于茶树芳香物质和营养有机质的形成积累，而且很好地保护了病虫天敌，控制了病虫的危害，减少了农药的污染。因此，白片茶实为难得的无公害保健饮料。

安吉白片对鲜叶的采摘、选择和产后处理十分讲究。要求鲜叶匀齐一致，平均长度不超过2厘米，百芽重6.5—7.5克，每500克鲜叶含芽头7670个，制成500克白片茶，约需茶芽3万多个。采摘时，做到"二采四不采"，"二采"即提手采，分朵采；"四不采"即不采受冻焦斑芽叶，不采虫害缺刻、病状芽叶，不采带露水、雨水芽叶，不采带鱼叶芽叶。采下的鲜叶及时

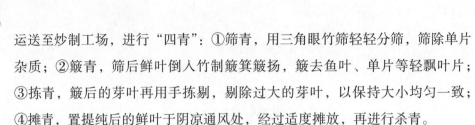

运送至炒制工场，进行"四青"：①筛青，用三角眼竹筛轻轻分筛，筛除单片杂质；②簸青，筛后鲜叶倒入竹制簸箕簸扬，簸去鱼叶、单片等轻飘叶片；③拣青，簸后的芽叶再用手拣剔，剔除过大的芽叶，以保持大小均匀一致；④摊青，置提纯后的鲜叶于阴凉通风处，经过适度摊放，再进行杀青。

白片茶属烘青绿茶，其工艺流程是：

杀青：适度摊放的青叶用远红外电热锅或口径0.6米的平锅进行杀青，投叶量0.15—0.2千克，温度100—160℃，先高后低，每锅历时约7分钟，手法采用双手抓透，转动手腕，十指齐动，前期多抓轻透，中间抓透并重，后期抓透带抛，抓则使鲜叶接触锅壁受热，又不使叶子焦焦，利于成条；透抛则使芽叶散落，使其同等机会受热，并利于散发水汽和青草气。

清风：将杀青叶盛入簸箕，上下簸扬10—15次，或将杀青叶摊于小匾，用扇子扇风，加速热气散发，迅速降低叶温，减弱酶的活性，对提高白片茶品质至关重要。

压片：白片茶在制作过程中，以撳压代替揉捻，既可破碎芽叶内部分细胞，增加茶汤鲜度，又可使之挺直，形成略带扁平的条索，并使白毫保存完好，形成白片茶外形特有的风格。

初烘：采用平帘或锥顶两种烘笼，用无烟味的木炭烘焙，每锅杀青叶成形后，随即连纱布一起抬置于烘笼上，薄摊勤翻，烘至有触手感时，即起烘。

摊凉：经初烘过的茶叶，置于竹匾中，薄摊半小时，再堆笼回潮半小时，使茶叶水分重新分布均匀。

复烘：复烘用具与初烘相同，投叶量比初烘略增多，温度比初烘略低。

炒制后的白片茶必须精心贮藏。一般在干净的瓷缸底下放几块生石灰，用风干的竹棕箬覆盖在生石灰上，随后用清洁的白纸或牛皮纸分装成每包150—200克的干燥白片茶，整齐地叠放在竹棕箬上，叠至3—4层后，放上用白纱布做成的石灰包，再在石灰包上整齐地叠上3—4层茶叶。最后用竹棕箬覆盖在茶叶上，盖紧瓷缸口盖，置于阴凉干燥处。

安吉白片是茶叶中的珍品，不仅出现了旺销的趋势，而且已成为安吉人民馈赠外宾、港澳台同胞、海外侨胞必不可少的礼品。

祁红

祁红是祁门红茶的简称，主产于安徽省的祁门县。它是我国传统工夫红茶中的珍品，以条索细紧匀齐苗秀的外形，清新芬芳馥郁持久的甜香，醇和鲜爽隽秀的滋味博得世人称赞。

祁门县是蜚声中外的名茶重要产地徽州（现黄山市）的一个主要产茶县，据陆羽《茶经》记载，早在1200多年前徽州就开始产茶了。祁门县历史上所产的"雨前高山茶"在唐朝就相当出名。唐朝著名诗人白居易的《琵琶行》中就有"商人重利轻别离，前月浮梁买茶去"的诗句。浮梁与祁门历史上同属一个茶区，古时祁门一带所产茶叶，有一部分运往江西浮梁出售。唐朝咸通三年（862），歙州司马途所撰的《祁门县新修阊江溪记》，曾记载了当时各地茶商到祁门经营茶叶盛况："千里之内，业于茶者七、八矣。由是给衣食、供赋役，悉恃此。祁之茗色黄而香，贾客咸义，运于诸方，每定二、三月，赍银缗缯素求市，将货他郡者，摩肩接迹而至。"

祁门县在清光绪以前，并不生产红茶，而是盛产绿茶，品质似六安绿茶，称为"安绿"，主要运销广东、广西地区。光绪元年（1875），有个黟县人叫余干臣，从福建罢官回籍经商，因羡红茶畅销利厚，先在至德县（今东至县）尧渡街设立红茶庄，仿效闽红制法，开始试制红茶，并获成功。次年余氏就到祁门县的历口、闪里设立分茶庄，始制祁红成功，这是一种说法。另据1916年3月5日《农商公报》第20期载："奏擢119号云，安徽改制红茶，权于祁（祁门）建（建德，今属东至县），而祁建有红茶，实肇于胡云龙。胡云龙为祁门南乡贵溪人，于清咸丰年间，即在贵溪开辟荒山5000余亩兴植茶树，光绪元年、光绪二年，因绿茶销路不旺，特考察制造红茶之法，首先筹集资本，建设日顺茶厂，改制红茶。"这就是祁红的开端。

祁红一经问世，就以它独树一帜的风格，成为当代红茶的后起之秀。在

茶诗里的中国韵

国际市场上，与印度大吉岭红茶和斯里兰卡乌伐红茶并称为世界三大高香茶。祁红的滋味，入口醇和，回味隽厚，味中有香；外形色泽乌润，条索紧细，锋苗秀丽；汤色红艳透明，叶底红艳明亮。单独泡饮，最能领略它的独特香味。加入牛奶、糖调饮也非常可口，香味不减。英国人最喜爱祁红，皇家贵族都以祁红作为时髦的饮品，曾获得"群芳最"的美誉。

祁红如此优越品质的形成，其因有三。

一是自然环境优越，得天独厚。祁门县位于安徽南端，著名的旅游胜地——黄山的支脉由东向西延绕境内，峰峦起伏，流泉潺潺，高山密林成了分布在峡谷山梁和丘陵坡地上茶园的天然屏障，土层肥厚，结构良好，pH值多在5—6之间，酸度适宜。气候温和，春夏季节晓雾弥漫，成为"晴时早晚遍地雾，阴雨成天满山云""云以山为体，山以云为衣"的特殊环境。雨量充沛，尤以产茶旺期的4—6月份，月雨量多超过200毫米，年相对湿度高于80.7%。多数茶园都分布在泉水叮咚、沟溪淙淙、树木葱茏、松竹并茂的山间。

二是优良的种性奠定了祁红品质基础。祁红的风格与适制祁红的茶树品种密切相关，祁红的茶树品种经过茶农长期去杂除劣，精心培育和优越自然环境驯化而成，其主体品种是槠叶种，品种纯度高，占70%以上，它具有适应性强，产量稳定，制成红茶质上乘的特点。1982年被安徽省定为地方良种，1984年经国家茶树良种审定委员会审定，被认定为国家级茶树优良品种。

三是制作技术考究，具有精湛的独到之处。精工细制是形成祁红品质特征的关键之一。祁红鲜叶原料采取分批采、分级制，看茶做茶，灵活掌握。要求萎凋要均匀，程度要适中，揉捻需充分，发酵不可松，馥郁香气靠焙烘，毛火高温要快烘，足火慢烤需低温。初制和精制的多道工序，都要严格把关。祁红的礼茶和特级茶，精制用手工，工序多达十六道，最后才精细加工成形质兼优的名茶。这恰似民间流传的，天下红茶祁门的好，长得嫩，采得早。初制法子真也真神妙：要它软，用萎凋，揉捻卷成条；要它红，用发酵，烘干就变乌润了。泡水换红汤，叶底穿红袍。

六安瓜片

六安为古时淮南著名茶区。早在公元196年至219年，汉献帝建安年间，茶叶就从四川经陕西、河南传入六安。唐朝中期六安茶区的茶园就初具规模。《新唐书》记载：安徽寿州有个官营茶园，唐宪宗曾派兵保护。到了宋朝茶叶更盛。据《宋史》记载，嘉祐六年（1061），全国设十三个山场专营茶叶，六安茶区就有三个。六安瓜片创制年代，尚无确切资料可查。据民间传说，六安瓜片正式面市大约在清末。当地盛传这样一种说法：清末齐山附近的麻埠，原是绿大茶集散地，周围主产绿大茶。有一年淮河流域有位茶商，春茶前来麻埠订货，愿出高价买几斤好茶，当时麻埠有个茶行的评样员，从收购的绿大茶中将嫩叶摘下，不要老叶与茶梗，作为新的花色给茶商，获得好评。其他茶行也雇请女工如法炮制投放市场，定名"峰翅"（意为蜂翅）。随后麻埠后冲一位姓祝的茶农为提高工效，就蹲山采叶，即只采肥嫩鲜叶，不带芽与梗，按绿大茶的制法，精工细制出无芽、无梗的叶茶，经品尝很受消费者的欢迎，产量逐年上升。后因蹲山采叶，分级不便，便改为将鲜叶采回家后再行扳片，即现行的扳片工序。因所制茶叶外形顺直完整，叶边背卷形似瓜子，故称为瓜片。产地原属六安州境内，加上地名即为六安瓜片。

六安瓜片的极品主要产在现金寨县齐头山及附近地区，所产瓜片又称为"齐山名片"，以示区别。《六安州志》中曾有"齐头绝顶常为云雾所封，其上产茶叶甚壮而味独……"的记载。关于"齐山名片"，还有一段传说。说是齐山南坡有一个蝙蝠洞，是蝙蝠栖息的地方。古时麻埠有一雇工名叫胡林，替地主到齐山采茶。茶季结束时偶于蝙蝠洞的崖石上看到几株奇异的茶树，才萌发一芽三叶，叶背多白茸，他就地采制了一些，在回家的路上口渴了，就在路旁的茶棚里泡饮。霎时间壶中浮起云雾，状似白色莲花，奇香扑鼻，当地茶农认为这是茶叶中珍品，故称蝙蝠洞口几株茶为"神茶"。

六安瓜片产区现主要分布在响洪甸水库周围六安、金寨、霍山三个县（市）的部分乡镇。重点产地有六安市的独山镇、石婆店、西河口、青山乡，金寨县的响洪甸镇、青山镇、江店镇，霍山县的诸佛庵镇。六安瓜片由于产地不同又分为内山片与外山片。内山片主要在金寨和六安的龙山冲、黄涧河等地。这里峰峦叠翠，云雾缭绕，气候温和，雨量充沛，日照短，空气湿度大，具有"晴时早晚遍地雾，阴雨成天满山云"的特点，极有利于茶树芳香物质和有效成分的积累，加上经过长期自然选择，遗留下了适制瓜片的茶树地方良种。如金寨的齐种，茶树生长得十分旺盛，芽壮叶旺，所制瓜片，品质优异。外山片主要分布在山下及低山丘陵茶区，自然条件不如内山区，茶树长势较差，叶片较薄，成茶品质差，乌条多。

六安瓜片不同于一般名茶，一般名茶均属嫩茶，以嫩取胜。而六安瓜片属中采，即一般要到"开面"（就是全部开叶，不见芽），应市时间比一般名茶推迟半个月左右。鲜叶原料比较粗老，在我国名茶史上也是少有的；在制茶上不仅每枝茶老嫩分开，而且通过扳片，把不同嫩度的叶片分开炒制，也是很特殊的。六安瓜片的分级，"名片"产区历史上是以采摘迟早、叶质老嫩而区分的。一般谷雨前后3—5天采制的瓜片为名片，品质最好。稍后采的为瓜片；进入梅雨季节采制的因叶质较老，品质最差，为梅片。有的产区按通过扳片不同叶位的叶片制的片茶来分，第一叶为"提片"，品质最好，第二叶品质次之为"瓜片"，第三叶为"梅片"品质最差。

六安瓜片采制程序复杂，到目前仍是手工操作，非常费工费时。一般一个劳动力上午采茶下午扳片，傍晚炒茶到深夜，一天最多只能炒制0.75千克。六安瓜片的采摘要求较为严格，一般在上午进行，阴山与阳山分开采，不夹带老叶，雨水露水叶要摊凉挥发水分。鲜叶采回后要及时扳片，使叶片与芽梗分开。具体方法是：左手提芽，右手自下而上的顺序，先扳老片，后扳嫩片，分别归堆。扳下芽叫"银针"，梗与老叶炒"针把子"；炒片分两锅进行，炒具一般用竹丝帚或高粱帚；头锅又称生锅，起杀青作用，锅温较高，一般控制150°C，投叶量嫩片50—100克；老片100—150克，炒1—2分钟，叶片变软，叶色变暗即可扫入熟锅，熟锅温度70—80℃，继续边炒边拍，起整形作用，炒成片状。再用炭火在烘笼上烘八九成干，再拼堆出售。茶叶收购站或经营专业户，将从农户零星收购的片茶，按级别归堆，到一定数量时，进行两次复烘。复烘在大烘笼上进行，第一次为拉小火，每笼下叶量1—1.5千克，温度100℃。每隔1—2分钟翻一次，烘到九成干后下烘，然后进行拣片，即拣去黄片、漂叶、红筋、焦叶及杂质，最后进行第二次复烘即拉老火。采用高温、明火快烘，每隔几秒钟翻一次，直到叶面上霜即足干，趁热装桶，用锌锡桶密封。

六安瓜片的品质特点是：外形为单片，不带芽和梗，叶边背卷顺直，形如瓜子，色泽宝绿，富有白霜，白毫显露，香气清香持久，滋味鲜醇，回味甘甜，汤色碧绿，清澈明亮，叶底黄绿明亮，在名茶中别具一格。

信阳毛尖

信阳毛尖茶因其芽叶细嫩有峰苗，外形细、圆、光、直、多白毫，故称毛尖，又因产地在信阳，故叫信阳毛尖。它以香高、味浓、汤色绿而饮誉中外。

信阳毛尖主产于信阳市、信阳县和罗山县（部分乡），种茶历史悠久，始于东周时期，距今已有两千多年。唐代陆羽在所著的《茶经》中曾把这些地方划为我国古老八大茶区之一的"淮南茶区"，载有"淮南光州（今光山县）上，义阳郡（今信阳县）、舒州次……"。据查证，信阳毛尖独特风格的形成是在20世纪初期，清季邑人蔡竹贤提倡开山种茶，并先后成立元贞（震雷山）、广益、裕申、宏济（车云）、博厚，森森（万寿）、龙潭、广生等八大茶社发展茶园面积有400余亩，逐渐改进完善了信阳毛尖的炒制工艺。

信阳毛尖的驰名产地是五云（年云、集云、云雾、天云、连云）两潭（黑龙潭、白龙潭）一山（震雷山）一寨（河家寨）一寺（灵山寺）。这些地方海拔多在500—800米以上，高山峻岭，群峦叠翠，溪流纵横，云雾弥漫。这云雾弥漫之地，丝丝缕缕如烟之水汽，滋润了肥壮柔嫩的茶芽，为制作独特的信阳毛尖提供了天然资源。

这里采茶期分三季：谷雨前后采春茶，芒种前后采夏茶，立秋前后采秋茶。谷雨前只采少量的"跑山尖"，"雨前毛尖"被视为珍品。信阳毛尖的采摘标准是：特级毛尖芽叶初展的比例占85%以上；一级毛尖以一芽一叶为主，正常芽叶占80%以上；二、三级毛尖以一芽二叶为主，正常芽叶占70%左右；四五级毛尖以一芽三叶及对夹叶为主，正常芽叶占35%以上。要求不采蒂梗，不采鱼叶。20世纪80年代后期，新开展的特优珍品茶，采摘更是讲究，只采芽苞。信阳毛尖对盛装鲜叶的容器也很注意，用透气的光滑竹篮，不挤不压，并要求及时送回荫凉的室内摊放2—4小时，趁鲜分批、分级炒制，当天鲜叶当天炒完。

信阳毛尖炒制工艺独特，炒制分"生锅""熟锅""烘焙"三个工序，用双锅变温法进行。"生锅"的温度140—160℃，"熟锅"的温度80—90℃，"烘焙"温度60—90℃，随着锅温变化，茶叶含水量不断减少，品质也逐渐形成。"生锅"是两口大小一致的专用光洁铁锅，并列安装成35—40度倾斜状。"生锅"用细软竹枝扎成圆帚茶把，在锅中有节奏地反复挑抖，鲜叶下锅后，开始初揉，并与抖散相结合，反复进行4分钟左右，初成圆条，达四五成干（含水量55%左右）即转入"熟锅"内整形；"熟锅"开始仍用茶把继续轻揉茶叶，并结合散团，待茶条稍紧后，进行"赶条"。当茶条紧细度初步固定不沾手时，进入"理条"，这是决定茶叶光和直的关键。"理条"手势自如，动作灵巧，要害是抓条和甩条，抓条时手心向下，拇指与另外四指张成"八"字形，使茶叶从小指部位带入手中，再沿锅带至锅缘，并用拇指捏住，离锅心四至五寸高处，借用腕力，将茶叶由虎口处迅速、有力、敏捷、握摆地甩出，使茶叶从锅内上缘顺序依次落入锅心。"理"至七八成干时出锅，进行"烘焙"。烘焙经初烘、摊放、复火三个程序即成品优质佳的信阳毛尖。上等信阳毛尖含水量不超过6%。

信阳毛尖初制后，经人工拣剔，把成条不紧的粗老茶叶和黄片、茶梗及碎末拣剔出来。拣出来的青绿色成条不紧的片状茶，叫"茵青"，春茶的"茵青"又叫"梅片"，"茵青"属五级茶，拣出来的大黄片和碎片末列为级外茶。经拣剔后的茶叶就是市场上销售的"精制毛尖"。

君山银针

考诸历史，君山银针始于清代之说，较为可信。《巴陵县志》云："君山贡茶自清始，每岁贡十八斤，谷雨前，知县邀山僧采一旗一枪，白毛茸然，俗呼白毛茶。"清代江昱《潇湘听雨录》记载："湘中产茶，不一其地。……而洞庭君山之毛尖，当推第一，虽与银针雀舌诸品校，未见高下，但所产不多，不足供四方尔。"这里所说的白毛茶和毛尖，就是君山毛尖。同治十一年《巴陵县志》引清代吴敏树《湖山客谈》记述："贡尖下有贡兜，随办者炒成，色黑而无白毫，价率千六百，粗五十止，其实佳茶也。"可见君山茶有"贡尖""贡兜"之分，把茶叶采回来进行拣尖，分开芽头称尖茶，白毛茸然，用作纳贡，又称贡尖。余称贡兜，质量也不差。君山银针可能就是"贡尖"演变而来。

"淡扫明湖开玉镜，丹青画出是君山"。（李白诗）"遥望洞庭山水翠，白银盘里一青螺"（刘禹锡诗）。这是唐代两位大诗人对洞庭湖君山的抒情诗章。君山位于湖南岳阳城西，是洞庭湖中一小岛，海拔90米。岛上土壤肥沃，多砂质壤土，年平均温度16—17℃，年均降水量1340毫米。3—9月份相对湿度约80%，春夏季湖水蒸发，云雾弥漫，岛上竹木丛生，生态环境适宜种茶。

君山银针采摘始于清明前三天左右，最迟不超过清明后十天，芽头要求肥壮重实，长25—30毫米，宽3—4毫米，芽蒂长约2—3毫米，一芽头包含三四个已分化却未展开的叶片。采摘有"十不采"原则，即：雨水芽、露水芽、细瘦芽、空心芽、紫色芽、风伤芽、虫伤芽、病害芽、开口芽、弯曲芽不采。采时用手轻轻将芽头折断，不用指甲捏采，不带鱼叶。采下的芽头，放入垫有皮纸的小竹篓内，茶芽采回后拣剔除杂，方可付制。

君山银针制作工艺分杀青、摊放、初烘、摊放、初包、复烘、摊放、复包、干燥、分级等十个过程。

杀青：在 20° 的斜锅中进行。锅温 120—130℃，每锅投叶量 0.5 千克。技术要点：两手轻快翻炒，使鲜嫩的芽头均匀受热，蒸发水分并破坏酶促作用。切忌芽头沿锅壁摩擦，以免茸毛磨损，色泽混暗。杀青时间一般需 3—4 分钟。

摊放：杀青出锅后，放在竹盘中，簸扬十余次，摊放 2—3 分钟。

初烘与摊放：经摊放后，按每锅杀青芽量均匀地薄摊在小竹盘内，放在焙灶上用炭火进行初烘，温度掌握在 50℃ 左右，每隔 2—3 分钟翻动一次，初烘程度为五六成干。下烘后摊放 2—3 分钟。

初包：是形成君山银针品质特点的一个重要工序。摊放后的芽坯，每 1.0—1.5 千克，用双层皮纸包成一包，装入木制或铁制箱中，放置 48 小时左右，待芽色呈现橙黄时为适度。

复烘与摊放：烘量比初烘多一倍，温度掌握 45℃ 左右。待烘至七八成干下烘进行摊放。

复包：方法与初包相同。待芽色略呈金黄为适度。

干燥：温度 50℃ 左右，烘量每次约 0.5 千克，至全干时下烘分级。按芽头的肥瘦、曲直和色泽的金黄程度进行分级。

君山银针的品质特点：它是由不带叶片的单个芽头制成的。芽头苗壮，紧实而挺直，长短大小均匀，茸毛满披，芽头金黄光亮。冲泡后香气清爽，汤色杏黄明净，滋味甘醇爽口，叶底鲜亮。用洁净透明的玻璃杯冲泡时，可以看到初始时芽尖朝上、蒂头下垂而悬浮于水面，随后缓缓降落，竖立于杯底，忽升忽降，蔚成趣观，最多可达三次，故君山银针有"三起三落"之称。最后竖沉于杯底，如刀枪林立，似群笋破土，芽光水色，浑然一体，堆绿叠翠，妙趣横生，历来传为美谈。且不说品尝其味以饱口福，只消亲眼观赏一番，也足以令人心旷神怡。

凤凰单丛

　　凤凰单丛茶产于潮州凤凰山。凤凰山原盛产凤凰水仙茶，古时的凤凰水仙茶称为"鸟嘴茶"，至1956年才被定名为凤凰水仙。凤凰水仙群体中的优异单株单独采制成为凤凰单丛茶。

　　凤凰单丛茶是半发酵乌龙茶。成茶素有形美、色翠、香郁、味甘之称。其品质特点是外形较挺直肥硕，色泽黄褐，有天然优雅花香，滋味浓郁，甘醇、爽口，具特殊山韵蜜味，汤色清澈似茶油，叶底青蒂绿腹红镶边，耐冲泡。凤凰单丛茶以其独特的品质驰名中外。凤凰单丛茶的优异品质与其独特的生态环境分不开，凤凰崠山是粤东地区的高山之一，海拔1000多米。凤凰茶区年均温度17℃，最高温度35℃，霜期极少，素有"春冬不严寒，夏暑无酷热"之称。年降雨量1900毫米，相对湿度80%以上，土层深厚，富含有机质，pH值5—6。凤凰茶区山高雾多，直射光照少，漫射光多，昼夜温差8—10℃，凤凰单丛茶生长在这峰峦叠嶂、岩泉渗流的环境中，自然条件得天独厚，形成了名茶质量的基础之一。

　　凤凰单丛茶的采摘要选晴天进行。茶青不可太嫩也不可太老，一般采一芽二三叶。采摘时间在午后2时至4时，有阳光晒茶。采摘要做到眼快、手快，轻采轻放，采一个放一个，茶青不能紧压，随采随运。凤凰单丛茶的加工包括：萎凋（晒青）、做青（碰青）、杀青、揉捻、干燥等工序。晒青的时间选在有阳光的下午4时至5时，将茶青均匀摊于竹制圆筛中，避免叶子重叠，晒15—20分钟，晒至叶片转暗绿色，叶质柔软，嫩梢直立时，略有水香。晒青适度后进行并筛，每筛放置2—2.5千克晒青叶，静置阴凉处2.5—3小时。做青是关键环节，轻做青适度幼香，重做青适度粗香，做青须看青做青与闻青做青相结合，掌握先轻后重，先少次后多次的原则，做青时间大约从晚上至第二天天亮，历时须10—12小时，约经2小时做一次青，全程需做青5—6次。做青适度的叶片成"二分红八分绿"（俗称红边绿腹），形成倒汤匙状，闻之有香气。杀青要求距锅底3厘米处的温度120℃左右，炒法是扬、闷、炒结合，炒至叶子柔软，手握成团，嫩梗折而不断，有清香味为适度。揉捻采用小型揉捻机，温揉，揉程10分钟左右，压力先轻后重，最后松压。揉捻后要及时解块。干燥用炭火焙笼烘干，应坚持"悠火薄焙"，多次烘干，烘干一般须进行3—4次，中间摊凉2—3次，全程需3—4小时，第一次温度95℃左右，烘至五六成干；第二次80—90℃烘至七八成干；第三次烘至九成干；最后一次足火烘干，温度50—60℃，烘至足干，即成毛茶。毛茶经拣梗即可包装。

蒙顶甘露

　　甘露名茶产于蒙山，而蒙山茶古往今来，许多名人学士都对它称颂不已。唐代著名诗人白居易之绝句"琴里知闻唯渌水，茶中故旧是蒙山"，把蒙山茶和最有名的古琴曲"渌水"相提并赞，表达了他对蒙山茶酷爱至深的感情。"若教陆羽持公论，应是人间第一茶"，这是唐朝黎阳王《蒙山白云岩茶诗》中对蒙茶的高度评价。蒙山上有古蒙泉（又名甘露井），泉水清澈，甘甜。传闻每当夜深人静，可闻泉下波涛汹涌之声，每逢天旱来求雨必灵。这当然是传说，不过取泉水烹蒙茶有异香，确是实在的。如果江水煮江鱼是佳味美肴，那么，蒙泉沏蒙茶是佳茗中之绝品了。

　　蒙山位于成都平原的西部，地跨名山、雅安两县，顶峰海拔1400米，环抱于峨眉山大相岭、夹金山和邛崃山诸峰丛中，即所谓"蜀人夸蒙山，山在黎雅间，近带青衣曲，远接峨眉弯"。山上有上清、菱角、毗罗、井泉、甘露五峰环列，状如莲花。明朝徐无禧有诗云："五峰参差比，真是一朵莲。"山上古木参天，云雾缭绕，寺院群立，山间有永兴寺、千佛寺、静居庵、天盖寺等古刹，境内山泉遍壑，风景优美。道路山间，寺院周围，遍布茶园。蒙山全年总降雨量达2000—2200毫米，从初春开始烟雨蒙蒙，长达220多天，故有"漏天常泄雨，蒙顶半藏云"之说，从而形成蒙山三大特点：雨多、雾多、云多。所以人们说蒙山上有天幕（云雾）覆盖，下有精气（沃土）滋养，是茶树生长得天独厚的自然环境。

　　"蒙茸香叶如轻罗，自唐进贡入天府"。东晋常撰写的《华阳国志》提到，早在周武王伐纣时，四川少数民族酋长携茶入贡。而蜀茶之正式定为贡品、形成制度则是在唐代从蒙顶茶开始的。蒙顶茶作为贡茶，一直沿袭到清朝，一千多年间，年年岁岁，皆为贡品，这在中国茶叶史上，也是罕见的。贡茶又分为"正贡"与"陪茶"，"正贡"即"皇茶园"中七株仙茶。每年按农历周岁天数只采360芽叶，由制茶僧以新釜炒制，手搓成条，炭火焙干，贮于两银盒中，入贡朝廷，供皇帝祀天祭祖之用。而"陪茶"则采自五峰的"凡种"，陪贡入京只供帝王享用。至今，在蒙顶五峰间还有皇家茶园以及制茶石屋的遗迹。关于蒙顶贡茶茶园，据《名山县志》记载：当时官府规定蒙顶山各寺庙都负有守护和管理皇家茶园和采制贡茶的职责，并分工各司其事，有薅茶僧、看茶僧、采茶僧、制茶僧等。每年谷雨前后，每逢春茶萌发，县官即选吉日，斋戒沐浴，率领全县七十二所寺庙僧众齐集蒙顶，举行隆重的祀祭后，再行开采，礼仪十分讲究。

蒙顶甘露历史悠久。据考，蒙顶甘露是在总结宋宣和二年（1112）创制的"玉叶长春"和宋宣和十年（1120）创制的"万春银叶"两种茶炒制经验的基础上研制成功的。

蒙顶甘露的品质特点是：外形美观，全芽整叶，紧卷多毫，嫩绿色润，内质香高而爽，味醇而甘，汤色黄中透绿，清澈明亮，叶底匀整，嫩绿鲜亮。其采制技术是：每年春分时节，采摘单芽或一芽一叶初展为原料，要求鲜叶色泽嫩黄绿色，芽叶大小、长短要匀齐。采下的芽叶，适当摊放，经过高温杀青、三炒、三揉，多次解块整形，精细烘焙等制作工序而成。

云南普洱茶

云南普洱茶是久享盛誉的传统历史名茶。历史上的普洱茶，泛指云南原思普区（今思茅、西双版纳两地州）用云南大叶种茶树的鲜叶，经杀青、揉捻、晒干而制成的晒青茶，以及用晒青茶压制成各种规格的紧压茶，如普洱沱茶、普洱方茶、七子饼茶、藏销紧茶、团茶、竹筒茶等。自唐宋以来，集中在普洱府所在地（今普洱县）销售而得名。

普洱茶的产制、贸易始于唐朝。普洱茶作为专有名词最早出现于明万历末年（约1620），谢肇淛在《滇略》一书中记载："士庶所用，皆普茶也，蒸而团之。"据清檀萃撰《滇海虞衡志》载："西番之用普茶，已自唐时。"由于云南地处云贵高原，历史上交通闭塞，茶叶运销靠人背马驮，从滇南茶区远销各地，运输过程历时长，茶叶在运输途中，茶多酚类在温、湿条件下不断氧化，形成了普洱茶的特殊品质风格。在交通发达的今天，运输时间大大缩短。为适应消费者对普洱茶特殊风格的需求，1973年起，云南茶叶进出口公司在昆明茶厂用晒青毛茶，经高温高湿人工速成后发酵处理，制成了云南普洱茶。

普洱茶产地在滇南的思茅和西双版纳两个古老的茶区。"雾锁千树茶，云开万壑葱，香飘十里外，味酽一杯中。"这是人们对云南普洱茶产地和普洱茶品质的赞颂。这里位于澜沧江两岸的山区丘陵地带，气候温和、湿热，年平均温度在15—20℃之间，雨量一般在1000毫米以上，最高达2000多毫米。由于终年湿润，云雾弥漫，全年有雾日数达140—180天。空气湿度大，土层深厚，腐殖质含量高，质地疏松、肥沃。得天独厚的自然条件，使茶树四季都能发芽，采茶期从2月上中旬到11月中下旬。

普洱茶以云南大叶种晒青毛茶中的中、低档茶为原料，经毛茶付制、后发酵、筛制、拣剔、拼堆包装等工艺加工成散茶，散茶经蒸压塑形而成普洱沱茶、普洱砖茶、七子饼茶等各种普洱紧茶。普洱散茶外形条索肥硕，色泽褐红，呈猪肝色或带灰白色。按质量优次分为五个级档。普洱茶内质特点是：汤色红浓明亮，香气独特陈香，叶底褐红色，滋味醇厚回甜，饮后令人心旷神怡。宋朝王禹偁有诗赞曰："香于九畹芳兰气，圆如三秋皓月轮。爱惜不尝唯恐尽，除将供养白头亲。"

普洱茶的花色品种在历史上有所谓毛尖、芽茶、女儿茶之称。明代《滇略》记载："普茶珍品有毛尖、芽茶、女儿之号。"19世纪上半叶，普洱茶花色有8种。据清阮福《普洱茶记》（1825）载："每年备贡者，五斤重团茶、三斤重团茶、一斤重团茶、四两重团茶、一两五钱重团茶，又瓶盛芽茶、蕊茶、匣盛茶膏，共8色。"

目前，普洱紧茶依形状不同，主要有呈碗形的普洱沱茶、长方形的普洱茶砖和圆饼形的七子饼茶三种。普洱茶性温和，耐贮藏，不仅可解渴、提神，还可作药用。清代学者赵学敏《本草纲目拾遗》（1765）记载："普洱茶膏黑如漆，醒酒第一。绿色者更佳，消食化痰，清胃生津，功力尤大也。"

武夷岩茶

武夷山位于福建省武夷山市东南部，方圆60公里，向称"碧水丹山"，拥有三三（九曲溪）、六六（三十六峰）之胜。山中岩峰耸立，秀拔奇伟，溪水萦流，澄碧清澈，"奇秀甲东南"。

武夷产茶，始于六朝。元代以前均生产蒸青绿茶，明代生产炒青绿茶。武夷岩茶起源于清末，盛于民国初年。早在唐元和年间（806—820）《孙樵送茶焦刑部书》中云："……此徒皆乘雷而摘，拜水而和，盖碧水丹山之乡，月涧云龛之品，慎勿贱用之"。唐光启（885—888）进士徐夤《谢尚书惠腊面茶》诗云："武夷春暖月初圆，采摘新茶献地仙。飞鹊印成香腊片，啼猿溪走木兰船。金槽和碾沉香末，冰碗轻涵翠缕烟。分赠恩深知最异，晚铛宜煮北山泉。"宋范仲淹（985—1052）在和章岷的斗茶歌中称："年年春自东南来，建溪先暖冰微开。溪边奇茗冠天下，武夷仙人从古栽。黄金碾畔绿尘飞，碧玉瓯中翠涛起，斗茶味兮轻醍醐，斗茶香兮薄兰芷……众人之浊我可清，千日之醉我可醒……"1763年瑞典植物学家林奈氏将中国茶种定为"Bohea"（武夷音译）变种。18世纪英伦诗文中常以武夷（"Bohea"）一词代表中国茶。

武夷岩茶多种植于武夷山的三十六峰、七十二洞、九十九岩之中。峰岩交错，怪石嶙峋，沿峰近岩，茶农利用岩凹、石隙、石缝沿边砌筑石岸，构筑成"盆栽式茶园"，俗称"石座作法"。故"岩岩有茶，非岩不茶"。这是武夷茶区的特色，因之名曰武夷岩茶。前人对武夷岩茶颂扬中称："臻山川精灵秀气所钟，品见岩骨花之胜"，"武夷不独以山之奇而奇，更以茶产之奇而奇。"武夷岩茶经宋、元、明、清四朝变迁，岩茶品类繁多，品种各异。以有性系茶树群体"菜茶"而言，采自名岩制成的称为"正岩奇种"或"奇种"；采自偏岩者称为"名种"。在正岩中选择部分优良茶树单株采制的，品质在奇种之上者，称为"单丛"；名岩又专选一二株品质特优的茶树单株采制的，称为"名丛"。如"大红袍""铁罗汉""白鸡冠""水金龟"等称四大"名丛"。此外以茶树生长环境命名的，有"不见天""金锁匙"等。以茶树形状命名的有"醉海棠""醉洞滨""钓金龟""凤尾草""玉麒麟""国公鞭""一枝香"等；以茶树叶形命名的有"瓜子金""金钱""竹丝""金柳条""倒叶柳"等；以茶树叶色命名的如："太阳""太阴""白吊兰""水红梅""绿蒂梅"等；以茶树发芽迟早命名的有"迎春柳""不知春"等；以成茶香型命名的有"肉桂""白瑞香""石乳香""白麝香""夜来香""十里香"等；以传说之栽植年代命名的有"正唐树""宋王树"等。"名丛"产量极少，成品外形内质各有特点，加上动人的传说乃成为佳品，非一般人所能品饮的。此外，用无性系繁殖的优良茶树制成的岩茶，如"水仙""乌龙"（此乌龙为茶树品种名，亦为成茶品名，与泛指"半发酵"茶类的乌龙茶有所不同）、奇兰、梅占、肉桂、铁观音、雪梨、桃红、毛蟹等，则分别以茶树品种名称作为茶名，其品质每每独树一帜，各具特色。

　　武夷山气候温和，冬暖夏凉，年平均温度约18℃，雨量充沛，年降雨量在2000毫米左右。茶树栽种在岩壑及幽洞两侧，峰峦屏障，日照短无风害，相对湿度高，日夜温差较大，这些条件均十分宜茶。武夷茶园"挖山"是当地茶园特有的耕作制度。此外，武夷茶区通用的客土法，又是福建茶树栽培的一特技。

　　武夷岩茶品质好坏关键取决于采制工艺。岩茶的采摘标准与红绿茶有根本的不同。红绿茶原料标准一般要求一芽一二叶或一芽二三叶，乌龙茶一般需等到新梢"驻芽"（俗称开面）时，留下一叶，采下三至四叶。好品种和名丛尽量避免在雨天和过早带露水采。同时要求不同品种、不同岩别、阴山、阳山及干湿不同的茶青，都应分别收放，不得混淆，以利初制工艺的进行。岩茶初精制工序异常细致，其程序是：晒青、凉青、做青、炒青、初揉复炒、复揉、走水焙、簸拣、摊凉、拣剔、复焙、纯火、毛茶、再簸拣、补火、成茶。

　　武夷岩茶品质特征主要是："味甘泽而气馥郁，去绿茶之苦乏红茶之涩，性和不寒，久藏不坏，香久益清，味久益醇。"成茶条形壮结、匀整，色泽绿褐鲜润，称为"宝色"，部分叶面呈现蛙皮状小白点。冲泡后茶汤呈深橙黄色，清澈艳丽，叶底软亮，叶缘朱红，叶中央淡绿带黄，称"绿底红镶边"。岩茶首重"岩韵"（指其香气馥郁具幽兰之胜），"锐则浓长，清则幽远"，滋味浓而愈醇，鲜滑回甘。所谓"品具岩骨花香之胜"，即指此意境。

岩茶的泡饮，习惯用小壶小杯，固其香郁味浓，冲泡五六次后余韵犹存，确是味"轻醍醐"、香"薄兰芷"。正如清袁牧在《随园食单》中描绘他上武夷山品饮乌龙茶的意趣为"……杯小如胡桃，壶小如香橼，每斟无一两，上口不忍遽咽，先嗅其香，再试其味，徐徐咀嚼而体贴之，果然清香扑鼻，舌有余甘，一杯以后，再试一二杯，令人释躁平矜怡情悦性。……真乃不忝，且可以泡至三次而其味犹未尽。"

安溪铁观音

安溪县地处福建省东南部，是著名的乌龙茶主产区，全国名茶铁观音、黄金桂的故乡。安溪种茶历史悠久，境内雨量充沛，气候温和，山峦重叠，岩峰林立，云雾缭绕，澄碧的蓝溪、清溪迂回曲折于群山起伏的峰谷之间。全县海拔40—1600米，年平均温度16—21℃，年平均降雨量1600—1800毫米，土壤适宜，是种茶的好地方。安溪有"茶树良种宝库"之称。现境内保存有茶树品种60多个，且许多是我国名、特、优、稀茶树品种。1985年全国第一批审定通过的30个茶树良种中，安溪就占了6个，即铁观音、黄旦（黄金桂）、本山、毛蟹、大叶乌龙和梅占。

铁观音既是茶树品种名，也是成茶茶名和商品名称。铁观音是乌龙茶极品。鲜叶经过凉青、晒青、摇青、炒青、揉捻、包揉、烘干等十几道工序，制成毛茶。毛茶经筛分、风选、拣剔、干燥、匀堆，而后包装成商品茶。成茶外形条索紧结、肥壮，品质兼有红茶之甘醇，绿茶之清香，冲泡后的茶叶具有"青蒂、绿腹、红镶边"的特征。茶汤滋味醇厚甘鲜，饮后齿颊留香，喉底回甘悠长，深受国内外饮茶嗜好者的喜爱。

关于铁观音的由来，在安溪茶区流传着两种历史传说。一是魏说：相传清乾隆年间（约1720年前后），安溪西坪乡松岩树（松林头村）茶农魏荫（有称魏饮）（1703—1775）信佛，每日晨昏必奉清茶三杯于观音像前，十分虔诚。一夜，魏荫梦见自己荷锄出门行至一溪涧旁石隙间，遇石缝中有一株茶树，枝壮叶茂，喷发出一股诱人的兰花香气。翌日，魏荫路过观音岩打石坑，发现一株茶树与梦中所见半点不差，视为珍奇，遂移植培育并制成茶品。经泡饮，香味特殊，冲泡多次仍有余香。后经插枝繁殖，邻近茶家也移植栽种，并以"魏荫种"传之。后经尧阳茶庄王氏购买，获得好评，并视其外形沉重似铁，优美如观音，即冠以"铁观音"之名。另一是王说：相传安

茶诗里的中国韵

溪西坪尧阳仕人王士让（有的称王士谅，清雍正十年副贡），于乾隆元年（1736）丙辰之春，与诸友会之于南山之麓、风南轩之旁，层石荒园之间有一株茶树，遂移植于南轩之圃，精心培育，采制成品，气味芬香超凡。清乾隆元年，王士让奉召赴京师晋谒方望溪相国（有的称为礼部尚书方苞），携此茶以赠，方转献内廷，皇上饮后，甚喜。垂询尧阳茶史，知其产地在南岩，又因茶品色泽乌润，沉重似铁，遂赐名"南岩铁观音"。

铁观音的品质特征，茶条卷曲，肥壮圆结，沉重匀整；色泽油亮，带砂绿色，红点鲜艳，具蜻蜓头、螺旋体、青蛙腿，砂绿带白霜的特征；汤色金黄，浓艳清澈，叶底肥厚明亮，呈绸面光泽。内质香气浓馥持久，韵味明显，带有人参味或花生仁味，也有带兰花香或桂花香，泡饮时滋味醇厚甘鲜，回甘悠长，香锐而浓，具"七泡有余香"之誉。

铁观音的采制技术：要求鲜叶比较成熟，一般待新梢形成驻芽，采摘小开面到中开面的新梢二至四叶。一般春茶以中开面采摘，夏、暑、秋茶以小开面采摘。采摘下来的鲜叶，应细心贮运，防止机械损伤，堆压闷郁，以保持新鲜完整。

铁观音的初制，除了必须遵循乌龙茶初制技术的规范和要求外，还必须根据铁观音叶片组织脆韧、叶肉肥厚、不易发酵的种性特点而灵活掌握。晒青程度掌握适度；摇青要重些，时间要长些，以促进发酵变化；做青操作宜轻，避免损伤；必须认真观察叶相变化，及时调整工艺；还必须注意观察香气的变化情况，以浓郁的熟香气味形成作为做青适度标准；烘焙时，火候要求偏轻些，以突出其自然品种香型。

品尝铁观音是一种生活乐趣。泡饮铁观音选用精致的瓷质、陶制小壶、小盅和清澈洁净的天然泉水。茶具先用沸水烫热，然后装入适量的铁观音茶叶，继以沸水冲泡，此时便有一股特殊香气扑鼻而来，沁人心脾，正是"未尝甘露味，先闻圣妙香"。两三分钟后，将茶汤均匀地倾入小盅，先闻其香，后尝其味，浅斟细啜。名茶、良具、好水相匹配，确是一种生活艺术享受。有朋自远方来，主人敬茶均以铁观音为贵，表示对客人的敬重，品饮者则以能尝到一杯名贵的铁观音而引以为荣。

白毫银针

　　白毫银针，简称银针。按其工艺，属白茶类。在清嘉庆初年（1796），白毫银针乃以茶树群体种——菜茶的壮芽为原料。大约在1857年，福鼎县选出福鼎大白茶良种茶树，1885年便改以福鼎大白茶的壮芽制造白毫银针。大约在1880年，政和县也选出政和大白茶良种茶树，1889年开始以其壮芽制造白毫银针。以此，白毫银针，形成其"毫色如银，条秀如针"的独特品质。

　　目前福建所产的白毫银针，其制作只需萎凋至一定程度后焙干即成。宋代贡茶中的白茶，在宋徽宗所著《大观茶论》（1107）中称："白茶自为一种，与常茶不同，其条敷阐，其叶莹薄。崖林之间偶然生出，虽非人力所可致。正焙之有者不过四五家，生者不过一二株，所造止于二三铸而已。芽英不多，尤难蒸焙，汤火一失，则已变为常品。"从采用蒸焙可知，当时所称的"白茶"属于绿茶范畴。至于贡茶中之"龙团胜雪"亦有称为"白茶"者，其原料为"银线水芽"，"盖将已拣熟芽再剔去，只取其心一缕，用珍器贮清泉渍之，光明莹洁，若银线然……"（见《宣和北苑贡茶录》）。这亦非近代所称之白茶。从茶叶应用和制法的发展来看，最初是直接利用鲜叶，然后是将鲜叶晒干。

　　白毫银针采自福鼎大白茶、政和大白茶良种茶树的春季茶芽。用台刈更新后萌发的第一批春芽特别肥壮，是制造优质银针的理想原料。一般于3月下旬至清明节前、茶树嫩梢萌发一芽一叶时，采下肥芽或一芽一叶。采后有两种处理方法。一种是先剥后晒，即将真叶、鱼叶向下拗断，剥离出茶芽，俗称"剥针"。仅以肥芽供制银针，而叶片则另制他茶。剥针用手指，动作掌握轻捏、快剥、少停留。剥出的茶芽均匀地薄摊于水筛上，勿使重叠，置通风处的凉青架上或在微弱的日光下晒。切忌翻动，以免茶芽受伤变红。待晒至八九成干时，再用焙笼以30—40℃文火慢焙至足干。在焙蒂上垫放一张白纸以防火温过高和直接接触火力。如果天气好，也可日晒至全干。另一种处理是先晒后剥，也称"晒毛针"。即将采下的芽叶薄摊在微弱的日光下，晒至八九成干时移入室内，用手剥去真叶和鱼叶（俗称"抽针"），然后再用文火焙至足干或日晒至足干。晒针以北风晴天最好，晒场要开阔通风，一般晒一天即可达八九成干。若遇南风天或阴雨天，晒一天只能达六七成干，第二天还要继续晒至八九成干后再用文火焙至足干。如果茶芽采回遇雨天无法摊晒，可直接用焙笼烘焙，火温先低后高，从30—40℃逐步提高到60℃左右焙至足干。政和制法则习惯先将茶芽摊放在通风场所或微弱日光下萎凋至七八成干，再放在烈日下晒至全干。晾干时间要二三天。也有晒凉结合，先晒后风干，再晒至全干或焙干。

白毫银针的精制工艺比较简单，焙干后的毛针用六号或七号筛过筛（筛上为优品），再分别用手工摘去梗子（俗称银针脚），剔除叶片、杂质、碎片，簸掉轻片，此后即可匀堆，最后用文火焙至足干后趁热装箱，俗称"热装"。

福州茉莉花茶

福州气候温和，四季常青，盛产各种茶用香花作物，其中以茉莉花品质最好，产量最多，用以窨茶，香、味均佳。据明代顾元庆《茶谱》(1564) 记述："木樨、茉莉、玫瑰、白兰花、珠兰花、桂花、树兰花……皆可作茶，诸花开时摘其半含半放蕊之香气全者，量其茶叶多少摘花，花多则太香而脱茶韵，花少则不香而不尽美，三停茶叶一停花……"，并以一层茶一层花"相间熏窨后置火上焙干"收用。这说明在16世纪中叶对花茶窨制技术已有考究。到了清咸丰年间，福州茉莉花茶已开始大量生产，畅销华北各地。随着茉莉花生产的发展，省内外各地茶商云集在福州设厂经营花茶的达80余家，除以本省所产绿毛茶加工窨花外，每年还从安徽、浙江等地调运大量烘青、毛峰、旗枪、大方等绿茶原料，在福州窨花后运销东北、华北各省。

福州茉莉花茶系精选优质烘青绿茶用茉莉鲜花熏窨而成，品质优异，花色繁多。现介绍具有代表性的数种。

1.茉莉大白毫，简称"茉莉大毫"。原料选自高山地区芽叶肥壮而多毫的大白茶良种。于首春茶芽初萌时采其毫芽，精心制茶坯，再选用伏天（大暑前后）所采优质的双瓣茉莉花和单瓣茉莉花，按一定配比经七窨一提而成。产品外形毫芽肥壮重实、紧直匀称，色泽浅褐带微黄，满披白色茸毛；内质香气郁烈鲜灵，滋味鲜浓醇厚、持久耐泡，汤色微黄泛绿、鲜艳明亮，叶底肥嫩匀润，冲泡四五次余香犹存。

2.茉莉银毫，亦称"银毫茉莉花茶"，系六窨一提产品。外形肥壮匀嫩，毫芽显露，披银白色茸毛，故名"银毫"。香气浓郁芬芳、鲜灵持久，滋味醇厚爽口、回味清甜，茶味花香融为一体；汤色鲜明微黄，叶底肥匀嫩亮，耐泡三次以上，为出口茉莉花茶中的珍品。

3.茉莉春风，亦称"春风茉莉花茶"，系经五窨一提制成。产品外形紧秀匀齐、细嫩多毫，内质香气浓郁鲜爽，滋味醇和甘美，汤色黄亮清澈，叶底幼匀嫩亮，耐泡三次以上，亦为出口茉莉花茶中的珍品。

4.雀舌毫茉莉花茶，亦称"茉莉雀舌"，系经四窨一提制成。产品外形紧秀、细嫩、匀齐，显锋毫，芽尖细小似雀鸟之舌，故简称"雀舌毫"；内质鲜灵纯正，汤色黄亮清澈，持久耐泡，为茉莉花茶高档产品。

5.明前绿茉莉花茶，亦称"茉莉明前"，系三窨的茉莉花茶。外形条索紧直匀伏，锋毫较显。因采用清明前采制的烘青绿茶为茶坯，故简称"明前绿"。内质香气较纯正鲜浓，亦较耐泡，汤色清黄，为茉莉花茶中档产品。

6.龙团珠茉莉花茶，亦称"茉莉龙团"，系三窨的茉莉花茶。外形紧结呈圆珠形，又称"龙团珠"。内质香浓味厚，特别耐泡，为茉莉花茶中档产品。

茉莉花茶的窨制加工颇费工夫，其关键在于掌握茶坯的吸香性和茉莉鲜花的吐香性，一吐一吸，两者结合。使茶坯充分吸收茉莉鲜花的芳香物质，茶味花香互相融合。

要制成优质的茉莉花茶，首先要选用品质优良的毛茶原料作茶坯，窨花之前将茶坯进行烘焙，使茶坯含水量降低到3%—4%，以增强其吸收花香的性能。同时，窨茶用的茉莉花要选用饱满、朵大、洁白、当天成熟的花蕾，最好是午后采摘的花。茉莉花不开放不吐香，微开微香，盛开盛香，未成熟的花蕾不会开放。成熟的花蕾如果未达到适当的开放度即与茶坯拌和，由于受茶叶挤压损伤水分被茶叶吸收，以及缺氧等原因就不再开放，因此也就不香。相反，如果开放过度，则香气散失。所以，茉莉花采下以后要经过适当的摊凉与堆积，以促使花朵开放匀齐。一般掌握在90%的花达到半开放时，将茶叶和香花按一定配比拌和均匀，然后堆积静置，经10—12小时，让茶坯尽量吸收鲜花持续吐放的香气。堆积静置过程中要进行翻拌通凉，以适当降低坯温和透换新鲜空气，最后筛去花渣。

在窨花过程中，茶坯吸收香气，同时也吸收水分。因此，每次窨花后的茶叶必须经过烘干，以除去多余的水分，便于下一次再窨。但也不宜烘得太干，以免已吸收的芳香物质逸失过多。茉莉花茶的窨花次数和用花数量，是根据产品的级别高低而分别掌握的。每窨一次称为"一窨"。一般中级产品经2—3窨，高级产品在3—4窨以上。每50千克茶坯每窨用鲜花13—18千克；头窨配花量宜多，以后每窨逐渐减少，最后一次只用少量鲜花，窨后只筛去花渣，不再烘焙，称为"提花"。每50千克茶坯的"提花"用花量一般为3—4千克，但必须选择最优的鲜花。"提花"主要是为了提高产品香气鲜灵度，但"提花"的产品不耐贮存。也有不经过"提花"，窨后烘干即行匀堆装箱的，称为"烘装"。烘装产品一般香气鲜灵度较差，但较耐贮存。

正山小种

　　正山小种是传统的特种外销红茶，其名称源自武夷岩茶，系从半发酵茶类演变而来的一种全发酵茶。正山小种约在18世纪后期创制于崇安。它产于从崇安桐木关关头至支坑纵横25多公里之地带，称为桐木关正山小种。此外，以此为中心东至大王宫，西近九子岗，南达先锋岭，北延桐木关，崇安、建阳、光泽三县交界处的高地茶园所产的小种红茶，亦被称为正山小种。

　　正山小种外形条索肥壮，紧结圆直，不带芽毫，色泽乌黑油润，香气芬芳浓烈，滋味醇厚回甘，汤色红艳浓厚，叶底肥厚红亮，并以醇馥的烟香和桂圆味、蜜枣味为主要品质特色。茶中加入牛奶，形成糖浆状的奶茶，茶香不减，汤色绚丽。

　　正山小种以其特殊而迷人的香味而驰名海内外，成品香味醇厚馥郁，别具一格。其品质之所以优异，主要的是由于产区自然环境得天独厚，茶叶原料品质优良并带有松烟香气，加上独特而精湛的加工技术。

　　正山小种产区所在地武夷山脉，像一条碧绿色的"巨龙"盘卧在闽赣边界上，成为两省河流的分水岭。武夷山脉的主峰，位于崇安县城西北28千米的黄岗山，海拔2158米，号称"华东屋脊"。正山小种的发源地和主产地——桐木山乡，位于重峦叠峰的武夷山脉之中，年平均气温约为13℃，年最高气温约33℃，最低气温约为零下11℃，昼夜温差为6—10℃，全年霜期为90—120天。

　　正山小种产地山体母岩以花岗岩为主。桐木关茶园的分布，多在峡谷两侧的山麓坝地。自谷底上升到二三百米高的山腰都有零星分散的茶园。肥沃的土壤，较短的日照，充沛的雨量，较低的气温和显著的温差，有利于茶树生长和有效成分的积累，也有利于芽叶的持嫩性，加上几百年来群众培育适宜当地生长的茶树有性群体，是形成正山小种得天独厚的鲜叶原料的良好条件。正山小种一年只采春夏两季，春茶占总量的85%，这就使原料品质更加优良。

正山小种春茶在立夏开采，夏茶在小暑采摘。鲜叶要求达到一定成熟程度，以小开面一芽二三叶采最好，其茶汤风味甘醇。它的传统初制工艺程序是：鲜叶、萎凋（室内加温或日光）、揉捻发酵、过红锅、复揉、熏焙、筛拣、复火、匀堆。

萎凋在烘房青楼上进行。青楼分上下两层，中间无楼板，只用横木档隔开，档与档之间相隔3—4厘米。档上铺竹席供萎凋摊叶用，档下悬置焙架供揉捻叶熏焙用。室温控制在30℃左右，每隔10—20分钟翻拌一次，动作要轻快，防止碰伤叶张。晴天可行日光萎凋。萎凋至叶面失去光泽，叶张柔软，手握如棉，梗折不断，叶脉透明，青气减退略有青香为适度。历时1个多小时，然后移入室内，摊放片刻进行揉捻。揉捻先轻压慢揉，再重压快揉并解块，最后松压慢揉，使条索紧结圆直，揉捻后先静置，随即放入青篮或木桶中进行发酵（俗称转色）。高山春季温度低要压紧茶条，提高叶温，或把发酵篮放在青楼，或移放灶旁，加快发酵。相对湿度最好保持接近饱和状态。发酵掌握至叶面80%左右转为古铜色，梗脉变红，青气消失，呈苹果熟香时为适度。

发酵以后即行过红锅。过红锅和复揉是正山小种红茶区别于其他红茶传统工艺中的一种特殊技术处理。过红锅的传统方法采用平锅，锅温200℃左右，投入发酵叶1.5—2千克炒拌2—3分钟，进一步散发青气，消除涩感，增进茶香，过红锅要注意掌握高温、短时，不能炒得太过。过红锅后趁热复揉5—6分钟，此时叶质柔软，可使条索紧结，改进外形。

用湿松柴进行熏烟焙干。通过烘焙，防止茶叶陈化、霉变，还有增进色、香、味的效果。操作程序是将复揉过的条茶，匀摊在水筛上，厚3—7厘米，每筛约2—2.5千克。置前述青楼的焙架上，楼底地面置湿松柴，直接明火燃烧，紧闭门窗，产生的热烟上升，整个烘青楼烟雾弥漫，热气腾腾。近年多已改成在烘房外挖一大灶坑，在灶坑内燃烧松柴，热烟由焙房地下的两条斜坡坑道导入，道口上盖青砖，可以任意启闭，调节室内温度和烟量。熏焙初期温度要高，促进水分快速蒸发，焙至约八成干时，火焰要压小，利用松柴不完全燃烧所产生的松烟，让湿坯大量吸收，总历时约8—10小时。

　　焙干后，簸去黄片、茶末，拣去粗片，使外形匀整美观再行复火，即把拣剔好的各号茶，分别用焙笼在炭火上低温慢焙至足干。

　　小种红茶的精制方法，一般经过筛、风、簸、拣，再对照标准样拼和匀堆成箱。